ANNE WEISS & BETTINA SCHULER

DAS WELTRETTER-ABC

ANNE WEISS & BETTINA SCHULER

DAS WELTRETTER-ABC

Schlag's einfach nach –
clevere Tipps für dein wunderbar
nachhaltiges Leben

mvgverlag

Bibliografische Information der Deutschen Nationalbibliothek
Die Deutsche Nationalbibliothek verzeichnet diese Publikation in der Deutschen Nationalbibliografie. Detaillierte bibliografische Daten sind im Internet über http://d-nb.de abrufbar.

Für Fragen und Anregungen
info@mvg-verlag.de

PurePrint®
innovated by gugler* DruckSinn
Gesund. Rückstandsfrei. Klimapositiv.
drucksinn.at

Originalausgabe
1. Auflage 2022

Türkenstraße 89
80799 München
Tel.: 089 651285-0
Fax: 089 652096

Redaktion: Silke Panten
Umschlaggestaltung: Maria Verdorfer
Umschlagabbildung: Emily Claire Völker, Shutterstock/Volha Kratkouskaya
Illustrationen: Shutterstock/Tupungato, Paket, Elena Pimukova, ANNA LESKINEN, Vasiltsova.Zoryana, Anastasiia Kucherenko, olahgaris; Emily Claire Völker
Layout: Ortrud Müller, Die Buchmacher – Atelier für Buchgestaltung – Köln
Satz: Ortrud Müller, Die Buchmacher – Atelier für Buchgestaltung – Köln
Druck: Gugler GmbH, Österreich
Printed in the EU

ISBN Print 978-3-7474-0406-5
ISBN E-Book (PDF) 978-3-96121-793-9
ISBN E-Book (EPUB, Mobi) 978-3-96121-794-6

Wir produzieren nachhaltig
www.m-vg.de

Weitere Informationen zum Verlag finden Sie unter

www.mvg-verlag.de

Beachten Sie auch unsere weiteren Verlage unter www.m-vg.de

Inhalt

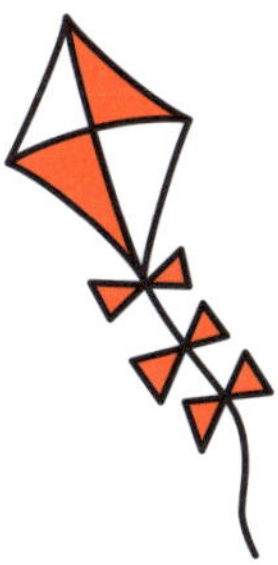

Einleitung

Eigentlich hat alles mit Bettinas Mutter angefangen. Oder besser, mit einem Besuch bei ihr im Sommer des letzten Jahres. Als sie nach dem Kaffeetrinken auf der Terrasse kurzentschlossen zur Alufolie griff, um ihrer Tochter die Reste des Käsekuchens für die Fahrt einzupacken, begann die lautstark zu protestieren. Erklärte erst, warum das Silberpapier gar nicht mehr verwendet werden sollte, und beklagte sich dann darüber, dass trotzdem alle ihr Brot darin verpacken, statt ein Bienenwachstuch zu verwenden. Bettina war gerade dabei, über die Zerstörung des Planeten und die Schlechtigkeit der Menschen an sich zu sinnieren, als ihre Mutter ihr den Teller mit dem übrig gebliebenen Kuchen uneingepackt in die Hand drückte und sagte: »Wenn ich wüsste, wo ich so etwas nachschlagen kann, würde ich es ja machen. Warum schreibst du es nicht auf?«

Die Idee für das Buch war geboren.

Denn so wie Bettinas Mutter geht es vielen Menschen. Ja, wir würden alle gerne umweltfreundlicher leben. Doch neben Job, Kochen und den Fußballspielen der Kids bleibt leider nur wenig Zeit, um Bienenwachstücher herzustellen oder sich selbst ein Spülmittel zu mixen. Also greifen wir am Wochenende, wenn das Gartenfest einer Freundin ansteht, doch wieder wie gewohnt zur Alufolie, um das Tiramisu heile von A nach B zu transportieren, und beruhigen das schlechte Gewissen mit einer Weihnachtsspende an Greenpeace. Denn das Leben ist ohnehin schon kompliziert. Warum es sich also noch schwerer machen?

Im Grunde unseres Herzens wissen wir, dass der Gelbe Sack viel zu sehr überquillt, dass wir unseren Thermobecher mitnehmen sollten, weil wir sonst wieder zur Einwegware greifen, und dass es mit dem billigen Schnitzel und dem Anspruch auf globale Mobilität so nicht weitergeht. Doch gleichzeitig sind wir alle ja schon froh, wenn wir den stressigen Alltag auf die Reihe bekommen, und befürchten, dass die Umweltfreundlichkeit unsere ohnehin schon volle To-do-Liste vollends sprengt.

Die gute Nachricht ist: Das muss nicht sein.

Denn genau dafür gibt es jetzt *Das Weltretter-ABC*.

Dank dieses Buches findest du nicht nur im Nu eine umweltfreundliche Alternative zu Geschenkpapier, Shampoo oder herkömmlichem Dünger. Nein, du kannst dadurch sogar noch jede Menge Geld sparen. Denn entgegen der landläufigen Meinung kostet ein umweltfreundliches Leben weder besonders viel Zeit noch Geld. Und du musst auch nicht immer gleich wissen, wie es geht. Sondern nur, wo es steht!

Das Register hilft schnell und unkompliziert, genau die richtige Alternative für Alufolie, Haushaltsreiniger oder Zahnpasta zu finden. Unter diesen und vielen weiteren Stichwörtern findest du eine Anleitung, wie du etwas umweltbewusst herstellen oder wo du es besorgen kannst. Und falls du wissen willst, warum es für die Umwelt besser ist, wenn du die Alufolie gegen ein Bienenwachstuch austauschst oder dein Waschmittel selbst herstellst, kannst du ganz einfach die Einleitung zu den entsprechenden Kapiteln lesen, ohne das Internet lange nach seriösen Quellen durchforsten zu müssen.

Eins ist uns ganz wichtig. Erstens: Du kannst etwas tun, jeden Tag – ein Klacks mit diesem Buch und einer Portion guter Laune. Es fühlt sich gut an, aktiv zu werden. Zweitens: Es kann nicht nur in unserer Verantwortung beim Konsumieren und Wählen liegen. Gerade Menschen mit Macht müssen verantwortungsvoll mit unserer Welt umgehen und dies nicht als individuelle Verantwortlichkeiten abschieben. Schließlich wissen wir von Spider-Man:

Mit großer Macht kommt große Verantwortung.

Und letztlich können sich auch die Menschen, die Staaten lenken und Firmen leiten, keinen neuen Planeten backen. Also wollen wir, dass die aus den obersten Etagen mitmachen müssen, dass Ölfirmen, Kohleunternehmen, Parteien und Staatshäupter für mehr Klimagerechtigkeit und Naturschutz eintreten. Wie? Dieser Frage haben wir ein eigenes Kapitel gewidmet – *P wie Politik* (siehe Seite 179). Es erinnert daran, dass der ökologische Fußabdruck für alle Füße gilt. Wie wichtig es ist, politisch und gesellschaftlich etwas zu bewegen. Und dass wir es der nächsten Generation schulden, den Planeten nicht zu schrotten – damit auch sie eine Zukunft hat.

Das will auch Bettinas Mutter, die sich dieses Buch in die Küche direkt neben ihre Kochbücher gestellt hat, damit sie es sieht, wenn sie für die nächste Generation Klöße kocht. Immer wenn sie Backpapier, Spülmittel oder Teebeutel auf die Einkaufsliste setzen will, schaut sie kurz nach, ob es nicht eine umweltfreundliche und günstige Alternative gibt.

Das Geld, das sie dadurch spart, sammelt sie in einem großen Weckglas in ihrem Küchenschrank. Wenn es voll ist, das hat sie Bettina versprochen, fahren sie von dem Geld gemeinsam in den Urlaub. »Aber nicht mit dem Flieger!«, hat sie dabei betont. Denn dass Fliegen umweltschädlich ist, weiß sie auch ohne das Buch.

* PS: Dieses Buch ist zur großen Freude der Autorinnen als Cradle-to-Cradle-Produkt hergestellt. Gegenstände, die nach diesem Prinzip produziert werden, können schadstofffrei zurück in die Natur überführt werden oder nach dem Prinzip der Kreislaufwirtschaft immer wieder zu anderen technischen Produkten umgearbeitet werden. Ein großes Dankeschön an den Verlag!

* PPS: In diesem Buch wird es unter anderem um den menschengemachten Klimawandel gehen, der von verschiedenen Gasen wie Wasserdampf, Kohlenstoffdioxid, Lachgas und Methan in unterschiedlicher Stärke angetrieben wird. Methan wirkt kurzfristig zum Beispiel um ein Vielfaches stärker als Kohlenstoffdioxid, das die meisten Menschen als Klimagas unter dem Begriff CO_2 kennen. Um nicht jedes Mal aufzudröseln, um welche Gase es sich genau handelt, wird ihre jeweilige Klimawirkung oft unter dem Begriff CO_2-Äquivalente, kurz auch CO_2e, zusammengefasst.

Da wir das Buch lesbar gestalten wollen und weil dies auch umgangssprachlich so gemacht wird, haben wir immer CO_2 geschrieben.

* PPPS: Wir haben meist versucht, genderneutrale Begriffe zu finden - wo es nicht möglich war, verwenden wir die weibliche Form.

wie Arbeitswelt

Du findest, ein Buch, das Spaß macht und ein Gefühl der Leichtigkeit vermittelt, darf nicht mit Arbeit anfangen? Pustekuchen, genau deswegen *fängt* es damit an. Ein gutes Rezept gegen's Prokrastinieren ist nämlich immer noch: als Erstes angehen, was du für die größte Aufgabe hältst.

Üblicherweise verbringen wir acht Stunden pro Tag am Arbeitsplatz, und das etwa 255 Mal im Jahr. Der Arbeitsplatz ist also ein Ort, an dem Nachhaltigkeit wirklich etwas bewirken kann! Und hier besteht eine Menge Nachholbedarf: Bei einer Umfrage von Statista erklärten 33 Prozent der Befragten, dass ihr Unternehmen keine Nachhaltigkeitsstrategie in Bezug auf die Büro- und Geschäftsprozesse hat. Bei kleinen Firmen waren es sogar 44 Prozent.

Wie richtest du dir fürs Homeoffice ein grünes Traumbüro ein? Und wenn die Arbeit dich ins Büro führt: Wie kannst du auch dort den ökologischen Fußabdruck verkleinern und für alle bessere Bedingungen schaffen? Darum geht's in diesem Kapitel. Wir garantieren, dass vieles, was wir vorschlagen, leichter ist als dein letztes Gehaltsgespräch.

Arbeitsweg

Der Arbeitsweg ist eine große Emissionsquelle: Denn durch die auf ein unanständiges Maß gestiegenen Wohnkosten in den Ballungsräumen und Subventionen wie Eigenheimzulage, Pendlerpauschale, Steuerermäßigungen auf Diesel, Pauschalbesteuerung von privat genutzten Dienstwagen oder Baukindergeld hat es viele Menschen in umliegende Gemeinden gezogen.

Der Pendelverkehr wächst stetig, in den letzten zehn Jahren um das Doppelte, wie das Statistische Bundesamt ermittelte. Rund die Hälfte der berufstätigen Menschen legen hierzulande über 10 Kilometer und mehr zur Arbeit zurück, bei jeder fünften Person sind es sogar 25 Kilometer. Und das Pendeln hat nicht nur Auswirkungen auf die Umwelt, weil zwei Drittel ihren Arbeitsweg mit dem Auto zurücklegen, sondern auch psychische Folgen wie Burnout oder Auswirkungen auf die Beziehung, wie es die Arbeits- und Organisationspsychologin Antje Ducki erforscht. Das Pendeln ist zudem sozial ungerecht, weil unsere Infrastruktur andere Verkehrsteilnehmende benachteiligt, die mit ihrem Rad oder zu Fuß weniger Platz verbrauchen. Da wir für ein erhöhtes Fahraufkommen mehr Straßen brauchen, führt es letztlich auch zur Zerschneidung und Versiegelung der Landschaft durch Straßenbau. Ganz zu schweigen davon, dass es durch Lärm und Verschmutzung Menschen krank macht und den Lebensraum von Wildtieren einschränkt.

Doch natürlich will kein Mensch dauerhaft einen Lockdown, selbst wenn wir damit Klimagase einsparen. Aber was, wenn wir etwas mehr im Homeoffice arbeiten, sofern es im jeweiligen Job möglich ist? Greenpeace veröffentlichte 2020 eine Studie des Berliner Instituts für Zukunftsstudien und Technologiebewertung (IZT), aus der hervorging, dass die Verkehrsemissionen um 5,4 Millionen Tonnen sinken könnten, wenn dauerhaft 40 Prozent der Berufstätigen an zwei Tagen wöchentlich daheimblieben. Das wären 18 Prozent aller durch Pendeln entstehenden Emissionen. Zudem entlaste dies die Straßen, da jährlich insgesamt 35,9 Milliarden Personenkilometer weniger gefahren würden.

Alternative 1: Die einfachste Idee, um auf dem Weg zur Arbeit Klimagase einzusparen, ist eine **Fahrgemeinschaft.** Durchschnittlich sitzen im Berufsverkehr 1,2 Personen im Auto. Je mehr Menschen aber transportiert werden, umso umweltfreundlicher ist der Weg. Wenn du eine weitere Person mitnimmst, sparst du bei einem Arbeitsweg von 5 Kilometern pro Strecke

jährlich bis zu 255 Kilogramm CO_2 – und 120 Euro im Jahr, wenn ihr euch die Fahrtkosten teilt. Je mehr Menschen das tun, desto weniger Staus gibt es, und nicht zuletzt erfährst du in der vertraulichen Umgebung des Faradaykäfigs viel mehr Flurfunk.

Alternative 2: Fahr so oft wie möglich mit **öffentlichen Verkehrsmitteln**, vor allem, wenn dein Betrieb ein Firmenticket anbietet. Falls er das noch nicht tut, besprich dies mit dem Betriebsrat oder mach eine Eingabe, damit bald auch andere von dem günstigeren Ticket profitieren. In der Bahn kannst du dann locker wichtige Unterlagen für die nächste Konferenz lesen – oder ein tolles Buch.

Alternative 3: Nutze das **Rad**, wenn der Arbeitsweg nicht zu lang ist. Die Techniker Krankenkasse ermittelte 2017, dass Pendelnde häufiger krank sind und unter Depressionen leiden. Eine andere Studie ergab, dass sich Radfahrende wohler fühlen als diejenigen, die im Auto zur Arbeit fahren. Erwähne im Personalgespräch, dass du künftig mit einem E-Bike zur Arbeit kommen möchtest – vielleicht ist auch eines als Gehaltsextra drin. Und auch als Selbstständige kannst du den Kaufpreis deines Pedelec und Zusatzkosten wie Wartung und Reparatur von der Steuer absetzen, denn E-Mobilität wird gesetzlich gefördert: Bis 400 Euro gilt die Anschaffung als geringwertiges Wirtschaftsgut und kann sofort abgesetzt werden. Ein teureres Fahrrad wird über die nächsten sieben Jahre abgeschrieben. Als Nachweis für den betrieblichen Gebrauch gilt ein Fahrtenbuch – elektronisch bei Fahrtenbuch Express, Vimcar und TravelControl – oder ein zweites Fahrrad, das dann als Privatfahrrad nachweisbar ist. Neben der Abschreibung des Fahrradkaufs kannst du in der Steuererklärung anteilige Kosten der Berufsnutzung von den Gesamtkosten deines Fahrrads – also Abschreibung plus Kosten für Reparatur, Instandhaltung und Zubehör – abziehen.

Briefumschläge

Viele Schreibwarengeschäfte bieten Umschläge aus Recyclingpapier an, oft sogar einzeln oder nur mit einer Papierbanderole statt mit einer Plastikverpackung. Wenn du magst, kannst du aus altem Papier einen Briefumschlag selbst falten, aus veralteten Landkarten etwa sieht das sehr hübsch aus.

Auch gebrauchte Umschläge lassen sich, je nachdem wie mitgenommen sie sind, prima wiederverwerten.

Büro

Werfen wir einen kurzen Blick zurück ins Jahr 2020: Ein Virus stellt unser Leben auf den Kopf. Im ersten Lockdown wird es plötzlich so ruhig auf den Straßen, dass wir selbst in der Großstadt Vogelgezwitscher hören und bei geöffnetem Fenster schlafen können, weil kaum jemand draußen ist und keiner mehr mit dem Auto zur Arbeit braust. Viele von uns werden virtuos in der Benutzung eines Videokonferenzprogramms und verwenden Online-pinnwände, als hätten sie nie woanders etwas hingeklebt. Der Energieverbrauch der Büros sinkt wegen der Heimarbeitszeiten stark. Wie eine Studie des Vodafone Institute mit dem Carbon Trust ergab, sparen wir trotz der Mehrenergie, die wir nun zu Hause verbrauchen, insgesamt Energie, und zwar durch die nicht genutzte Büroinfrastruktur und dadurch, dass wir nicht zur Arbeit pendeln.

Aber wie können wir unseren Büroalltag dennoch grüner gestalten? Indem wir möglichst viel Nachhaltigkeit für alle umsetzen: die Firma auffordern, auf erneuerbare Energie umzustellen (mehr Tipps zum Energiesparen, die sich bei dir zu Hause und im Büro umsetzen lassen, findest du in den Kapiteln ab Seite 31 und Seite 56), mit Recyclingpapier zu drucken oder so weit wie möglich papierfrei abzuspeichern, Bioessen in der Kantine anzubieten und möglichst wenig Fleisch, Fahrradständer einzurichten und abgasfreie Mobilität zu fördern oder bei Gratifikationen auf Klimakiller zu verzichten.

Büromaterial

Das meiste Büromaterial kaufen wir doppelt und dreifach, weil wir es verlegt haben. Verwahre Locher, Vielzweckklammern oder Radiergummi daher so, dass du sie jederzeit findest.

Burn-out

Der uncoole Name für Burn-out ist Erschöpfungsdepression, und die kommt häufiger in Unternehmen vor, die keinen Wert auf Nachhaltigkeit legen. Um nicht zu erkranken, solltest du öfter mal nein sagen (mehr dazu ab Seite 166) und auf dich achten. Wenn es so weit ist, hilft sonst nur noch der Weg in eine Praxis. Ideen, wie du dir selbst etwas Gutes tust, findest du ab Seite 99 – und spezielle Yogaübungen auf Seite 177 f..

Computer

Vollkommen ethisch und nachhaltig produzierte Laptops und PCs gibt es nicht, aber du kannst einiges tun, um die Bilanz deines Geräts zu verbessern. Tipps dazu findest du auf Seite 38.

Drucken

Am besten ist ein möglichst papierloses Büro. Alles, was du nicht unbedingt ausgedruckt brauchst, kannst du als PDF speichern. Wenn dies wegen der rechtlichen und betriebsinternen Vorschriften zur Aktenaufbewahrung nicht möglich ist, kannst du umweltfreundlich tricksen:

Tipp 1: Kauf einen Drucker und Patronen oder Kartuschen mit Ökosiegel. Du solltest dich beim Kauf nach den Druckkosten pro Seite erkundigen, um zu erfahren, wie umweltfreundlich das Gerät im Gebrauch ist. Achte unbedingt darauf, dass die Farbpatronen sich einzeln austauschen lassen. Bei Kombipatronen musst du nämlich, sobald eine Farbkammer leer ist, gleich die ganze Patrone austauschen, selbst wenn in den anderen noch Tinte sein sollte.

Tipp 2: Naturgerechter und günstiger ist es, Recyclingpapier zu verwenden, das kompostierbar ist, und alles, was nicht so wichtig ist, nur in der farbreduzierten Einstellung »Entwurf« und auf bereits einseitig verwendetem Papier zu drucken. Eine Verkleinerung auf 80 Prozent, ein doppelseitiger Ausdruck oder zwei Seiten auf einem DIN-A4-Blatt auszudrucken, spart ebenfalls Tinte.

Tipp 3: Verwende Schriftarten mit schlankeren Buchstaben wie Cambria oder Calibri – das spart Tinte.

Anne erzählt: Um keine Loseblattsammlung herumfliegen zu haben, fasse ich einen Stapel bereits einseitig beschrifteter Schmierblätter an der langen Seite mit zwei Allzweckclips zusammen. So sieht es mindestens so schön aus wie ein neuer Block und von beiden Seiten vollgeschriebene Blätter kann ich leicht entfernen und ins Altpapier werfen.

E-Mails

E-Mails sind Daten, deren Speichern und Versenden Energie frisst – durch den Betrieb von rund 45 Milliarden Servern weltweit. Laut der Zeitschrift *Ökotest* ist eine einzelne E-Mail deswegen für den Ausstoß von 10 Gramm Kohlenstoffdioxid verantwortlich – und hat damit die Klimabilanz einer Plastiktüte. Eine Nachricht, die mit Anhang 1 Megabyte groß ist, emittiert doppelt so viel.

Tipp 1: **Lösche große Anhänge**, wenn du sie nicht benötigst, oder speichere sie auf einem USB-Stick ab.

Tipp 2: Bevor du E-Mails verschickst, **entferne den Rattenschwanz der vorangegangenen Konversation.**

Tipp 3: Bewahre E-Mails nicht länger auf als nötig, **lösche sie in regelmäßigen Abständen** und leere den Papierkorb.

Tipp 4: **Zippe Fotos und größere Dateien** vor dem Verschicken und sende sie nur, wenn es unbedingt nötig ist.

Tipp 5: Newsletter und Benachrichtigungen, die du ohnehin nicht liest, solltest du **abbestellen**. Das stresst dich auch weniger.

Tipp 6: **Druck keine E-Mails aus.** Der Nutzen ist minimal, der Ressourcenverbrauch vergleichsweise riesig.

Handy

Jedes Jahr ein neues Smartphone, um bei geschäftlichen Treffen zu glänzen? Besser nicht, denn die Herstellung verbraucht enorm viel Energie und Ressourcen. Und viele der Rohstoffe, die in den Geräten verbaut sind, werden, was Umwelt und Arbeitskräfte angeht, unter nicht zu vertretenden Bedingungen gewonnen.

Allein die in der EU genutzten Smartphones verursachen daher aufs Jahr gerechnet durch ihren Lebenszyklus von der Herstellung bis zur Entsorgung 14 Millionen Tonnen CO_2. Genutzt werden die Geräte jedoch durchschnittlich weniger als drei Jahre. Würden wir sie nur ein Jahr länger nutzen, fielen 2 Millionen Tonnen weniger Treibhausgase an, wie das Europäische Umweltbüro 2019 ermittelte.

Besser ist es also, sich einzumischen und sich etwa ein Recht auf Reparatur einzusetzen (siehe Seite 182). Und bis dahin auf eine modulare Bauweise oder »refurbishte«, also rundum erneuerte Gebrauchtware zu setzen: Was die ökologische Wahl für dein Mobiltelefon ist, findest du auf Seite 41. Weitere Tipps, wie deine Geräte lange überleben: https://langlebetechnik.de.

Homeoffice

Richte deinen Homeoffice-Platz umweltfreundlich und gemütlich ein!

Tipp 1: Gönn dir eine **Steckerleiste mit Abschaltknopf** für den Feierabend. Denn der Stand-by-Modus verbraucht Strom – das macht sogar rund ein Zehntel des gesamten Stromverbrauchs aus und spart, wenn du es im ganzen Haus anwendest, zwischen 50 und 100 Euro pro Jahr. Oder investiere in eine automatische Stromsparleiste, die erkennt, wann deine Geräte vom Strom abgenabelt werden können.

Tipp 2: Schalte Beleuchtungen ab, sobald du sie nicht mehr brauchst, nutze Ökostrom (siehe Seite 63) oder Energiesparlampen (siehe dazu auch Seite 59).

Tipp 3: Stell dir eine Kanne mit **Infused Water** – Leitungswasser mit saisonalen Beeren oder Kräutern – an deinen Platz und gönn dir regelmäßige Pausen. So geht nachhaltiges Arbeiten!

Homeoffice ist nichts für jeden. Während einige gern zu Hause arbeiteten, stöhnten andere unter dem virtuellen Stress, wie das Fraunhofer-Institut für Angewandte Informationstechnik FIT herausfand: Zwar waren Führungskräfte stärker an das digitale Arbeiten gewöhnt, aber Eltern kamen meist schlechter mit der Heimarbeit klar, ebenso jene, die wenig Medienerfahrung hatten. Die Erfahrungen waren so unterschiedlich wie die Menschen, dazu kommen Arbeitsplatzverlustängste, die Anforderungen des Haushalts sowie mangelnde Work-Life-Balance. Wenn wir die Chance nutzen, flexibler zu arbeiten, dann ist es wichtig, auf die Bedürfnisse jedes einzelnen Menschen zu schauen.

Klebeband

Letztlich ist Klebeband Plastik zum Kleben – und das Papierrecycling wird dadurch erschwert. Grundsätzlich musst du kleinere Reste von Klebeband oder Tackerklammern nicht aus deinem Papiermüll klauben, weil es Maschinen gibt, die das Papier aufbereiten. Wenn alles mit Klebeband zugekleistert ist oder falls das Papier mit anderen Plastikbeschichtungen verunreinigt ist, solltest du diese jedoch entfernen, bevor du es in die Altpapiertonne wirfst, weil es dann besser verwertet werden kann.

Alternative 1: Selbst die bekannteste Klebefilmmarke hat umweltfreundlichere Produkte auf den Markt gebracht. Das durchsichtige Klebeband besteht immerhin aus 100 Prozent Rezyklat und lösungsmittelfreiem Klebstoff. Trotzdem ist es besser, kein Plastik zu verwenden.

Alternative 2: Es gibt **Packband aus Papier**, das ohne Lösungsmittel auskommt – zum Beispiel im Unverpacktladen und inzwischen auch oft in deiner Postfiliale.

Alternative 3: Verwende **Vielzweckclips oder Büroklammern**, wo immer es passt.

Kopieren

Um Toner herzustellen, kommen pro Jahr 552 Millionen Liter Rohöl zum Einsatz, außerdem enthält die Farbe schädliche Stoffe. Da auch Papier ressourcenintensiv ist, am besten nur kopieren, wenn es wirklich nötig ist.

Alternative 1: Verwende lieber **Biotoner**, deren Tintengranulat mit Soja- oder Maisöl aus nachhaltigem Anbau produziert wird. Je nach Firma werden damit bis zu 40 Prozent Rohöl eingespart und es werden keine giftigen Stoffe wie Benzol verwendet.

Alternative 2: Verwende **Recyclingpapier** und achte bei der Neuanschaffung eines Kopierers auf Umweltfreundlichkeit. Siehe auch: Drucken, Seite 14.

Ladekabel

Für jedes Gerät ein anderes Kabel? Am besten, du achtest schon beim Kauf darauf, dass deine Geräte alle über denselben Anschluss zu laden sind, beispielsweise USB oder Mini-USB.

Ein stabileres Kabel, mit Stoff ummantelt, sorgt für mehr Langlebigkeit. Oder verwahre alte Kugelschreiberfedern und ringele sie um die Sollbruchstelle an deinem normalen Kabel, um diese zu stabilisieren – je länger es hält, desto besser für die Umwelt.

Kaputte Kabel gehören nicht in den Hausmüll oder in die Gelbe Tonne, sondern zum Wertstoffhof: Sie enthalten Aluminium, manchmal auch Kupfer. Wenn diese Materialien durch fachgerechte Entsorgung wiederverwendet werden können, schonst du Ressourcen.

Raumklima

Sofern du keine Stauballergie hast – dann solltest du auf Zimmerpflanzen generell verzichten –, verbessern Pflanzen am Arbeitsplatz das Raumklima. Eine norwegische Studie ergab, dass ein begrüntes Büro die Mikroerholung fördert: So kannst du dich besser konzentrieren und wirst produktiver.

Suchmaschinen

Im Internet zu recherchieren, ist auf die gleiche Weise schädlich fürs Klima wie große Mailanhänge zu verschicken. Überlege also, ob du gewisse Dinge nicht anderweitig recherchieren kannst (etwa indem du deine Kollegin fragst), und nutze umweltfreundliche Suchmaschinen mit ökologischen Zielen (die beispielweise ihre Einnahmeüberschüsse an gemeinnützige Naturschutzorganisationen spenden), siehe auch Seite 34.

Tischkalender

Eine praktische Verwendung für dein Schmierpapier! Gestalte deinen Kalender selbst, und zwar ein Blatt für jeden Monat: Die unbeschriebene Seite teilst du im Querformat mit sieben Spalten senkrecht für die Wochentage und fünf Spalten waagerecht als Tabelle ein. Die 1 trägst du bei dem Wochentag ein, mit dem der jeweilige Monat beginnt, ab da nummerierst du die Kästchen durch.

Fass diese Monatsblätter mit einer Vielzweckklammer an der oberen Seite zusammen – oder häng sie nebeneinander an deine Pinnwand.

Vorschlagswesen

Gibt es bei euch im Unternehmen bereits eine Person, die für das Thema Nachhaltigkeit zuständig ist? Wenn nicht, reg bei deinen Vorgesetzten an, dass eine solche Stelle geschaffen wird. Kolleginnen kannst du ebenfalls mit grünen Bürogedanken anstecken – dann hast du die Arbeitswelt gleich doppelt gerettet!

Je weitere Kreise deine Umweltideen ziehen, desto besser. Wenn das ganze Unternehmen etwas umsetzt, kann sogar eine kleine Änderung, wie die Drucker neu einzustellen, große Wirkung entfalten.

Darum sag an den entsprechenden Stellen, wie sich dein Unternehmen verbessern kann. Von der Verwendung schonender Reinigungsmittel für den Büroputz bis zu E-Bikes als Firmenfahrräder und dem Buchen grüner Hotels für Geschäftsreisen – im großen Stil hat dies jede Menge gute Auswirkungen. Und die Firmenleitung freut sich darüber, wenn sie mit deinen Tipps ihr grünes Image ausbaut und gleichzeitig Kosten reduziert.

Vorstellungsgespräch

Wer möchte schon gern in einem Konzern arbeiten, der die Umwelt vernichtet? Wenn du wählen kannst, mach Sozialkriterien und Umweltfreundlichkeit zu der Bedingung, deine Arbeitskraft für ein Unternehmen einzusetzen.

Es gibt dann auch keinen unangenehmen Moment mehr, wenn dich die Personalerin am Schluss des Einstellungsgesprächs fragt: »Möchten Sie noch was über unsere Firma wissen?« Denn natürlich interessieren dich die Nachhaltigkeitsstrategie deines möglichen neuen Wirkungskreises und die ethischen Grundsätze des Unternehmens.

Zeitverschwendung

Wie wäre es damit, gleich einen Umweltjob zu suchen? Nicht nur die Bundesagentur für Arbeit hat einen Sektor »Natur und Umweltschutz«, in dem du suchen kannst – es auch gibt jede Menge grüne Onlinejobbörsen: Große Jobportale sind www.nachhaltigejobs.de, https://goodjobs.eu/ und www.greenjobs.de, auf www.jobverde.de findest du neben grünen Stellenangeboten Infos über den Arbeitsmarkt und Weiterbildungsangebote. Die Seiten www.eejobs.de, https://stellenmarkt-umweltschutz.de/start/ und www.green-energy-jobs.net bieten Jobs im Sektor »erneuerbare Energien«, unter www.ngojobs.eu und www.kampajobs.de findest du Stellenangebote in gemeinnützigen Organisationen. Ein Klassiker ist der Wissenschaftsladen Bonn, die den Stellenmarkt nach sinnstiftenden Jobs durchforsten und die Ergebnisse kostenpflichtig anbieten, www.oekojobs.de bietet Praktika, Aushilfsjobs, Freiwilligendienste und Workcamps und feste Stellen – europaweit.

B wie Bettgeschichten

Ein Bett ist eine tolle Sache. Nicht nur, weil es sich ganz hervorragend zum Lesen, Netflix-Schauen und zum Löcher-in-die-Luft-Starren eignet. Sondern auch, weil wir dort neben dem Schlafen, wozu es offiziell konzipiert worden ist, oft eine der schönsten Sachen der Welt erleben: körperliche Nähe und Sex.

Du musst jetzt nicht rot werden oder schnell umblättern, weil es an dieser Stelle vielleicht etwas pikant wird. Wir geben in diesem Buch keine Tipps und Tricks, wie du dein Sexleben aufpeppst oder das Kamasutra durchturnst – falls du etwas in dieser Richtung suchst, ist die Bibliothek oder eine Buchhandlung behilflich. Vielmehr soll es an dieser Stelle darum gehen, wie du die schönste Nebensache der Welt umweltfreundlich gestaltest, und das gleich in mehrerlei Hinsicht: Denn wir verstehen unter einem nachhaltigen Leben, dass wir nicht nur achtsam mit unserer Umwelt umgehen, sondern auch mit uns und unseren Mitmenschen. In Zeiten von Onlinedating und unverbindlichem Sex ist das schwieriger denn je. Aber nichts ist unmöglich!

Bettwäsche

Als Bettinas Mutter ein junges Mädchen war, hat sie jedes Jahr von ihrer Großmutter ein Set Bettwäsche geschenkt bekommen. »Aussteuer« nannte man das damals, und wenn Bettina heute zu Hause ist, dann schläft sie noch immer in dieser Bettwäsche.

Die meisten Bettbezüge, die es heute zu kaufen gibt, sind nicht mehr so robust und beständig wie die von anno dazumal. Gerade wenn es im Bett etwas schicker zugehen soll, wählen wir oft Bettwäsche aus Polyestersatin – sieht aus wie in einer Szene aus *Shades of Grey* und ist genauso wertvoll: nämlich gar nicht. Polyester ist Plastik – beim Waschen lösen sich winzige Fasern daraus, die von Kläranlagen immer noch nicht gänzlich herausgefiltert werden können. Und in einigen Laken und Kissenbezügen lauern außerdem giftige Chemikalien, die nachts, wenn wir gemütlich in unserem Bettchen liegen, über unsere Haut in unseren Körper wandern. Zudem arbeiten viele Menschen in der Textilindustrie unter menschenunwürdigen Bedingungen und das Färben von Garnen und Stoffen schadet nicht nur den Arbeitenden. Die giftigen Abwässer werden von den Textilfabriken auch in Flüsse und Seen geleitet (siehe auch Kapitel *M wie Mode,* Seite 156).

Welche Bettwäsche du unbedenklich kaufen kannst und warum die Bettwäsche von Bettinas Mutter umwelttechnisch der Hit ist, das erfährst du in unseren Alternativvorschlägen.

Alternative 1: Die Bettwäsche von Bettinas Mutter besteht aus **Leinen**. Dies ist ein Stoff, der extrem langlebig und ökologisch völlig unbedenklich ist. Leinen ist eine heimische Naturfaser, die folglich biologisch abbaubar ist. Zudem wird bei der Herstellung von Leinen wesentlich weniger Wasser verbraucht als bei der Produktion von Baumwolle, aus der Bettwäsche auch oft hergestellt wird.

Ein weiterer Pluspunkt ist, dass Leinen mit wenig Pflanzenschutz- und Düngemittel auskommt und der Boden bei der Herstellung am Ende sogar wieder mit wichtigen Nährstoffen versorgt wird. Manche Menschen empfinden Leinenbettwäsche allerdings als rau. Für gewöhnlich vergeht dieses Gefühl, sobald du einige Nächte darin geschlafen hast. Viele schwören auch darauf, sie an der Luft trocknen zu lassen, damit sie weicher wird.

Alternative 2: Wenn du dich lieber in **Baumwollbettwäsche** einkuscheln willst, achte darauf, dass sie mit dem Siegel **Fair Trade Cotton** gekennzeichnet ist. Bei Bettwäsche mit diesem Siegel kannst du sicher sein, dass sie nicht aus genmanipulierter Baumwolle besteht und dass die Bäuerinnen für ihre

Produkte einen kostendeckenden Mindestpreis erhalten, und zwar selbst dann, wenn der Preis für Baumwolle auf dem Weltmarkt sinkt. Bei der Produktion wird folglich sehr viel Wert auf sozialverträgliche Arbeits- und Lebensbedingungen gelegt. Sowohl in Sachen Wasserverbrauch und Abwasserbehandlung als auch bei den Maßnahmen zum Bodenschutz ist bei diesem Siegel allerdings noch Luft nach oben.

Strenger ist das Siegel GOTS (Global Organic Textile Standard), siehe auch Seite 162.

Alternative 3: Wähle Tencel-Bettwäsche aus Lyocell. Der Stoff ist anschmiegsam und angenehm kühlend. Lyocell ist eine Naturfaser aus Zellulose, die zu 100 Prozent biologisch abbaubar ist. Obacht: Auch hier nicht über die Stränge schlagen beim Shopping, denn es handelt sich um Zellulose aus Holz, für dessen Anbau ebenfalls Flächen gebraucht werden. Und oft ist Lyocell mit Leinen oder Baumwolle gemischt – ein Blick aufs Etikett hilft.

Alternative 4: Die günstigste und umweltfreundlichste Alternative, um deine löchrige Bettwäsche zu ersetzen, ist der Blick in den Schrank deiner Großeltern. Wir garantieren dir, dort wirst du fündig werden. Damit sparst du Geld, hältst deinen biologischen Fußabdruck gering und schaffst Platz in den Schränken. Manche Menschen verkaufen – sogar unbenutzte – Aussteuerbettwäsche aus dem Nachlass ihrer Eltern oder Großeltern auf dem Flohmarkt.

Seidenbettwäsche sieht edel aus und ist unglaublich angenehm auf der Haut. Doch um die Raupenkokons unbeschädigt ernten zu können, werden die kleinen Seidenspinnerraupen inklusive Kokon ins kochende Wasser geworfen. Besser, wenn auch nicht ideal, ist das stabilere Modal, ein Stoff, der aus nachwachsenden Rohstoffen hergestellt wird und in der Produktion weniger Wasser und Energie verbraucht als Baumwolle. In diesem Fall ist der Grundstoff entrindetes Holz, die Modalfaser ist recht glatt und daher weich und sanft zur Haut.

Dessous

Viele fragen sich auch vor dem ersten Date schon: Was soll ich drunter tragen? Und oft genug stellt man erst in diesem Moment fest, dass der Kleiderschrank nur Baumwollunterhöschen wahlweise in Schwarz oder Weiß hergibt – überaus praktisch, aber selten besonders sexy. Das ist allerdings nicht weiter schlimm. Erfahrungsgemäß wird beim Sex nicht länger als zwei Sekunden auf die Unterhose geblickt. Und zwar genau dann, wenn man sie auszieht. Trotzdem ist es natürlich legitim, dass man schöne Unterwäsche tragen will. Das Material vieler Spitzenhöschen und Dessous ist jedoch problematisch: Spitze besteht aus Kunstfasern, Satin meist zu 100 Prozent aus Acetat. Daher ist es besser, auf schöne und faire Wäsche aus nachhaltigen Materialien wie Recyclingspitze zu setzen.

Alternative 1: Achte auf die Herstellung. Es gibt einige Unternehmen, die Dessous unter **fairen Arbeitsbedingungen** und unter der Einhaltung hoher Umweltstandards herstellen. Designerinnen, die sich darauf spezialisiert haben, sind beispielsweise Erlich Textil, Coco Malou, CORA happywear oder Vatter. Die in Berlin ansässige Firma Anekdot, die neben Dessous auch Swimwear herstellt, produziert ihre schicke Unterwäsche aus Produktionsresten, Restposten und Altbeständen. Damit schenkt sie Stoffen, die ansonsten in der Altkleidersammlung oder im Müll gelandet wären, ein neues Leben.

Alternative 2: Eine Alternative, die Bettina gerne praktiziert, ist das Tauschen von Unterwäsche mit Freundinnen. Ja, du hast ganz richtig gehört. Auch in diesem Bereich ist **Secondhandmode** erlaubt. Denn was sich im ersten Moment etwas eklig anhört – »Ich soll eine Unterhose tragen, in die jemand anders schon hineingepupst hat?!« –, ist auf den zweiten Blick vollkommen logisch: Fast alle Frauen (und Männer!), die wir kennen, haben ungetragene Spitzenhöschen, Boxershorts und Stringtangas in ihrem Kleiderschrank liegen. Warum nicht schauen, ob die dir gefallen, und etwas, was du nicht trägst, dafür eintauschen?

Romantik

Auch wenn wir es nur ungern zugeben und die klassische romantische Liebesszene alles andere als ein emanzipiertes Frauenbild voraussetzt: Viele heterosexuelle Frauen träumen von einem Mann, der ihnen im Sonnenuntergang am Strand entgegenrennt, sich vor sie auf die Knie wirft und ihnen mit einem Brillantring in der Hand die Fragen aller Fragen stellt. Zahlreiche Filme und Bücher unterfüttern diesen Traum.

Viele Männer indes träumen von einer Frau (oder einem Kerl!), die mit nichts mehr als einem Trenchcoat auf der Haut in ihr Büro spaziert, die Tür hinter sich schließt und sie nach Strich und Faden verführt. Ein Klischee, das sexy klingt, sich jedoch, sobald man es einem kurzen Realitätscheck unterzieht, insbesondere für alle, die kein Auto besitzen, als wenig praktikabel herausstellt. Denn wenn das Büro nicht fußläufig zu erreichen ist, müssten alle, die nackt verführen wollen, nur mit einem Trenchcoat bekleidet mit dem Fahrrad oder im Bus fahren. Eine Vorstellung, bei der Bettina sofort der Schweiß ausbricht. Bei ihrem Glück würde sie genau an diesem Tag in einen Unfall verwickelt werden!

Ein Brillantring ist ebenso wenig alltagstauglich. Die Gefahr, das teure Stück irgendwo zwischen Schreibtisch, Kopierer und Spülmaschine zu verlieren, ist vielen Frauen einfach zu hoch. Und im Diamantbergbau werden immer wieder Schadstoffe wie Arsen und Quecksilber verwendet, die möglicherweise jüngst 2021 einen Fluss im Kongo verseucht haben – wie die Minenbetreiber aus dem benachbarten Angola mitteilten, entsteht pro Karat 1 Tonne Abraum, der in diesem Fall in die Umwelt gelangte.

Doch noch viel entscheidender ist, dass die meisten Handlungen und Dinge, die wir mit dem Begriff Romantik in Zusammenhang bringen, alles andere als umweltfreundlich sind. So stammen die meisten bunten Sträuße, die im kargen Winter in den Supermärkten stehen, laut dem Bund für Umwelt und Naturschutz Deutschland (BUND) aus Afrika und Südamerika. Zudem müssen die Menschen in den Produktionsländern aufgrund des niedrigen Wasserspiegels mit den Blumenplantagen um das Wasser konkurrieren. Hinzu kommt, dass Rosen auf großen Flächen in Monokulturen angebaut werden, die sehr anfällig für Schädlinge sind. Und so werden dort ordentlich Pestizide versprüht. Für uns sind die Pestizide in den Rosensträußen zwar für gewöhnlich ungefährlich, für alle, die auf den Feldern arbeiten und ihnen direkt ausgesetzt sind, sind sie indes immens gefährlich. Und auch das dortige Ökosystem leidet unter den mit Pestiziden verseuchten Abwässern. Fakten, die bei jedem umweltfreundlichen Menschen die Freude über die nette Aufmerksamkeit drastisch mindern.

Alternative 1: Wenn du dir zum Valentinstag nichts sehnlicher als rote Rosen wünschst, bitte um Blumen mit **Fairtrade-Siegel.** Auch wenn hinsichtlich der Pestizide selbst bei diesen Blumen noch jede Menge Unfug getrieben wird, steht das Siegel immerhin für besseren Schutz und gerechtere Löhne.

Alternative 2: Die Person, die du beschenken möchtest, hat einen Garten oder einen Balkon? Dann schenke ihr einen **Rosenstock**. Der hält nicht nur länger als ein Blumenstrauß, sondern lebt auch noch.

Alternative 3: Manche Städte vergeben **Rosenpatenschaften** – etwa Eltville, Wien, Mühlhausen oder Düsseldorf. Zusammen mit einer Jahreskarte fürs Rosarium bietet ein solches Geschenk jede Menge Möglichkeiten für romantische Spaziergänge zu zweit – nachhaltiger als ein Strauß, der nach kurzer Zeit verwelkt.

Alternative 4: Bastel dem Menschen deines Herzens eine **Blume aus Papier** oder backe einen **Kuchen** und verziere ihn mit Rosen aus Marzipan. Das sieht nicht nur toll aus, sondern schmeckt auch richtig gut. Zumindest dann, wenn man Marzipan mag.

Alternative 5: Ebenfalls romantisch: eine Karte fürs Kino verschenken oder zu einem Ausflug mit dem Rad inklusive selbst vorbereitetem Picknick einladen. Das bringt euch nicht nur einander näher, sondern du verschenkst damit auch das höchste Gut, das du besitzt: deine **Zeit**.

Sextoys

Wenn man an Sextoys denkt, kommen einem als Erstes pinke Plastikdildos mit seltsamen Noppen oder sonderbar alienartige Vibrationseier in schrillen Farben in den Sinn. Dabei gibt es jede Menge Spielzeug für die Lust, das nicht nur gut aussieht, sondern auch ganz ohne fieses Plastik und Schadstoffe auskommen.

Alternative 1: **Dildos, Vibratoren** und **Analplugs aus Holz,** am besten made in Germany. Die sind nicht nur schadstofffrei, sondern auch regional und unter fairen Arbeitsbedingungen hergestellt.

Alternative 2: Wenn dir das mit dem Holz zu sperrig ist, kannst du auf Dildos, Liebeskugeln und Analplugs aus **Glas** zurückgreifen. Die glänzen nicht nur schön, sondern eignen sich auch prima für das Liebesspiel. Falls du Bedenken hast, dass das Glas bricht: Darauf achten, dass es sich um Borosilikatglas handelt – ein Werkstoff, aus dem auch Laborutensilien sind – und dass es durch besondere Härtung des Werkstoffes und den Check auf Risse unter einem Polariskop sehr sicher gemacht wurde.

Alternative 3: Wenn dir diese beiden Alternativen zu extravagant sind, achte beim Kauf deines Sextoys darauf, unter **welchen Bedingungen** das Spielzeug hergestellt worden ist und dass es vollständig recycelbar, wiederaufladbar und möglichst tierleidfrei ist. Achte auch bei Gleitmittel darauf, dass es ohne Tierversuche produziert wurde. Es gibt mittlerweile zahlreiche Sexspielzeuge, die nicht nur vegan, sondern auch unter Berücksichtigung von fairen Arbeitsbedingungen und gerechtem Lohn produziert werden und dank denen wir mit gutem Gewissen zum Höhepunkt kommen können.

Tinder & Co.

Früher ging man in die Kneipe oder gab eine Anzeige in der Zeitung auf, um den Menschen fürs Leben zu finden. Heute wischt man so lange von links nach rechts, bis einem die App sagt: »Du hast ein Match.« Das ist praktisch, unkompliziert und wahnsinnig unverbindlich. Im letzten Punkt liegt das größte Problem. Denn nicht nur, dass die Anonymität im Netz eine Abfuhr leicht macht und die Hemmschwelle für vulgäre Sprüche senkt – die digitale Welt macht es einem auch herrlich einfach, ohne Erklärung zu verschwinden. Und so kann es einem passieren, dass man wochenlang mit jemandem

Nachrichten ausgetauscht hat, um eines Morgens beim Anschalten des Handys festzustellen, dass man von seinem Match kommentarlos blockiert wurde.

Ghosting nennt sich dieses Phänomen und fast jeder, der in der Onlinedatingwelt unterwegs ist, hat es schon einmal erlebt. Dieses Verhalten ist nicht nur verletzend, feige und ein Zeichen von schlechtem Benehmen, sondern gleich in zweifacher Hinsicht umweltschädlich. Denn das ständige Hin- und Herwischen und Schreiben verbraucht nicht nur völlig grundlos jede Menge Energie (ja, Handys funktionieren leider nicht von selbst), sondern führt häufig auch dazu, dass wir versuchen, uns mit Konsum über den Ghostingfrust hinwegzutrösten. Das ist schlecht für unser Konto und fördert den unnötigen Verbrauch von Ressourcen unseres Planeten. Ganz zu schweigen von den psychischen Schäden, die Ghosting bei Menschen verursacht. Denn solch ein Verhalten hinterlässt bei jedem noch so selbstbewussten Menschen ein schales Gefühl im Magen. Deshalb ist das Ghosting eine Verhaltensweise, die du dir auf keinen Fall aneignen solltest, wenn du es mit einem nachhaltigen Leben ehrlich meinst. Für uns bedeutet ein nachhaltiges Leben nicht nur, möglichst umweltbewusst und ressourcenschonend zu leben – für uns muss man dem Wohl unserer Mitmenschen ebenso viel Aufmerksamkeit schenken wie dem unseres Planeten.

Sollten wir deshalb also lieber gleich auf Dating-Apps oder Partnerschaftsseiten verzichten?

Nicht unbedingt. Denn natürlich bieten Dating-Apps gerade für Menschen, die kleine Kinder haben, älter oder körperlich eingeschränkt sind oder einfach ungern ausgehen, eine gute Möglichkeit, um jemanden kennenzulernen. Aber, und nun kommt die Einschränkung, wir sollten uns genau überlegen, wann und warum wir sie nutzen – und auch, welche Seiten für uns infrage kommen.

Tipp: Frag dich, warum du bei einer Dating-App bist. Nutzt du sie, weil du nicht allein sein willst? Falls ja, beschäftige dich lieber mit der Frage, woran das liegt und was du daran ändern kannst (siehe Seite 99ff.).

Alternative: Probiere statt der üblichen Datingtools grüne Partnerschaftsseiten wie www.gleichklang.de, www.youmeveggie.com oder www.veganesingles.de – hier findest du Menschen, denen die Umwelt so wichtig ist wie dir.

Verhütung

Verhütung ist ein wichtiges Thema, und seit wir Teenagerinnen waren, ist der Umgang damit schon viel lockerer geworden. Trotzdem sprechen wir immer noch viel zu selten darüber. Prinzipiell gilt: Auch wenn ein **Kondom** ein Einwegprodukt ist: Es ist das einzige Mittel, um sich gegen sexuell übertragbare Krankheiten zu schützen. Ganz gleich, wie umweltbewusst du also lebst – du solltest gerade bei unverbindlichem Sex auf einen Pariser zurückgreifen.

Wichtig: Verhütung ist eine Frage, die euch beide angeht! Es sollte gemeinsam besprochen werden, Kosten und Risiken sollten von beiden getragen werden. Und das gilt natürlich für jede Art von Sex, nicht nur cisgenderheterosexuellen, ist ja klar.

Wenn ihr sicher seid, dass ihr keine Kinder haben wollt, dann ist die Sterilisation des Mannes (Vasektomie) eine sinnvolle Möglichkeit. Sie hat gleich nach dem Hormonimplantat den besten Pearl-Index (0,1) und birgt weniger Risiken als die Sterilisation bei Frauen.

Alternative 1: Die meisten Kondome bestehen aus Naturkautschuklatex. Bei dessen Verarbeitung wird häufig auf tierische Bindemittel zurückgegriffen. Zudem wird Kautschuk zum Großteil in Asien, Afrika und Südamerika unter schlechten Arbeitsbedingungen und Umweltstandards produziert. Wenn das der Fall ist, leiden andere Menschen und die Umwelt unter unserer Lust.

Deshalb ist es bei der Wahl der Kondome wichtig, darauf zu achten, dass sie **fair und vegan hergestellt** worden sind. Die entsprechenden Marken findest du in jedem handelsüblichen Drogeriemarkt.

Alternative 2: Die meisten Menschen, die auf Kondome verzichten wollen, nehmen die Pille, deren Wirkstoffe aber über den Urin ins Abwasser und so auch in die

Umwelt gelangen (siehe Seite 266). Dabei gibt es mittlerweile jede Menge Alternativen, die ohne Hormone und mögliche Nebenwirkungen funktionieren. Das bekannteste davon ist das **Diaphragma** oder Pessar. Letzteres hat mit 1 bis 20 einen höheren Pearl-Index als die Pille – also eine höhere Fehlerquote – und du musst schon etwas geübt in der Anwendung sein, wenn du es verwenden willst.

Eine weitere Methode für die hormonfreie Verhütung sind **Kupferkette** und **Kupferspirale (Pearl-Index 0,3 bis 0,8)**. Die verhütende Wirkung entsteht durch die Kupferteilchen, die sich in der Gebärmutter freisetzen. Die Kupferkette ist vegan, bei der Kupferspirale indes wird Knochenleim zur Aufbereitung des Kupfers verwendet. Das Tolle an beiden Alternativen ist: Nachdem die Kette oder Spirale von einer Gynäkologin eingesetzt wurde, hast du bis zu fünf Jahre lang deine Ruhe.

Die **NFP-Methode** oder, um es einfacher zu formulieren, die natürliche Familienplanung ist mit **einem Pearl-Index von 0,4 bis 1,8 ebenfalls eine gute Variante**. Durch das Messen der Körpertemperatur und des Zervixschleims (das, was aus der Vagina herauskommt und wie glibberiger Schleim aussieht) findet man heraus, wann man fruchtbar ist. Damit das sicher funktioniert und du nicht durcheinanderkommst, ist es ratsam, eine genaue Zyklustabelle zu führen – entweder händisch oder per App. Während der fruchtbaren Tage solltest du, wenn du nicht schwanger werden willst, auf alternative Verhütungsmethoden wie Kondome zurückgreifen oder auf Penetration verzichten. Hoher Alkoholkonsum, die Einnahme von Medikamenten und Infektionen können die Messung durcheinanderbringen. Frauen mit einem unregelmäßigen Zyklus ist von der Methode abzuraten.

Ganz gleich, für welche dieser Verhütungsmethoden du dich entscheidest: Sprich vorab mit deiner Gynäkologin. Kein Mensch gleicht dem anderen. Deshalb ist für jeden Menschen etwas anderes genau das Richtige.

C wie Computer und Technik

Beim Thema Technik und Umweltbewusstsein gilt dasselbe wie bei Alkohol, Süßigkeiten und Freundschaften: Weniger ist mehr. Je weniger Zeit wir im Internet verbringen, desto mehr Zeit haben wir für andere Dinge. Dank der Digitalisierung sind wir heute in beinahe jeder Lebenslage von Computern und Technik umgeben und verbringen viel zu viel Zeit mit sinnlosem Surfen und Streamen. Und wir fühlen uns danach selten besser, sondern meist eher leer und schal. Die Studie »Schalt mal ab, Deutschland!« der Techniker Krankenkasse aus dem Jahr 2021 zum Thema Digitalkompetenz zeigt, dass ein erhöhter Internetkonsum zu einer deutlichen Zunahme der körperlichen und physischen Belastung führt. So leiden 38 Prozent der Menschen, die fünf Stunden täglich oder länger im Internet surfen, an Nervosität. Bei 40 Prozent von ihnen traten sogar depressive Verstimmungen auf. Weitere Folgen sind Erschöpfung (36 Prozent), Müdigkeit (34 Prozent) und Konzentrationsstörung (30 Prozent). Spannend ist in diesem Zusammenhang, dass dies nur auf das private Surfverhalten und nicht auf den Internetkonsum im beruflichen Zusammenhang zutrifft. Direkte soziale Interaktion in der Freizeit ist einfach unverzichtbar.

Natürlich birgt die Technik und insbesondere das Internet auch jede Menge Chancen. Gerade in der Zeit der Coronapandemie konnten wir dank Handy und Computer weiterhin in Kontakt mit unserer Familie und unseren

Freundinnen stehen, online an Sportangeboten teilnehmen und Bildungsangebote nutzen.

Grüner als per Internet ist es dennoch offline, denn Herstellung und Nutzung technischer Geräte verbrauchen jede Menge Ressourcen und setzen Treibhausgase frei. Und durch die Stromerzeugung für die Endgeräte und die Betreibung der Server entstehen viele Emissionen. Aber es gibt jede Menge Möglichkeiten, deinen biologischen Fußabdruck in diesem Punkt zu reduzieren – zum Beispiel indem du auf Onlineshopping verzichtest (siehe Seite 39).

Batterien

Batterien sind umwelttechnisch gesehen ein großer Mist, weil sie nach einmaligem Gebrauch entsorgt werden müssen. Zudem gibt es eine immense Diskrepanz zwischen der Energie, die bei der Herstellung von Batterien benötigt wird, und der Energie, die sie der Nutzerin später zur Verfügung stellen. Laut Umweltbundesamt brauchen Batterien bei ihrer Herstellung 40 bis 500 Mal mehr Energie, als sie später abgeben. Daher können wir vom Kauf von Einwegbatterien nur abraten. Wenn du doch mal welche kaufst, entsorge sie richtig:

In vielen Elektrogeschäften, Bau- und Drogeriemärkten und sogar in Supermärkten stehen am Eingang Recylingboxen, in denen die Batterien entsorgt werden können. Ansonsten kannst du sie auch bei Recyclinghöfen abgeben.

Alternative 1: Kaufe **Akkus statt Batterien.** Denn Akkus können bis zu 1000 Mal wiederaufgeladen werden. Achte darauf, dass die Akkus niemals vollkommen leer oder ganz aufgeladen sind. Sobald der gewünschte Ladestand erreicht ist, sollte das Gerät vom Netz genommen werden. Viele Geräte verbrauchen so lange Strom, wie sie an der Steckdose sind. Ein mittlerer Ladestand zwischen 20 bis 80 Prozent ist für Akkus ideal, dann bleiben sie länger leistungsfähig. Hohe und niedrige Temperaturen sind für Akkus ebenfalls Gift, denn dadurch reduziert sich die Anzahl der möglichen Ladezyklen. Geräte

wie Smartphones und Kameras sollten deshalb bei Raumtemperatur gelagert und aufgeladen werden.

Die richtige Entsorgung von Akkus ist in Sachen Umweltschutz ein absolutes Muss. Denn Akkus oder Elektrogeräte, in denen sie verbaut sind – von der elektrischen Zahnbürste bis zum Vibrator –, dürfen auf keinen Fall in den normalen Hausmüll geworfen werden. Einige der möglichen Inhaltsstoffe wie Blei und Quecksilber sind giftig und können bei nicht fachgerechter Entsorgung unsere Gesundheit und die Umwelt gefährden. Zudem lassen sich durch Recycling bestimmte Bestandteile aus den Akkus zurückgewinnen.

Aber auch Akkus sind keineswegs unproblematisch. Denn die Herstellung von Akkus ist energieintensiv. Kobalt, Lithium und Nickel sind wertvolle Rohstoffe, ihre Gewinnung ist mit grausamen Arbeitsbedingungen und Umweltschäden in Ländern wie dem Kongo verbunden.

Alternative 2: Wenn du die Wahl hast, nimm ein Gerät, das über die **Steckdose** betrieben wird. Um im Garten die Europaletten für das neue Blumenregal anzuschleifen, musst du nämlich keinen Akku-Multischleifer benutzen. Opas alte Schleifmaschine und das gute Verlängerungskabel tun es auch. Damit schonen wir nicht nur die Umwelt: Neben den Ressourcen und der Entsorgung des Altgeräts sparen wir uns auch Neuanschaffungskosten.

Alternative 3: Du hast kein Gerät, das über die Steckdose funktioniert? Dann frag deine Eltern oder die nette Nachbarin. Über Nachbarschaftsforen wie www.nebenan.de kannst du dir heutzutage ebenfalls schnell und unkompliziert ein Schleifgerät **ausleihen**. Einen neuen Kontakt in der Nachbarschaft bekommst du noch gratis dazu.

Alternative 4: Eine super Alternative sind Geräte, die mit **Solarzellen** funktionieren – oder ganz ohne Strom.

Im Gegensatz zu dem meisten elektronischen Spielzeug trägt analoges auch zur Kommunikation zwischen Eltern und ihren Sprösslingen bei: Einer Studie der Zeitschrift *JAMA Pediatrics* zufolge sprachen Eltern nämlich weniger mit ihren Kindern, wenn diese mit einem elektrischen Spielzeug spielten. Und auch die Kinder banden die Eltern dann seltener ins Spiel ein. Unser Tipp: Ein grobes Holzauto kann zu einer wundervollen Rückenmassage animieren, wenn sich Mama oder Papa ein ausgedientes weißes T-Shirt anziehen, auf das sie zuvor ein Straßenmuster gemalt haben.

Tipp: Akkus und Batterien immer aus den Altgeräten nehmen und immer separat entsorgen!

Internet und Suchmaschinen

»Ich google das mal!« – Wie oft hast du diesen Satz schon gesagt? Er zeigt, dass der Markenname Google, ähnlich wie Uhu, Tempo, Tesa oder Edding, aufgrund der häufigen Verwendung im Sprachgebrauch zu einer allgemeinen Bezeichnung geworden ist – einem Deonym. Ein Traum für jede Firma, ein Albtraum für uns. Denn das Deonym suggeriert, es gäbe nichts Gleichwertiges auf dem Markt. Das stimmt natürlich nicht. Weder für den Schnellkleber und erst recht nicht für die Suchmaschine. Denn es gibt einige Suchmaschinen, die nicht nur viel umweltfreundlicher als Google sind, sondern die zudem weder unser Nutzungsverhalten speichern noch unsere Daten weitergeben.

Alternative: Die Suchmaschine Ecosia verfolgt das Ziel, durch unseren täglichen Internetkonsum die Welt ein Stück weit besser zu machen. Deshalb werden die Gewinne, die Ecosia mit ihren Suchanfragen generiert, dazu verwendet, um Bäume zu pflanzen. Bis Februar

2021 wurden laut Ecosia 120 Millionen Bäume gesetzt, im Schnitt werde durch 45 Suchanfragen ein Baum finanziert. Ganz sorglos sollte uns auch das nicht werden lassen – ein Setzling speichert nicht so viel Klimagas wie ein ausgewachsener Baum und die Pflanzprojekte müssen ständig überwacht werden, sodass der tatsächliche Nutzen fraglich ist. Besser als mit Google zu suchen, ist es aber allemal. Und da die Suchanfragen bei Ecosia dank eigener Solaranlagen aus erneuerbaren Energien generiert werden, ist man in jedem Fall in diesem Punkt auf der sicheren Seite.

Ein weiteres tolles Feature von Ecosia sind die kleinen Icons, die der Nutzerin zusätzlich Informationen zu dem Suchergebnis liefern. So ist bei vielen Unternehmen, die sich noch immer für den Ausbau von umweltschädlicher Kohle einsetzen, ein kleines Kohlekraftwerk neben dem Suchergebnis zu sehen. Besonders umweltfreundliche Organisation werden stattdessen mit einem kleinen grünen Blatt neben ihrem Namen gekennzeichnet.

Die Suchmaschine Gexsi (Global Exchange for Social Business) ist ebenso wie Ecosia ein *Social Business*, also ein Unternehmen, das soziale und ökologische Probleme auf eine wirtschaftliche Weise löst und die Gewinne nicht an die kapitalgebenden Unternehmen auszahlt, sondern in das Unternehmen reinvestiert oder in sozialökologische Projekte steckt. Welche Projekte Gexsi aktuell unterstützt, kannst du jederzeit auf der Website einsehen. Damit weißt du immer ganz konkret, wohin das Geld fließt, das das Unternehmens mit deinen Klicks generiert.

Tipp 1: Stelle **Ecosia** oder **Gexsi** als deine **Standardsuchmaschine** ein. Dann kommst du gar nicht erst in Versuchung, mit Google zu suchen.

Tipp 2: **Streiche Google** aus deinem Wortschatz. Es ist weder die einzige noch die beste Suchmaschine, die es gibt. Und sie sammelt extrem viele Daten – so viele, dass sie sogar einen virtuellen Klon von dir herstellen könnte. Gruselig! Wenn du stattdessen alternative Suchmaschinen erwähnst, unterstützt du sie und minimierst die Monopolstellung, die Google einnimmt.

Fake News haben auf den ersten Blick nichts mit Weltrettung zu tun, aber sie sind leider ein sehr wirksames Mittel, um gezielt Desinformationen zu verbreiten. Oft werden sie genutzt um Zweifel an dem menschengemachten Klimawandel zu schüren. Ganz gleich, auf welcher Seite wir unterwegs sind oder wo wir etwas nachlesen: Quellen sollten wir immer prüfen, es ist aufschlussreich, wer den Text geschrieben hat, also ob es sich dabei um eine Universität oder nur um einen privaten Blog handelt. Such nach Quellen für Behauptungen auf der Website, möglichst sollten Fachartikel verlinkt sein, die wiederum fundiert sind. Wenn du dir unsicher bist, ob vielleicht ein Unternehmen hinter der Website steht, das einen Artikel zu seinen Gunsten verfasst hat, kannst du unter www.whois.net den Website-Betreibenden anfragen. Nur mit solchen Recherchen können wir sichergehen, dass die Informationen und Nachrichten, die uns präsentiert werden, auch den Tatsachen entsprechen.

Um deine Kinder für Fake News und die Tücken des Internets zu sensibilisieren, lass sie zu einem bestimmten Thema recherchieren. Schaut euch danach gemeinsam an, welche Unterschiede es gibt und wie dein Kind nachprüfen kann, welche Quellen seriös sind und welche nicht. Websites auf Fake News abzutesten, ist bisweilen ein echtes Detektivinnenspiel und macht sogar Spaß! Hinweise auf unseriöse Quellen sind zum Beispiel die Verbindung der Person, die den Text verfasst hat, zu rechten Netzwerken oder einem Unternehmen, in dessen Namen er oder sie schreibt. Auch im Impressum kannst du oft nachschauen, wer die Seite wirklich betreibt: Ein Energiekonzern steckt hinter dem nicht werbend aufgemachten Artikel über klimafreundliches Erdgas? Ein Schelm, wer Böses dabei denkt!

Musikstreaming

Du hörst bei der Arbeit gern die Deep-Concentration-Playlist von deinem Streamingdienst? Am besten lokal runterladen, denn das Streaming kostet mehr Energie, weil es die ganze Zeit Daten abruft (siehe nächster Punkt).

Netflix, Amazon, Prime & Co.

Der gemeinschaftsstiftende Aspekt des Mediums Fernsehen ist durch Streamingportale wie Amazon Prime und Netflix zu einem Großteil verschwunden und funktioniert nur noch bei Großereignissen wie Olympia oder der Fußballweltmeisterschaft. Durch die uneingeschränkte Verfügbarkeit können wir Serien nicht nur überall und jederzeit sehen, sondern sie auch in einem Rutsch durchschauen. Binge-Watching heißt das neudeutsch – *binge* bedeutet so viel wie Gelage. Es ist ein Phänomen, bei dem man sich, statt ins Koma zu trinken, in ein Seriendelirium schaut. Das einzige Problem an diesem Vergnügen ist, dass es verdammt umweltschädlich ist. So hat der Onlinevideokonsum wegen der Riesendatenmengen allein im Jahr 2018 ganze 1 Prozent der weltweiten Emissionen emittiert. Das ist so viel Treibhausgas, wie ganz Spanien in einem Jahr produziert. 80 Prozent der globalen Datenströme, die im Jahr 2018 entstanden, stammen aus Videostreaming. Die entspannten Abende, die wir mit Flips – oder besser: selbstgemachten Grünkohl-Chips (siehe Seite 235) – vor Netflix verbringen, sind also alles andere als gut für unser Ökosystem. Siegfried Behrendt, der Leiter des Bereichs Ressourcen, Wirtschaften & Resilienz am Institut für Zukunftsstudien und Technologiebewertung in Berlin geht davon aus, dass wir das Klimaziel von Paris nur dann erreichen können, wenn wir die Streamingdienste als einen Faktor miteinbeziehen. Daher ist es wichtig, dass wir darüber nachdenken, wie wir unsere Seriensucht mit dem Wunsch nach einer gesunden Umwelt vereinbaren.

Alternative 1: Zurück in die Zukunft – oder doch lieber in die Vergangenheit: Wie wäre es, wenn du, anstatt einen Film oder Serien online zu sehen, das Nostalgiegefühl mit einer DVD vom Flohmarkt in dein Wohnzimmer holst? Denn die sind jetzt auf dem Flohmarkt besonders billig zu haben, da alle Welt stre-

amt. So sparst du nicht nur Geld, das du sonst für Streamingportale ausgeben würdest, sondern tust auch noch etwas Gutes für die Umwelt, denn es kostet weniger Energie und gebrauchte DVDs existieren ja bereits.

Alternative 2: Wenn du eine aktuelle Serie unbedingt online sehen willst, achte darauf, dass du beim Videostreamen die geringste Auflösung wählst. So sparst du unbemerkt jede Menge Energie.

Alternative 3: Sei selektiv! Überlege dir genau, was du dir ansehen willst und ob du beim Bügeln unbedingt zum dritten Mal die neunte Staffel von *How I Met Your Mother* schauen musst. Alternativ könntest du dir zum Beispiel einen Podcast anhören, der mangels Bildübertragung weniger Datenvolumen benötigt, oder eine Platte auflegen.

Notebooks und PCs

Bei Computern gilt das Gleiche wie bei allen anderen technischen Geräten: Je länger wir sie nutzen, desto weniger Ressourcen und Energie verbrauchen wir (vergleiche auch: **Smartphone**, Seite 41). Deshalb sollten wir unseren Computer gut pflegen und einen Neukauf, wenn möglich, vermeiden – oder zumindest so lange wie möglich hinausschieben.

Falls dein Computer endgültig den Geist aufgibt, musst du zum Glück trotzdem nicht gleich einen neuen kaufen. Welche Möglichkeiten du dann hast, das verraten wir dir in diesem Abschnitt.

Alternative 1: Wie lauten die wichtigsten Regeln beim Thema nachhaltiges Leben? **Reduzieren, Reparieren, Recyceln**. Das gilt natürlich auch für den Computer. Deshalb unser Tipp: Erkundige dich als Allererstes, ob sich dein alter Computer noch reparieren lässt. Viele kleine Elektroläden sind auf die Reparatur von Computern spezialisiert und haben zahlreiche Ersatzteile im Lager. Damit sparst du jede Menge Geld und tust der Umwelt etwas Gutes.

Alternative 2: Falls dein Computer nicht mehr repariert werden kann, frage im Elektroladen deines Vertrauens nach, ob es noch einen gebrauchten vorrätig gibt. Viele Elektroläden haben sich neben der Reparatur auf die Wiederaufarbeitung von gebrauchten Geräten spezialisiert. So kannst du für das Geld,

das du für einen neuen Computer eingeplant hattest, vielleicht sogar einen leistungsfähigeren Rechner mit mehr Speicherplatz kaufen. Auch online wirst du unter dem Begriff »Refurbished Notebooks« oder »Refurbished Laptops« fündig. Selbst die Firma mit dem Apfel-Logo bietet online überarbeitete Geräte an.

Tipp: Du weißt nicht, wohin mit deinem alten Laptop oder Tablet? Dann spende sie an **Labdoo.org.** Dieses gemeinnützige Projekt überarbeitet gebrauchte Endgeräte und spendet sie danach auf CO_2-neutralem Weg an Schulen, Waisenhäuser und Flüchtlingsprojekte in aller Welt. Alle vertraulichen Daten werden vorab gelöscht.

Onlinehandel

Wer wie wir Buchläden liebt, der weiß, wie wichtig es ist, eine Buchhändlerin des Vertrauens zu haben. Denn die weiß nicht nur, welche Neuerscheinung uns gefällt, sondern kann sie uns zu einem moderaten Preis auch gleich in die Hand drücken. Zudem tun wir mit unserem Kauf etwas Gutes für den regionalen Einzelhandel und sparen den Versand, der Geld kostet und schlecht für die Umwelt ist.

Wie umweltfreundlich der Einkauf in der örtlichen Ladenzeile im Gegensatz zum Onlineshopping ist, hängt wesentlich vom Weg, der Wahl des Verkehrsmittels und der Umweltfreundlichkeit des einzelnen Geschäfts ab. Schwer wiegen beim Onlinehandel vor allem die Retouren: Die Schuhe drücken am Ende doch, das Kamerastativ gefällt nicht oder der Rucksack ist zu schwer – und wir schicken all diese Dinge direkt zurück oder tauschen sie um. Manche bestellen Kleider sogar in zwei Größen, um nur das besser sitzende zu behalten. Der zusätzliche Versand erzeugt mehr Verpackung und weitere CO_2-Emissionen. Allein bei Klamotten waren dies 2018 rund 110 000 Tonnen CO_2, so viel, wie wenn ein Jahr lang jeden Tag knapp 1000 Autos von Hamburg nach Moskau gefahren wären.

Ganz zu schweigen von den vielen zurückgeschickten Waren, die, obwohl sie noch neu und unbenutzt sind, im Lager direkt entsorgt werden. Warum?

Weil es schlicht und ergreifend billiger ist, als die zurückgeschickte Ware zu prüfen und wieder in den Warenbestand einzusortieren.

Ob der Onlinehandel schlussendlich umweltschädlicher ist als der gewöhnliche Einkauf, lässt sich nicht so einfach sagen. Denn durch den Onlinehandel fallen viele Einkaufstouren weg, die ansonsten mit dem Auto erledigt worden wären – und da kommt es im Einzelfall auch immer darauf an, wie weit du vom jeweiligen Laden entfernt wohnst. Für regionale Läden ist Onlineshopping auf jeden Fall schlecht, mit dem Abwandern der Verkäufe ins Internet überleben immer weniger von ihnen. Wer also auch in Zukunft einen Buchladen an der nächsten Ecke haben möchte, der sollte besser auch dort den nächsten Bücherkauf erledigen.

Und natürlich gibt es auch in Sachen Onlineshopping jede Menge Tipps und Tricks, mit denen du Ressourcen und Energie einsparen kannst.

Tipp 1: Wähle bei deiner Bestellung einen Laden in der **Nähe** aus. So ist in Sachen Transportweg schon einiges gewonnen.

Tipp 2: **Plane deinen Einkauf.** Vielleicht kannst du gleich mehrere Exemplare oder Ausführungen von dem gewünschten Produkt bestellen. Durch solche Sammelbestellungen vermeidest du nicht nur zusätzlich Versandgebühren, sondern tust auch der Umwelt etwas Gutes. Gerade bei Produkten wie Kosmetik oder Lebensmitteln, die verbraucht werden und die du immer wieder bestellst, sind Sammelbestellungen eine prima Sache.

Tipp 3: **Vermeide Expressversand.** Ein Zustellfahrzeug, das nur mit deinem Paket durch die Gegend fährt, erhöht die CO_2-Bilanz immens.

Tipp 4: Achte darauf, dass du **zu Hause bist**, wenn das Paket geliefert wird. Oder stell sicher, dass dein Paket an eine Nachbarin oder an eine Abholstation geliefert werden kann. So vermeidest du vergebliche Zustellversuche.

Tipp 5: Viele Unternehmen bieten **klimafreundliche Verpackung** an. Informiere dich vor deiner Bestellung, ob das möglich ist. Wirf unbedingt einen Blick in die Sozial- und Umweltstandard der Firma, bei der du bestellst.

Smartphones

Wir sind zum Glück schon so alt, dass wir auch ein Leben ohne Smartphone kennen. Trotzdem fällt es uns schwer, darauf zu verzichten. Denn mit den kleinen elektronischen Geräten kann man nicht nur schnell und unkompliziert seinen Weg finden – ein Feature, das gerade bei Bettina sehr beliebt ist –, sondern man kann auch jederzeit mit Menschen, die einem wichtig sind, kommunizieren. Oder mal eben etwas nachschlagen. Doch dieses praktische Plus führt leider dazu, dass wir bei jeder Kleinigkeit, die wir nicht wissen oder die uns interessiert, zu unserem Handy greifen. Wir recherchieren schnell im Internet, wie das Lied heißt, das gerade im Radio läuft, oder wie viel das Hotel kostet, das wir beim nächsten Urlaub buchen wollen. Dabei vergessen wir nur allzu gerne, dass jeder Klick ins Internet Strom frisst – und dass es unhöflicherweise auch oft das Gespräch mit dem Gegenüber unterbricht.

Noch mehr Energie als bei der Nutzung wird allerdings für die Herstellung eines Smartphones benötigt. Viele denken fälschlicherweise, dass so ein kleines Gerät bei der Herstellung und dem Gebrauch weniger Energie verbraucht als ein größeres Produkt. Doch leider ist sehr häufig das Gegenteil der Fall: Nicht selten sind es die kleinen Geräte, die in der Produktion energieintensiv sind. So hat die Studie »Lean ICT: Towards Digital Sobriety«, die von der gemeinnützigen Organisation The Shift Project 2019 durchgeführt wurde, herausgefunden, dass bei der Produktion von 1 Gramm Smartphone 80 Mal mehr Energie verbraucht wird als bei der Herstellung von 1 Gramm Auto. Ein erstaunliches Ergebnis! Aber es erklärt sich daraus, wie viele Rohstoffe und Prozesse auf dem engen Raum eines Smartphones konzentriert sind. So oder so gilt bei dem Gebrauch und der Nutzung von Smartphones das, was bei allen Geräten und Produkten gilt: Je länger wir sie nutzen, desto besser ist es für unsere Umwelt. Wie du dein Handy ganz besonders lange nutzen kannst und was es alles sonst noch zu bedenken gibt, wenn du dein Smartphone so umweltfreundlich wie möglich verwenden möchtest, das erfährst du hier.

Tipp 1: Benutze dein Smartphone so lange, bis es nicht mehr funktionsfähig ist, statt jedes Mal ein neues Gerät zu nehmen, wenn dir mit einem Vertrag eines angeboten wird. Viele Telefonverträge bekommst du günstiger, wenn du kein neues Gerät nimmst. Ein **Gerät so lange wie möglich zu benutzen**, spart nicht nur Energie, sondern verringert auch den Verbrauch von wertvollen Edelmetallen und seltenen Erden, die bei der Herstellung eines Smartphones benötigt werden.

Tipp 2: Gibt dein Smartphone seinen Geist auf, lass es **reparieren**. Oder frage Bekannte, ob sie noch ein altes Smartphone ungenutzt bei sich im Schrank liegen haben. Es ist wahrscheinlich, dass du jemanden kennst, der eins oder mehrere zu Hause hat: Rund 206 Millionen alte Handys haben die Deutschen laut dem Branchenverband Bitkom in der Schublade, 57 Prozent der Menschen in diesem Land bewahren mindestens drei aussortierte Handys bei sich auf. Eines davon wieder zu aktivieren, spart jede Menge Geld und ist gut für die Umwelt.

Tipp 3: Warum ein neues Smartphone kaufen, wenn es zahlreiche gebrauchte gibt? In vielen **kleinen Elektrogeschäften** kannst du günstig funktionstüchtige Smartphones kaufen. Falls du dort nicht fündig wirst, schau auf eBay-Kleinanzeigen oder in Nachbarschaftsportalen oder gib dort selbst eine Anzeige auf. Du wirst erstaunt sein, wie schnell du eines findest.

Tipp 4: Wenn der Kauf eines neuen Smartphones unvermeidlich ist, besorg dir am besten ein Modell, bei dem du die einzelnen Teile wie Kamera, Akku, Lautsprecher und Co. selbst austauschen kannst. So musst du das Gerät, wenn ein Teil der Technik nicht mehr funktioniert, nicht teuer einsenden oder entsorgen. Aktuell gibt es zwei modulare Smartphones, bei denen die Eigenreparatur funktioniert: das Fairphone und das Shiftphone. Bei beiden Modellen wird so weit wie möglich auf recycelte und fair gehandelte Materialien zurückgegriffen und darauf geachtet, dass die Geräte zu sozialverträglichen Bedingungen hergestellt werden. Das Fairphone 2 wurde 2016 sogar als erstes Smartphone mit dem Umweltsiegel Blauer Engel ausgezeichnet. Womit die beiden herstellenden Unternehmen in Sachen Umweltschutz und sozialer Verantwortung im Vergleich mit den größeren Produzenten eindeutig die Nase vorne haben. Dazu kommt, dass du mit ein wenig technischem Geschick dein Handy auch ent-googlen kannst, also mit einem Android-Betriebssystem ausstatten kannst, das deine Daten nicht absaugt, wie Ubuntu Touch, Lineage OS, Sailfish OS oder e/OS.

D wie Dancing Queen

Tanzen ist nicht nur kostenfrei – es macht auch nachweislich glücklich, stärkt und macht dich selbstbewusster. Und es ist überall und jederzeit möglich, wann immer du in Stimmung bist. Bei Müttern von Teenagern, so wie Bettina eine ist, mag es vom Nachwuchs nicht so gerne gesehen werden, wenn Mama in der Küche zu David Bowies »Changes« das Tanzbein schwingt. Solche Befindlichkeiten sollten dich allerdings nicht davon abhalten. Besser noch, wenn du das Tanzen mit Gesellschaft kombinierst.

Denn Zeit mit unseren Freundinnen zu verbringen, ist nicht nur die schönste Sache der Welt, sondern zudem der Schlüssel zum Glück. Das hat eine Harvard-Langzeitstudie bewiesen. In dieser Studie, die seit 1938 läuft, wurden Männer aus privilegierten und benachteiligten Familien jedes Jahr zu ihrer Arbeit, ihrem Privatleben und ihrer Gesundheit befragt. Das Ergebnis: Die entscheidenden Faktoren für ein als gelungen empfundenes Leben waren neben Gesundheit vor allem stabile Beziehungen (die wir leider, gerade wenn wir noch mitten im Arbeitsleben stehen und zwischen Beruf, Haushalt, Kind und früher oder später pflegebedürftigen Eltern hin- und herpendeln, vernachlässigen).

Höchste Zeit, mal wieder eine Party zu schmeißen.

Aber ist das nicht eine riesige Umweltsünde? Partys machen schließlich Müll, man denke nur an die vielen Pappteller und die Girlanden. Wie grünes Feiern gelingt, das verraten wir dir in diesem Abschnitt.

Beleuchtung

Bunte Girlanden und Lichterketten, weiße Kerzen, die perfekt aufgereiht auf den Tischen stehen. Dazu noch wunderschön arrangierte Blumensträuße, die in bodentiefen Vasen im Raum verteilt sind, und Luftballons, die in allen Farben und Größen an der Decke schweben. So sehen die Partys aus, die wir aus Frauenzeitschriften und Hollywoodfilmen kennen. Das ist schön fürs Auge, doch leider sehr schlecht für die Umwelt. Gerade, was das Thema Licht angeht. Denn die üblichen Lichterketten, die es in jedem Drogeriemarkt zu kaufen gibt, sind richtige Stromfresser. Allein im Jahr 2021 wurden laut der elften Weihnachtsumfrage des Ökostromunternehmens Lichtblick in der Advents- und Weihnachtszeit 623 Millionen Kilowattstunden an Strom verbraucht. Mit dieser Menge könnten 208 000 Haushalte ein Jahr lang mit Strom versorgt werden. Hinzu kommt, dass die bunten Lichterketten bei vielen Tieren eine Störung der Orientierung und des Biorhythmus auslösen. Vögel können sich, wenn sie an den Lichterketten knabbern, sogar einen Stromschlag zuziehen. Alles Dinge, die wir als umweltbewusste Verbraucherinnen natürlich vermeiden wollen. Zum Glück gibt es neben den üblichen Lichterketten jede Menge prima Alternativen, um deine Party perfekt auszuleuchten.

Alternative 1: Wenn du auf eine Lichterkette absolut nicht verzichten kannst, dann achte darauf, dass sie ohne Batterien funktioniert und du sie direkt an die Steckdose anschließen kannst. Falls du schon eine Lichterkette hast und die nur mit Batterien funktioniert, tausche die üblichen Batterien, nachdem sie das Zeitliche gesegnet haben, gegen wiederaufladbare aus. Am besten ist eine **LED-Lichterkette**. Die verbraucht deutlicher weniger Strom und hält viel länger als eine herkömmliche.

Alternative 2: **Kerzen** sorgen für schönes Licht und ein heimeliges Ambiente. Aber Obacht: Kerzen sind nicht gleich Kerzen. Denn in vielen handelsüblichen Kerzen steckt Paraffin, ein Nebenprodukt der fiesen Erdölindustrie. Bei der Verbrennung von Paraffin-Kerzen entstehen giftige Gase, welche die Entstehung von Asthma, Lungenkrebs und Allergien begünstigen. Solch gefährlichen Ausdünstungen wollen wir unsere Gäste natürlich nicht aus-

setzen. Greif deshalb auf die guten alten Bienenwachskerzen zurück. Die riechen nicht nur unglaublich gut, sondern sind auch zu 100 Prozent aus Naturmaterialien. Wer vegan lebt und den Bienen nicht ihre Waben stehlen will, der kann auch auf Kerzen auf Soja- oder Rapsbasis zurückgreifen.

Alternative 3: Kerzen selber gießen. Das ist ganz leicht und macht jede Menge Spaß.

UND SO GEHT'S:

Du brauchst: Kerzenreste, leere **Einmachgläser** (die du natürlich aufbewahrt und ausgespült hast, siehe Kapitel *V wie Verpackung*, Seite 232) und einen **Kerzendocht**. Den gibt es zu kaufen oder du machst ihn selbst, indem du ein abgespültes Eisstäbchen aus Holz für 24 Stunden in etwas Olivenöl einlegst. So zauberst du deiner Kerze gleich noch ein besonders nostalgisches Kerzenknistern bei.

1. Sortiere die Kerzenreste nach Farben. Wer bunte Kerzen haben möchte und sich gern überraschen lässt, kann auch alle Reste zusammenschmeißen.
2. Erhitze die Kerzenreste in einem Wasserbad. Stelle dafür einen großen Topf mit Wasser auf den Herd, erhitze das Wasser und stelle einen kleineren Topf hinein. Lege die Kerzenreste in den kleinen Topf und lass sie langsam schmelzen. Vorsicht! Das Wasser darf nicht hineinspritzen. Das kennst du von der Schokoladenkuvertüre.
3. Sobald das heiße Wachs vollständig aufgelöst ist, gieß es in die Einmachgläser.
4. Warte, bis das Wachs ein bisschen fester geworden ist, dann stecke vorsichtig den Docht hinein. Achtung! Man kann sich dabei leicht die Finger verbrennen. Du kannst den Docht auch an ein Stäbchen binden, das Stäbchen über das Glas legen und das Wachs vorsichtig eingießen. Im Bastelladen gibt es Dochte mit kleinen Haltern. Die kann man ganz einfach in das Glas stellen und dann vorsichtig das Wachs eingießen.

Fortgeschrittene Kerzenmacherinnen können den Docht aus Baumwollfäden auch selbst machen. Nimm dafür einfach drei bis vier lange Fäden, halbiere sie der Länge nach. Knote das offene Ende zusammen. Nimm die Enden der Fäden jeweils in eine Hand und drehe die Fäden an der geschlossenen Seite so lange, bis eine schöne Kordel entstanden ist. Halbiere die Kordel und lasse das geschlossene Ende los, sodass sich die Fäden verbinden und eine dicke Kordel entsteht. Das offene Ende zuknoten. Danach wird die Kordel so lange in ein Kerzenrestbad getaucht, bis sich um die Kordel eine dünne Wachsschicht gebildet hat. Dann musst du nur noch den Faden oben abschneiden, wo er an der Schere hängt. Die Dochte lässt du hängend trocken. Wenn dir der Docht nicht auf Anhieb gelingt, dann kannst du auch welche in einem Bastelladen kaufen.

Kerzen aus **Stearin** sind nur eine scheinbare Alternative. Denn die meisten von ihnen bestehen aus Palmöl. Das wiederum ist gar nicht gut für unser Ökosystem. Um noch mehr Land für den Anbau von Ölpalmen zu gewinnen, wird der Regenwald gerodet. Wenn darunter Torf ist, kann Stearin bis zu sieben Mal mehr Klimagase emittieren als Paraffin. Deshalb bei dem Kauf einer Stearinkerze immer darauf achten, ob sie aus Palmöl hergestellt worden ist. Oder besser gleich auf eine der oben genannten Alternativen zurückgreifen.

Blumen

Blumen sind wunderschön. Doch die herkömmlichen Schnittblumen sind leider nicht besonders gut für unsere Umwelt. Das gilt insbesondere für Rosen, siehe Seite 25.

Tipp 1: Kaufe Blumen im Topf, am besten aus dem Ökolandbau. Die kannst du nach deinem Fest in deinen Garten oder auf den Balkon setzen oder deinen Freundinnen als Gastgeschenke mit nach Hause geben.

Tipp 2: Wenn du gar nicht auf Schnittblumen verzichten kannst, kaufe sie saisonal und regional, am besten auf dem Wochenmarkt von der Händlerin deines Vertrauens.

Tipp 3: Im Sommer und im Herbst gibt es auch viele Blumenfelder zum Selbstpflücken. Die Bezahlung erfolgt meist auf Vertrauensbasis über eine Geldkassette. Hier ist Fairness angesagt.

Tipp 4: Du kannst bei deinem nächsten Spaziergang auch einen kleinen Wildblumenstrauß pflücken. Achte allerdings darauf, dass du nicht versehentlich gefährdete Blumenarten pflückst. Informiere dich vorher, zum Beispiel über die großartige App Flora Incognita.

Büfett

Essen ist wichtig, ganz besonders bei einem Fest. Es gibt nichts Schlimmeres als hungrige Gäste, die zu schnell zu viel Alkohol trinken. Wer kein Fleisch serviert, hat der Umwelt schon einmal einen riesigen Gefallen getan (siehe Seite 138). Fortgeschrittene Partymenschen können das Büfett auch komplett vegan gestalten.

»Aber«, ruft Bettinas Mutter im Hintergrund besorgt, »meine Gäste werden von Salat und Möhren nicht satt!« Und das müssen sie auch nicht. Denn es gibt zahlreiche einfach herzustellende und kostengünstige Gerichte, die zum Gelingen weder Fleisch noch Milch benötigen und die alle Gäste satt machen.

Alternative 1: **Brezeln.** Die sind lecker und auch bei vegan lebenden Menschen ein beliebter Snack. Beim Kauf oder Backen unbedingt drauf achten, dass sie nur pflanzliche Fette enthalten.

Alternative 2: **Rohkost zum Knabbern** oder **Pasten mit Brot** sind bei allen Partygästen beliebt. Unsere Favoriten sind klein geschnittener Räuchertofu sowie Brot mit veganen Aufstrichen (gibt es in jedem Supermarkt und viele kannst du auch sehr einfach selbst zusammenquirlen) oder Hummus – dafür schnell ein Glas Kichererbsen mit einem großen Schuss Olivenöl, etwas Knoblauch, Zitronensaft, Sojajoghurt, Salz und Kreuzkümmel in den Mixer werfen. Karotten, Sellerie und Paprika eignen sich in Streifen geschnitten prima, um sie in den Hummus zu dippen.

Alternative 3: Oder probiere mal den selbst gemachten **veganen »Eier«-Salat** (siehe auf Seite 134).

Selbst gemachte Fritten. Die sind ratzfatz fertig und schmecken jedem. Ganz besonders den Kindern – aber mach genug, denn die Erwachsenen werden sonst neidisch!

Dekoration

Wenn wir uns in die Planung für eine Party stürzen, ist nach der Klärung der Gästeliste, der Location und der Musik die nächste wichtigste Frage die nach der passenden Dekoration. Doch halt! Bevor du in den nächsten Schnickschnack-Laden rennst und jede Menge Dekokram kaufst, überlege ganz kurz, wie viel Müll du damit produzierst. Und ob es für den ganzen hübschen Plastikkram nicht viel umweltfreundlichere Alternativen gibt, die du im besten Fall schon zu Hause hast oder ganz leicht aus alten Stoffen und vorhandenem Papier basteln kannst. Denn der meiste Krimskrams, den wir aus Filmen und schicken Wohnzeitschriften kennen, ist alles andere als gut für unseren Planeten.

Das gilt insbesondere für die allseits beliebten Luftballons, die für uns zur Grundausstattung einer jeder Feier gehören. Ganz besonders zu Kindergeburtstagen. Nur leider produzieren wir mit den bunten Ballons nicht nur Müll, sondern gefährden und töten damit auch zahlreiche Tiere, wenn sie in der Natur landen. Denn Wildtiere können die bunten Ballonreste nicht von ihrer Nahrung unterscheiden. Das kann im schlimmsten Fall dazu führen, dass die Tiere ersticken, einen Darmverschluss erleiden oder gar verhungern, weil sie trotz vollem Magen keine lebenswichtige Nahrung erhalten.

Doch zum Glück gibt es jede Menge tolle Alternativen, wie wir unser Fest umweltfreundlich und schick dekorieren können.

Alternative 1: Eine prima Alternative zu Luftballons sind **Girlanden**. Die kann du entweder in einem Papierwarenladen kaufen oder aus altem Zeitungspapier selber machen. Das sieht nicht nur super aus, sondern verleiht der Dekoration einen ganz individuellen Touch.

Dein Kind hat noch jede Menge alte Ausmalbücher bei sich im Zimmer herumliegen, in denen noch zahlreiche freie Seiten sind? Prima! Bastele daraus eine Girlande und lass dein Kind danach die Blätter ausmalen. Ebenfalls bei Kindern sehr beliebt ist Dekoschmuck aus Blättern und Stöcken. Wer möchte, kann die Blätter auch noch bunt anmalen, sobald sie auf den Stock gepikst sind.

Alternative 2: Wimpelketten sind hip und schick. Unser Favorit sind Wimpelketten aus Stoff. Stoffwimpelketten halten ewig und könne von jedem, der Grundfähigkeiten in der Nähmaschinenverwendung hat, ganz leicht selbst genäht werden. Wer so wie Bettina im Handarbeitsunterricht nicht aufgepasst hat, der kann in einem der zahlreichen kleinen Stoff- und Handarbeitsläden eine Wimpelkette kaufen. Damit hilfst du der Umwelt und dem regionalen Einzelhandel.

Alternative 3: Kleine Fähnchen sind der Hit! Man kann sie ebenso wie die Girlanden ganz leicht aus Stoff oder (Alt-)Papier und einem Zahnstocher selber machen. Fähnchen aus Papier kannst du mit einem Stift verzieren oder als Platzkärtchen verwenden.

Alternative 4: Pompons sind aktuell ganz besonders beliebt. Sie sehen nicht nur wunderschön aus, sondern sind auch noch ein absoluter Hingucker. Zum Glück kann man sie ganz leicht selber machen.

UND SO GEHT'S:

Du brauchst: Seidenpapier. Vielleicht hast du noch welches von deinem letzten Einkauf übrig: Gerade Kleidung oder Schuhe sind häufig in Seidenpapier eingewickelt. Außerdem kommen **Basteldraht,** eine **Schere** und eine **Kordel** oder ein **Faden** zum Einsatz.

Leg mehrere Schichten Seidenpapier in DIN-A4-Größe übereinander. Nimm nicht zu wenige, denn der Pompon soll richtig dicht werden.

1. Falte die Blätter von der kurzen Seite her großzügig zu einer Ziehharmonika zusammen.
2. Schneide die übereinandergelegten Enden jeweils zu einer Spitze.
3. Fixiere die Mitte mit dem Draht.
4. Schieb die Kordel oder den Faden durch den Draht, damit du später eine Möglichkeit hast, die Pompons aufzuhängen. Achte darauf, dass der Faden nicht zu kurz ist, sonst hast du zu wenig Spielraum beim Aufhängen!
5. Zieh die gefalteten Blätter vorsichtig auseinander, bis ein Ball entsteht. ACHTUNG! Seidenpapier kann sehr schnell reißen.

Und voilà, fertig ist dein Pompon!

Luftballons aus Naturkautschuk sind zu 100 Prozent abbaubar und frei von Schwermetallen. Allerdings dauert es sehr lange, bis sie verrottet sind. Meist hat sie vorher ein Tier gefressen und ist im schlimmsten Fall sogar an dem Luftballon gestorben.

Dein Kind will einen Luftballon mit einem Wunsch in den Himmel steigen lassen? Warum den Wunsch nicht auf einen Zettel schreiben und ihn gemeinsam mit den anderen beim obligatorischen abendlichen Stockbrotgrillen im Lagerfeuer verbrennen?

Wer in der Stadt wohnt und für wen ein Lagerfeuer keine Alternative ist, der kann das Wunschpapierchen in eine geknackte Walnuss stecken und den Kindern als Andenken mit nach Hause geben. Und wer weiß, vielleicht geht der Wunsch ja in Erfüllung, wenn die Kinder die Nuss am Abend nach dem tollen Fest unters Kissen legen?

Oder ihr baut eine Samenbombe (siehe Seite 79), bohrt ein Loch hinein und steckt den gerollten Wunschzettel hinein. Dann vergrabt ihr die Samenbomben gemeinsam an einer schönen Stelle. Wenn die Blumen aufgehen, geht der Wunsch in Erfüllung!

Statt eines Luftballons, den die kleinen Gäste nach dem Kindergeburtstag mit nach Hause nehmen, kannst du mit ihnen auch ein Windrad basteln.

UND SO GEHT'S:

Du brauchst: Tonpapier oder biegsame Pappe, einen Holzstab, Hammer und Nagel, Schere.

1. Schneide aus dem Papier ein 15 × 15 cm großes Viereck aus.
2. Lege die gegenüberliegenden Ecken aufeinander und falte das Papier wieder auseinander. So ist es in vier Bereiche unterteilt.
3. Schneide entlang der Falz jeweils etwa drei Viertel ein. Biege die rechten Ecken jedes Dreiecks nach innen zur Mitte des Papiers. In der Mitte werden die vier Ecken an den Stock genagelt. Du kannst auch eine Perle oder eine halbe Metallspirale aus einem alten Kuli zwischen Papier und Stock auf den Nagel fädeln, bevor du ihn festmachst, dann läuft das Rad besser.

Einweggeschirr

Am besten ist es, wenn du kein Einweggeschirr kaufst. Denn auch wenn seit dem 3. Juli 2021 Einwegplastikprodukte in der EU verboten sind, dürfen die Restbestände, die in den Lagern liegen, noch verkauft werden. Wie viel Einwegplastikprodukte wir in den letzten Jahren genutzt haben, das zeigt eine Erhebung der Gesellschaft für Verpackungsmarktforschung. Danach betrug der Müll, den wir mit dem To-go-Trend produzierten, im Jahr 2017 mehr als 346 000 Tonnen. Insgesamt, so das Bundesumweltamt, ist die Menge des Kunststoffabfalls zwischen 2015 und 2017 um 3,9 Prozent auf 6,15 Millionen Tonnen gestiegen. Auch die vermeintlich umweltfreundlichen Varianten sind auf den zweiten Blick weniger nachhaltig und ressourcenschonend, als wir denken.

Doch natürlich haben wir auch in diesem Punkt jede Menge Tipps und Tricks für dich, die leicht umzusetzen sind.

Alternative 1: Warum Geschirr kaufen, wenn wir alle welches zu Hause haben? Das haben sich auch die Eltern aus dem Kindergarten von Bettinas Tochter gedacht. Weshalb jeder zu allen Festen das eigene Geschirr mitgebracht hat. So weiß man immer, welches der eigene Teller ist. Und greift man doch nach dem falschen benutzten, so stammt er zumindest von jemandem aus der eigenen Familie. Für größere Veranstaltungen kannst du Teller und Besteck mieten. Das sieht nicht nur besser aus als Einweggeschirr, sondern kann auch unzählige Male wiederverwendet werden.

Alternative 2: Bereite Fingerfood vor und verwende Stoffservietten.

Eine witzige Alternative ist essbares Geschirr. Auf Kindergeburtstagen der Hit! Einige Firmen bieten sogar Becher und Eislöffel aus Waffelteig an; es gibt auch essbare Schalen, die etwas brotähnlich schmecken und sich eher für Suppen oder Salate eignen. Ist natürlich alles nicht unbegrenzt haltbar und erzeugt Emissionen durch den Transport – aber besser als Einweg.

Plastikfreie Alternativen wie Schalen und Blätter aus Palmblättern oder Holz sind nur auf den ersten Blick umweltfreundlich. Denn bis die Palmblätter bei uns als Teller auf der Picknickdecke liegen, haben sie durch den Transport und die Produktion jede Menge Ressourcen verbraucht. Zudem sind die Arbeitsbedingungen und die Umweltschutzvorgaben auf den Plantagen alles andere als optimal, (siehe auch Seite 25) – dort geht es um Rosenanbau, aber das Prinzip ist das Gleiche. Bei Holzgeschirr unbedingt darauf achten, woher das Holz stammt, aus dem die Teller und das Besteck hergestellt sind. Sonst kann die Herstellung aus illegalem Holz nicht ausgeschlossen werden. Pappteller sind ebenfalls keine gute Alternative. Bei ihrer Herstellung wird sehr viel Wasser benötigt und die Papierproduktion treibt die Abholzung der Wälder voran.

Geschenke

Wenn man zu einer Party eingeladen ist, möchte man der Gastgeberin etwas mitbringen. Doch leider greift man dabei nicht selten daneben. Wir alle haben nach solchen Schenkaktionen ein Buch in unserem Regal stehen, das wir niemals lesen werden. Oder verstecken im hintersten Eck unseres Kleiderschrankes einen selbst gestrickten Pullover mit einem roten Elch, den wir von Oma zu Weihnachten geschenkt bekommen haben. Gut gemeinte Geschenke, von denen wir uns nicht trennen, weil wir Angst davor haben, den anderen damit zu verletzen. Doch natürlich wollen wir auch nicht ohne etwas in den Händen dastehen. Deshalb haben wir an dieser Stelle einige nachhaltige Geschenkideen für dich zusammengestellt, die weder im Müll noch im hintersten Eck des Kleiderschrankes landen werden.

Tipp 1: Du hast ein Buch, das dir ganz besonders gut gefällt? Dann schreibe eine Widmung hinein, die erklärt, warum es genau für deine Freundin geeignet ist, und schenk es ihr. Den Kaffeefleck auf Seite 130 sieht sowieso kein Mensch. Und selbst wenn, wird das Buch dadurch nicht weniger spannend.

Tipp 2: Back einen Kuchen, Donuts oder Kekse und kündige das vorher an. Darüber freut sich jede Gastgeberin. Denn damit hat sie gleich noch einen Nachtisch für ihr Büfett. Ebenfalls eine schöne Idee: ein Do-it-yourself-Kuchenset. Dafür einfach die Zutaten nacheinander in ein Weckglas füllen, zumachen, eine hübsche Schleife mit der Anleitung befestigen – und fertig ist die selbst gemachte Backmischung.

Tipp 3: Vielleicht lädst du deine Freundin zu einem Spaziergang in deiner Stadt ein und zeigst ihr eine Ecke, die sie noch nicht kennt? Das ist gleich in doppelter Hinsicht ein Geschenk. Geht gemeinsam in eine Ausstellung, ins Kino oder in dein Lieblingscafé. Oder besichtigt eine Sehenswürdigkeit in deiner Nähe oder deiner Stadt, die ihr beide noch nicht kennt. Deiner Fantasie sind in diesem Punkt keine Grenzen gesetzt. Und das Beste daran ist: Ihr erlebt etwas gemeinsam und habt eine Gelegenheit, um euch richtig auszutauschen.

Geschenkpapier

Geschenkpapier ist nicht nur oft wahnsinnig hässlich, sondern auch absolut unnötig. Warum also nicht auf die folgenden schönen und kostengünstigen Alternativen zurückgreifen?

Alternative 1: Schnapp dir eine alte **Zeitschrift** oder **Zeitung** und such darin nach einer besonders hübsch illustrierten Seite. Reiß oder schneide die Seite heraus und wickel das Geschenk darin ein. Wer es besonders kreativ mag, kann das Zeitungspapier mit einem Stift bemalen, um dem Ganzen eine persönliche Note zu verleihen.

Alternative 2: Du hast alte **Stoffreste** oder ein altes **Hemd**? Perfekt. Dann kannst du dein Geschenk in den Stoff einwickeln.

Alternative 3: Du hast bei deinem letzten Einkauf den Stoffbeutel vergessen und musstest dir eine **Papiertüte** kaufen? Angemalt wird sie zu deiner ganz persönlichen Geschenktüte.

Alternative 4: Einfach altes Geschenkpapier, das du selbst bekommen hast, wiederverwenden.

Müll

Müll ist in jeder Hinsicht eine unschöne Sache. Doch leider produzieren wir tagtäglich jede Menge davon. Ganz besonders, wenn wir mit vielen Menschen zusammen sind. Nicht nur, weil wir dann mehr essen und trinken, als wenn wir zu Hause allein auf dem Sofa sitzen, sondern auch, weil wir denken, dass wir unseren Gästen etwas Besonderes bieten müssen.

Tipp 1: Versuche durch das Vermeiden von Einweggeschirr, unnötiger Dekoration, Geschenkpapier etc. so wenig Müll wie möglich zu produzieren, siehe auch die Unterkapitel *Dekoration* (siehe Seite 48) und *Einweggeschirr* (siehe Seite 52).

Tipp 2: Gerade auf einer Party vergisst man recht schnell, seinen Müll in die richtige Tonne zu werfen. Mach deinen Gästen die Mülltrennung deshalb so einfach wie möglich: Stell mehrere kleine Mülleimer auf und kennzeichne sie, damit deine Gäste wissen, wohin Papier, Altglas oder Restmüll gehören. Sorg dafür, dass nach der Party alles richtig entsorgt wird und dass vor allem die unterschiedlich gefärbten Glassorten im richtigen Container landen.

Tipp 3: Kauf nur Getränke in Pfandflaschen.

Tipp 4: Ganz gleich, wie lecker dein Büfett ist: Am Ende bleibt immer etwas übrig. Bitte deine Gäste schon bei der Einladung, eine Tupperdose mitzubringen. So kann sich jeder am Ende der Party für den nächsten Tag etwas mit nach Hause nehmen.

E wie Energie

Ganz gleich, ob wir einen Film streamen, ein E-Book lesen oder mal so eben etwas im Internet recherchieren: Bei all diesen Handlungen verbrauchen wir jede Menge Energie. Und die kommt nicht einfach so aus der Steckdose, sondern wird in aufwendigen Verfahren hergestellt. Laut dem Statistischen Bundesamt wurden im ersten Quartal 2021 in Deutschland 138,2 Milliarden Kilowattstunden Strom erzeugt und eingespeist. Davon stammen 59,3 Prozent aus konventionellen Energieträgern. Auch wenn wir annehmen, dass immer mehr Strom aus erneuerbaren Quellen stammt: Die Stromeinspeisung aus konventionellen Energieträgern ist damit im Vergleich zum Vorjahresquartal um 18,9 Prozent gestiegen, die aus erneuerbaren Energien indes um 23 Prozent gesunken.

Doch es kommt noch schlimmer: Wir müssten die Energie aus fossilen Brennstoffen, vor allem aus Kohle, immer weiter zurückfahren – aber ausgerechnet die Kohle, der schädlichste Energieträger von allen, war im ersten Quartal 2021 der wichtigste. Der Tagebau in der Lausitz und im Rheinland schadet nicht nur dem Klima, die Kohlebagger zerstören ganze Landstriche.

Das deutsche Institut für Wirtschaftsforschung hat im Juni 2021 ein Papier veröffentlicht, in dem es offenlegt, dass aus den Tagebaugebieten Garzweiler II und Hambach ab Januar 2021 nur noch maximal 200 Millionen Tonnen Braunkohle abgebaut werden dürften, wenn das 1,5-Grad-Ziel des Pariser Abkommens eingehalten werden soll.

Und das Institut hat einen Entwurf vorgelegt, wie ein Tagebauplan aussehen könnte, der mit dem 1,5-Grad-Ziel kompatibel ist und die Dörfer der Anbaugebiete erhält. Umgesetzt wurde der bisher nicht. Stattdessen wurde in Deutschland im Jahr 2020 mit Datteln 4 ein neues Kohlekraftwerk in Betrieb genommen, und jahrhundertalte Ökosysteme wie der Hambacher Wald werden für die Gewinnung der Braunkohle zerstört. Zurück bleiben gigantische Tagebaulöcher, die in aufwendigen Rekultivierungsverfahren über Jahrzehnte wieder aufgebaut werden müssen. Von den Tausenden von Menschen, die ihre Heimat verlieren und sich ein neues Leben an einem anderen Ort aufbauen müssen, ganz zu schweigen.

Und die Kohle ist nicht nur wahnsinnig schlecht für die Umwelt, sondern auch für die Menschen. Denn durch den Abbau von Kohle werden schädliche Schadstoffe wie Schwefeldioxid und Feinstaub ausgestoßen. Die gelangen durch die Atemwege direkt in unseren Körper und können dort jede Menge Unheil anrichten.

Auch mit dem Abbau und dem Verbrauch der anderen fossilen Energielieferanten sieht es nicht besser aus: Das Erdöl belastet die Umwelt von der Gewinnung über die Produktion bis zum Verbrauch. Ölteppiche, die durch das Verunglücken von Öltankern entstehen, lassen Meerestiere und Vögel elendig krepieren. Belastetes Abwasser wird ins Meer gepumpt und landet via Fischfilet schlussendlich auch in unseren Mägen. Die Verbrennung von Erdöl setzt Unmengen an Kohlenstoffdioxid frei und trägt damit zur Verstärkung des Treibhausgaseffekts bei.

Als Brückenenergie wird immer wieder Erdgas ins Spiel gebracht. Denn die Verbrennung von Erdgas produziert im Vergleich zu der von Kohle und Erdöl wesentlich weniger CO_2. Das Problem: Bei der Verbrennung von Erdgas wird Methan freigesetzt, und das ist ein wesentlich wirkungsvolleres Treibhausgas als Kohlenstoffdioxid. Zudem kann durch das in den USA sehr beliebte Frackingverfahren, bei dem Erdgas durch Tiefenbohrungen aus Gestein geholt wird, das Grundwasser verunreinigt werden und Methan am Bohrloch oder bei der Förderung austreten. Methan hat zwar im Vergleich zu Kohlenstoffdioxid eine wesentlich kürzere Verweildauer, es ist bereits nach zwölf Jahren verschwunden, während

Kohlenstoffdioxid bis zu 500 Jahre und länger in der Atmosphäre bleiben kann. Wir haben allerdings nicht mehr so viel Zeit, bis der Klimawandel die Kippelemente der Erde erreicht. Also können wir nicht von Kohlenstoffdioxid auf Methan umstellen. Aber die gute Nachricht ist: Wenn wir Methan eindämmen, erreichen wir viel schneller, dass sich an der Zusammensetzung der Atmosphäre etwas ändert. Und dazu ist es sinnvoll, die Energiegewinnung, Tierhaltung und Produktion (siehe Kapitel *L wie Lebensmittel*, Seite 127) umzustellen, die derzeit noch für einen hohen Methanausstoß sorgen. Wenn uns das gelingt, werden wir den Effekt relativ schnell spüren können.

Gründe genug, um deinen Stromverbrauch zu reduzieren. Wie das geht und wie du das leicht und schnell in deinen Alltag integrieren kannst, das erfährst du in diesem Kapitel.

Energie im Haushalt und im Alltag

Ob wir wollen oder nicht: Im alltäglichen Leben verbrauchen wir durch Kochen, Waschen oder Duschen jede Menge Energie. Doch auch in diesem Bereich gibt es zahlreiche Möglichkeiten, um deinen Verbrauch zu reduzieren. Welche das sind, das erfährst du in diesem Abschnitt.

Tipp 1: **Duschen** ist etwas Herrliches. Doch auch wenn du zu den wasserliebenden Menschen gehörst, ist es ratsam, deine Duschzeit zu beschränken. So kannst du beim Shampoonieren, Rasieren und Einseifen das Wasser ausstellen. Eine sehr gute Investition ist ein Sparduschkopf, damit sparst du automatisch Wasser und Energie. Du gehörst zu den Menschen, die morgens schwer aus dem Bett kommen? Dann versuche mal, kalt zu duschen. Das ist gut für deinen Kreislauf und die Umwelt.

Tipp 2: Kühle Getränke sind gerade im Sommer der Hit, sie verbrauchen aber auch jede Menge Strom. Deshalb solltest du unbedingt darauf achten, wo dein **Kühlschrank** steht. Direkt neben dem Backofen oder Herd muss er gegen die Wärme ankämpfen.

Die Augen waren wieder größer als der Magen und du hast die Hälfte deines Mittagessens noch übrig? Lass es abkühlen, bevor du die Reste in den Kühlschrank stellst. Damit sinken dein Energieverbrauch und die Stromrechnung. Es hilft auch, die Lüftungsschlitze zwei Mal im Jahr zu entstauben und das Eisfach zu entfrosten. Und auch bei der Temperatureinstellung kannst du einiges richtig machen: Optimalerweise liegt sie zwischen 5 und 7 Grad, das heißt, schon Reglerstufe 1 oder 2 kann ausreichend sein. Je kälter der Kühlschrank eingestellt ist, desto mehr Strom verbraucht er – so kannst du sparen. Nutze die unterschiedlichen Temperaturzonen im Kühlschrankinneren: Sachen, die leicht verderblich sind und kälter gelagert werden müssen, gehören ins oberste Fach.

Tipp 3: Beim **Kochen** gilt wie bei allen anderen technischen Geräten: Sobald du das Kochfeld nicht mehr benutzt, **ausschalten.** Wenn man keinen Induktionsherd hat, kann man den Herd auch früher ausschalten und die **Restwärme** zum Kochen nutzen. Kleine Töpfe solltest du nicht auf eine große Platte stellen, denn das verbraucht unnötige Energie. Ein **Deckel gehört auf den Topf.** Dann spritzt es nicht und spart Strom. Du willst dir einen Tee kochen? Falls du keinen Induktionsherd hast, benutze statt eines Topfes den **Wasserkocher**, das ist wesentlich energieeffizienter.

Weitere kleine großartige Tipps: Beim Backen den Herd auf Umluft stellen. Das verbraucht 20 bis 30 Grad weniger Energie als Ober-/Unterhitze. Laut Verbraucherzentralen ist auch das Vorheizen ist bei modernen Backöfen nicht nötig, ohne sparst du 20 Prozent der Energie. Nimm Backbleche, Förmchen oder leere Schalen aus dem Ofen, da du sie sonst miterhitzt. Und wenn du die Wahl hast: Benutze lieber den Herd als den Ofen, das verbraucht nur ein Viertel der Energie.

Tipp 4: Sag Tschüss zu deinen alten **Glühbirnen** und steige auf LED-Lampen um. Einfacher kannst du Energie nicht sparen. Achte darauf, welche Effizienzklasse auf der Verpackung steht, und wähle die Birne mit der besten. Energiesparlampen sind ebenfalls eine Alternative. Allerdings enthalten sie Quecksilber. Achte beim Verlassen eines Raumes immer darauf, dass das Licht ausgeschaltet ist.

Tipp 5: Das Wichtigste bei einer **Geschirrspülmaschine** ist, dass du sie immer optimal ausnutzt. Viele Paare kennen die Diskussion, die bei dem Einräumen der Spülmaschine entsteht. Mehr ist dabei nicht immer besser, denn wenn am Ende nach dem Spülgang zwischen den Gabeln noch Essen hängt, muss man die Maschine ein zweites Mal anstellen. Reinige große Teile wie Töpfe und Pfannen per

Hand. So sparst du Platz. Mehr als 55 Grad sind laut Verbraucherzentrale nur bei stark verschmutzem Geschirr und Töpfen nötig. Ebenso wird empfohlen, anstelle des Kurzprogramms das Sparprogramm zu wählen. Das läuft länger, ist aber energieeffizienter, weil das Wasser nicht so stark erhitzt wird. Wer seine Maschine regelmäßig reinigt und ab und zu einen Blick auf das Spülmaschinensieb wirft, erhöht die Langlebigkeit und Funktionalität.

Am besten wischst du sehr verschmutzte Teller oder Töpfe vorher mit einem feuchten Tuch aus, da Geschirrspülmaschinen nicht immer damit klarkommen und sonst Essensreste an den sauberen Teilen kleben. Vorher alles mit Wasser abzuspülen ist aber nicht notwendig und vor allem unter fließendem Wasser ökologisch bedenklich.

Wenn du per Hand abspülst, achte darauf, dass du nicht zu viel Spülmittel verwendest und das Spülbecken nur mit so viel warmem Wasser füllst, wie du benötigst. Verzichte darauf, das Geschirr unter fließendem Wasser abzuspülen. Du darfst dir diese Arbeit aber ruhigen Gewissens von der Spülmaschine abnehmen lassen, denn: Eine Vergleichsstudie der Universität Bonn hat gezeigt, dass beim Spülen mit der Maschine durchschnittlich 50 Prozent weniger Wasser und 28 Prozent weniger Energie verbraucht werden als beim Spülen von Hand.

Tipp 6: Mach deine **Waschmaschine** immer ganz voll, denn der Stromverbrauch ist derselbe wie bei einer leeren. Bei normalverschmutzter Wäsche reichen 30 Grad vollkommen aus. Selbst Unterwäsche kannst du getrost bei 40 Grad statt der oft empfohlenen 60 Grad waschen, solange die Trägerin nicht krank ist oder die Teile mit Blut beschmutzt sind. So reduzierst du den Verbrauch um ganze 50 Prozent.

Tipp 7: Wenn du deine Geräte regelmäßig entkalkst und säuberst, arbeiten sie effizienter. Den Wasserkocher reinigst du beispielsweise am besten mit einer halben Tasse Essig auf einen Dreiviertelliter Wasser. Einfach heiß werden lassen, aber nicht kochen. Nicht den Dampf einatmen, da der Essig die Schleimhäute reizt, stehenlassen, solange der Inhalt abkühlt. Gut ausspülen!

Auch im **Stand-by-Modus** verbrauchst du Energie. Im Schnitt sind Geräte, die im Stand-by-Modus stehen, für ein Zehntel des Stromverbrauches verantwortlich. Häng deine Geräte deshalb an eine Stromleiste mit Schalter oder stöpsel sie immer aus. So sparst du im Jahr bis zu 115 Euro.

E-Roller

E-Scooter verschiedener Anbieter – wir meinen die kleinen Standroller, nicht die größeren Motorroller – gehören mittlerweile zum Stadtbild. In einer fremden Stadt sind sie beim Sightseeing ein praktisches Fortbewegungsmittel. Allerdings nerven sie auch: Als Fahrradfahrerin muss man sie aber leider ständig im Auge behalten, damit sie einen nicht in einem unachtsamen Moment schneidig von rechts überholen. Achtlos auf dem Gehweg liegen gelassen, werden sie zu einer gefährlichen Stolperfalle – und viele landen auch im Fluss oder im See und schädigen dort die Umwelt. Ganz davon abgesehen, dass viele prekäre Beschäftigungen entstanden sind, weil die Scooter nachts eingesammelt und wiederaufgeladen werden müssen.

Und auch wenn die Ökobilanz eines E-Rollers deutlich besser ist als die eines Autos oder Motorrades, tragen sie nur unwesentlich zur Reduzierung des CO_2-Ausstoßes bei, da sie in den meisten Fällen nicht für die »letzte Meile« nach dem öffentlichen Nahverkehr, sondern als Ersatz für das umweltfreundliche Rad oder den Fußverkehr verwendet werden. Und das ist weder gut für unsere Gesundheit noch für den ökologischen Fußabdruck. Wie du dich stattdessen in der Stadt fortbewegen kannst und welche Alternative es zu E-Rollern gibt, das erfährst du in diesem Abschnitt.

Alternative 1: Miete statt eines E-Rollers ein Fahrrad! Das ist gut für die Umwelt und hält dich fit. Abgesehen davon, dass du mit dem Fahrrad ebenso flexibel bist wie mit dem E-Roller, kannst du mit dem Fahrrad, wenn du einen Korb auf deinen Gepäckträger setzt, selbst schwere Einkäufe unkompliziert transportieren.

Alternative 2: Tausche den E-Roller gegen einen Tretroller aus, den du mit ins Büro nimmst. Damit verbrauchst du zero Strom. Zudem bewegst du dich, was dein Körper dir nach einem langen Tag am Schreibtisch danken wird.

Alternative 3: Auch als Touristin hast du viele umweltfreundliche und amüsante Alternativen, um eine Stadt zu erkunden. Du könntest eine unterhaltsame Stadtführung buchen, eine (digitale) Schnitzeljagd absolvieren, dich einer Free-Walking-Tour anschließen oder immer der Nase nach sehen, wohin dich der Weg führt. Manchmal stellt es sich nämlich als der beste Plan heraus, keinen Plan zu haben.

Internet

Dank Smartphones und Laptops können wir heutzutage von überall auf der Welt mit einem Klick nachsehen, wie die Schauspielerin heißt, die uns in der neuen Netflix-Serie so gut gefällt. Das ist wahnsinnig praktisch. Verbraucht aber leider auch jede Menge Strom. Denn die Herstellung einer Verbindung ins Netz und die Aufrechterhaltung fressen Energie. Die lustigen Hundevideos, die wir uns anschauen und gleich an unsere Freundin weiterleiten, killen quasi den Planeten.

Grund genug, nur noch dem eigenen Hund beim Träumen zuzusehen. Denn laut Fachpersonen sind die Hardware und die Verbindung in die digitale Welt für zwischen 1,7 und 3,7 Prozent der globalen Treibhausgasemissionen verantwortlich, Tendenz steigend.

Der Unterschied zwischen einem Industrie- und einem Schwellenland ist dabei gravierend. So besaß die durchschnittliche Amerikanerin im Jahr 2018 zehn digital vernetzte Geräte und verbrauchte monatlich 140 Gigabytes an Daten. Eine Inderin verwendete nur ein Gerät und nutzte 2 Gigabytes pro Monat. Es ist zwar eine etwas andere Statistik, die aber letztendlich beweist, dass vor allem die Industriestaaten für den Klimawandel verantwortlich sind. Das heißt auch, wir haben eine große Verantwortung, endlich ins Handeln zu kommen und die notwendigen Schritte zur Aufhaltung der ökologischen Katastrophe einzuleiten.

Die Nutzung von Streamingdiensten, die durch die Coronapandemie in die Höhe geschossen ist, stellt dabei einen ebenso entscheidenden Faktor dar. Das steigert die Nachfrage nach seltenen und kritischen Metallen, da diese für die Produktion von Endgeräten und Servern notwendig sind. Gute Gründe, um in diesem Bereich so viel Energie wie möglich einzusparen.

Tipp 1: Schalte bei deinen Endgeräten den **Stromsparmodus** dauerhaft ein. Dadurch werden die Helligkeit und die Hintergrundaktivitäten reduziert. Meistens bemerkt man das in der alltäglichen Nutzung überhaupt nicht.

Tipp 2: **Ortungsdienste** sind wahre Stromfresser. Schalte sie aus, wenn du sie nicht per App verwendest. Das schützt auch deine Daten.

Tipp 3: Das ständige Suchen nach dem Netz frisst unnötigen Strom. Schalte dein Handy aus, wenn du es nicht brauchst, oder zumindest in den Flugmodus. Das Gleiche gilt für eine dauerhafte **Bluetoothverbindung**. Wenn du das Handy öfter abschaltest, ist das übrigens auch Digital Detox – und damit auch gut für deine Psyche.

Tipp 4: Schalte **Push-Benachrichtungen** aus, denn jede einzelne frisst Energie.

Tipp 5: Geh nicht bei jeder Kleinigkeit, die du wissen willst, ins Internet. Frag dich vorher, ob das wirklich notwendig ist – und denk dran, dass es vor allem mitten in einer Konversation unhöflich ist. Du sparst nicht nur jede Menge Zeit, wenn du öfter mal offline bleibst, sondern auch Energie und kannst deine Aufmerksamkeit komplett auf die Menschen und deine Umgebung lenken.

Stromanbieter

Du scheust dich vor dem Wechsel zu einem Ökostromanbieter, weil du befürchtest, dass deine Stromrechnung dann in die Höhe schnellt? Das musst du nicht. Ein Preisvergleich der Bundesnetzagentur hat sogar ergeben, dass man 1 bis 2 Cent pro Kilowattstunde spart, wenn man von einem Grundversorgungstarif zu einem Ökostromanbieter wechselt. Trotzdem bezieht immer noch ein hoher Prozentsatz der Haushalte Strom aus der Grundversorgung. Der Grund dafür ist, dass man dort automatisch angemeldet wird, sobald man in eine neue Wohnung zieht. Viele Menschen bemühen sich nicht aktiv um einen Wechsel (ein bisschen, wie wenn man als Baby per Taufe der Kirche angehörte und dann trotzdem als junger Erwachsene noch jahrelang Kirchensteuer zahlt, selbst wenn man gar nicht gläubig ist). Wenn du einen Ökostromanbieter wählst, sparst du dabei nicht nur ordentlich Geld, sondern förderst aktiv die Energiewende.

Leider ist der Begriff Ökostrom kein geschützter Begriff. Weshalb Ökostrom nicht gleich Ökostrom ist. So bieten auch viele herkömmlichen Anbieter wie Vattenfall Ökostrom an, speisen aber zugleich weiterhin Kohlestrom in ihr Netz. Die dringend notwendige Energiewende unterstützt du mit dem Wechsel zu einem solchen Ökostromanbieter nur bedingt.

Andere Ökostromanbieter produzieren nicht selbst, sondern kaufen grünen Strom von anderen Unternehmen aus Ländern wie Norwegen, wo die Produktion von Ökostrom die Nachfrage übersteigt. Das ist natürlich weitaus besser, als Strom aus Atomkraft zu beziehen. Zum Ausbau der erneuerbaren Energie, der in Deutschland für eine Aufhaltung der ökologischen Katastrophe dringend notwendig ist, tragen sie damit jedoch nicht bei. Denn das deutsche Unternehmen kauft nicht den Strom an sich, sondern lediglich das Zertifikat ein, das der Ökostrombetreiber in dem anderen Land erhält. Alles ganz schön kompliziert. Mit den folgenden Tipps verraten wir dir, worauf du achten musst und wie du aktiv zum Ausbau der erneuerbaren Energien in Deutschland beiträgst.

Tipp 1: Achte bei der Wahl deines Stromanbieters auf das Gütesiegel. Anbieter, die mit dem Gütesiegel »Grüner Strom« oder »ok power« ausgezeichnet worden sind, beziehen ihren Strom zu 100 Prozent aus erneubaren Energiequellen, tragen aktiv und kontinuierlich zur Energiewende bei und sind weder an Kohle- noch an Atomkraftwerken finanziell beteiligt.

Tipp 2: Es ist viel los auf dem Ökostrommarkt. Scheu dich deshalb nicht, die Angebote aktuell zu vergleichen, wenn du wechseln willst. Die unabhängige Plattform https://wirklich-gruen.de bietet einen guten und gemeinnützigen Ökostromcheck.

F wie Finanzen

Die wenigsten Menschen reden miteinander über Geld, egal, ob sie welches haben oder nicht. Oder weißt du, wie viel dein Lieblingsmensch, deine Nachbarin, dein bester Freund verdient? Wie viel sie oder er später erben wird? Ob die Eigentumswohnung einer guten Bekannten hoch verschuldet oder abbezahlt ist – oder ob sie den Eltern gehört? Wahrscheinlich nicht. So wie dir geht es den meisten von uns. Über Geld zu sprechen, das haben viele von uns verinnerlicht, gehört sich nicht. Ab einem gewissen Alter sind die Unterschiede trotzdem zu spüren. Und weil das allen Beteiligten unangenehm ist, wird, wenn es zum Beispiel um die Finanzierung der Eigentumswohnung geht, erst recht nicht darüber geredet, woher das Geld des einen so plötzlich kommt oder wie viel Kredit die andere aufnimmt. Ein Verhalten, das wir so schnell wie möglich ändern sollten. Denn nur wenn wir anfangen, über Geld zu sprechen, können wir auch darüber nachdenken, wie eine sozial gerechtere Gesellschaft aussehen kann, in der alle fernab ihrer Herkunft die gleichen Chancen haben.

Doch noch wird das Bruttoinlandsprodukt (BIP), das die wirtschaftlichen Leistungen einer Volkswirtschaft in einem bestimmten Zeitraum wiedergibt, in der Politik als der wichtigste Faktor für das Wohlbefinden der Menschen angesehen und eine Freudenrakete abgefeuert, wenn es wieder gestiegen ist. Dementsprechend werden alle politischen und wirtschaftlichen Entscheidungen und Handlungen dem steigenden BIP untergeordnet. Ganz gleich, wie es den Menschen in der Gesellschaft tatsächlich geht.

Mehr Geld zu haben, steigert zwar in gewissem Maße die Lebenszufriedenheit, wie ein Forscher an der Universität von Pennsylvania 2021 ermittelte. Der Soziologe Jan Delhey von der Universität Magdeburg sagt jedoch, dass es darauf ankomme, wofür man das Geld ausgibt: »Hier zeigt die Forschung, dass Erlebnisse glücklicher machen als Güter, weil sie sich weniger abnutzen und durch Vergleiche nicht so leicht entwertet werden können«, sagte er gegenüber der dpa. Studien belegen auch, dass es glücklich macht, sein Geld für andere einzusetzen. Es ist also offiziell Zeit, anders mit Geld umzugehen – es nämlich zur Zufriedenheit aller einzusetzen. Wenn du zu denjenigen Menschen gehörst, die über ein wenig Geld verfügen, lohnt es, sich darüber Gedanken zu machen, was du mit diesem Geld anstellst. Willst du es einfach nur mehren – oder gleichzeitig die Welt ein Stückchen gerechter und besser machen?

Dann nutze die Möglichkeiten, in Projekte, Anlagen oder bei Banken zu investieren, die sich für eine sozial gerechte Welt und die Einhaltung der planetaren Grenzen einsetzen und nicht alles dem Profit unterordnen.

Aktienfonds & ETFs

Aktien sind nicht notwendigerweise was Schlechtes. Im Grunde sind sie ein Vertrauensvorschuss in die Leistung eines Unternehmens – und es muss ja nicht sein, dass das ausgerechnet in Kinderarbeit, Waffenhandel, Atomkraft und Autoindustrie verwickelt ist. Du kannst sogar was Gutes tun, wenn du in einen Aktienfonds – eine Auswahl an bestimmten Aktien, die von einem Management verwaltet werden – oder in einen ETF (Exchange Traded Fund) investierst – einen Fonds, der von keinem Management betreut wird, die Wertentwicklung vieler Aktien eines Aktienindezes abbildet und trotzdem wie eine einzelne Aktie am Markt handelbar ist. Denn es gibt mittlerweile zahlreiche Fonds und ETFs, die ausschließlich in ethisch-ökologische Aktien und Aktienindizes investieren und auf soziale Aspekte wie faire Löhne und Gleichberechtigung achten. Wenn du darin investierst, kannst du nicht nur dein Geld mehren, sondern zugleich noch etwas Gutes tun.

Aber Obacht! Das Gleiche wie bei Lebensmitteln gilt auch bei dem Kauf von Aktien und ETFs: Nicht alles, wo nachhaltig draufsteht, ist auch nachhaltig drin. Und da es weder in Deutschland noch in Europa gesetzliche Vorgaben für grüne oder nachhaltige Fonds und ETFs oder ein unabhängiges Verbraucherlabel gibt, wird die Auswahl vom Herausgeber bestimmt. Und die haben ebenfalls ganz unterschiedliche Auffassungen vom Thema Nachhaltigkeit. So haben viele französische Anlegerinnen mit der Investion in Atomenergieaktien kein Problem, wohingegen es in Deutschland als No-Go angesehen wird. Darum solltest du immer ganz genau hinschauen, was in dem ETF steckt, in den du investieren willst.

Viele ETFs wählen die Unternehmen und Märkte, in die sie investieren, nach sogenannten ESG-Kriterien aus: Environment (Umwelt), Social (Soziales) und Governance (Unternehmensführung). Dabei kann es geschehen, dass ein Unternehmen, das beim Thema Umweltschutz hinterherhinkt, nicht als mangelhaft bewertet wird, sondern dieses Säumnis durch Sozialpunkte wieder wettmacht und dadurch trotzdem hoch im ESG-Ranking landet.

Die Meinung über den Nutzen von nachhaltigen Fonds und ETFs ist unter Finanzexpertinnen sehr gespalten. Viele sehen es allerdings als ein wichtiges Signal für die Märkte. Ähnlich wie ein gewisses Kaufverhalten, was Nahrungsmittel angeht, kann auch durch die Nachfrage nach nachhaltigen Fonds und ETFs der Druck auf die Unternehmen steigen.

Doch woher sollen wir als Laiinnen nun wissen, welche Fonds und ETFs besonders nachhaltig und umweltfreundlich sind?

Tipp 1: Informiere dich genau, in welche Fonds und ETFs du investieren willst. Es gibt zum Beispiel ETFs, die mit den Pariser Klimazielen konform gehen. Wenn du nicht viel mit Finanzen am Hut hast, schaust du am besten in einer aktuellen Ausgabe des *Finanztest* nach. Dort werden immer wieder nachhaltige ETFs geprüft und bewertet. Auf der Website der Zeitschrift kannst du übrigens auch alle Artikel einzeln finden und erwerben.

Tipp 2: Das FNG-Siegel, das vom Forum Nachhaltige Geldanlagen e. V. vergeben wird, ist eine gute Orientierung bei der Wahl deines Investmentfonds. Auf www.fng-siegel.org kannst du nachsehen, welcher Fonds aktuell ausgezeichnet wurde.

Banken

Viele der herkömmlichen Banken investieren noch immer in Atom- und Kohlestrom oder Rüstungsgeschäfte. Und selbst Sparkassen, die oft als harmlos und bürgerinnennah gelten, vermitteln Fonds, in denen Aktien von Kohlekonzernen und Rüstungsunternehmen stecken, sie wurden deshalb von urgewald e. V. gerügt.

Gründe genug, um so schnell wie möglich zu einer Ökobank zu wechseln. Denn die spekulieren weder mit Nahrung, noch investieren sie dein Geld in Atomenergie, sondern fördern nachhaltige Entwicklung und sozialen Wandel. Welche Investments die jeweilige Ethik- oder Ökobank genau ausschließt und welche sie unterstützt, kannst du auf der Homepage nachlesen oder bei der Kundenberaterin erfragen. Die vier bekanntesten Banken sind die EthikBank, die GLS Bank, die Triodos Bank und die Umweltbank.

Gold

Gold gilt als krisensichere Wertanlage. Während der Finanzkrise und auch während der Pandemie verließen sich mehr Menschen denn je darauf, ihr Geld in Gold anzulegen – der Goldpreis ist inzwischen so hoch, dass es sich als Wertanlage kaum noch lohnt. Jährlich werden weltweit rund 3300 Tonnen Gold abgebaut, oft in Krisenregionen.

Um das Edelmetall aus dem Stein oder Flusssand zu waschen, wird in den meisten Fällen Quecksilber und Zyanidlauge eingesetzt; dabei werden hochgiftige Schadstoffe wie Arsen, Blei und Kadmium freigesetzt. Mit schweren Folgen für die Umwelt und die Menschen. So brach im Januar 2000 nach schweren Regenfällen der Damm einer Goldaufarbeitungsanlage in Rumänien ein. Laut Greenpeace gelangten daraufhin 100 000 Kubikmeter Zyanidlauge über Zuflüsse in die Theiß. Ein Fischsterben unvorstellbaren Ausmaßes war die Folge. Auf einer Länge von 700 Kilometern wurde beinahe die gesamte Tier- und Pflanzenwelt zerstört, Hunderttausende von Menschen mussten mit sauberem Trinkwasser versorgt werden.

Zu den sehr konkreten Risiken, die durch den Goldabbau entstehen, kommen die Umweltschäden, die durch den Bau der Infrastruktur entstehen. Der Goldbergbau führt so etwa zur Rodung von Wäldern, und da, wo Gold gefunden wird, ist auch oft Uran im Stein, sodass gleichzeitig radioaktive Strahlung frei wird.

Zudem kommt es in sehr vielen Teilen beim Abbau von Gold zur Verletzung von Sozialstandards und Menschenrechten. Wie kannst du sicher sein, dass dein Goldkauf nicht die Umwelt zerstört und die Menschenrechte verletzt?

Tipp 1: Frag für die Wertanlage bei deiner Bank nach recyceltem Gold.

Tipp 2: Achte beim Kauf auf das Fairtrade-Siegel. Es wird sowohl für Goldbarren vergeben wie auch für fertigen Schmuck. Mehr Infos zu Goldschmuck gibt es auf Seite 261.

Fest- und Tagesgeld

Wenn du ein Tages- oder Festgeldkonto anlegen willst, solltest du das ebenso wie ein normales Girokonto bei einer Ethik- oder Ökobank machen (siehe Seite 68). Der Unterschied zwischen einem Tages- und einem Festgeldkonto ist, dass du das Geld auf dem Tagesgeldkonto – so wie es schon der Name verspricht – jederzeit abheben kannst. Es ist ein reines Guthabenkonto, weshalb du dafür auch immer ein Referenzkonto benötigst. Bei dem Festgeldkonto musst du dein Geld indes für einen bestimmten Zeitraum anlegen, kommst also während dieses Zeitraums nicht an dein Erspartes heran. Das kann in einem Notfall schlecht, in vielen anderen Fällen jedoch auch gut sein, da du dadurch nicht in Versuchung gerätst, es auszugeben.

Kryptowährung

Nach dem anfänglichen Hype um Kryptowährungen und insbesondere Bitcoins unterliegen sie in letzter Zeit mitunter großen Schwankungen und sind vor allem von geopolitischen Risiken bedroht. Doch das große Problem bei digitalen Währungen ist, dass ihre Herstellung, das sogenannte Mining, also »Schürfen« der Kryptowährungen, energieaufwendige Rechnerprozesse erfordert.

Zudem weisen viele Finanzfachpersonen darauf hin, dass Bitcoins illegale Transaktionen erleichtern.

Deshalb haben wir an dieser Stelle nur einen Tipp: Solange es keine CO_2-neutrale Gewinnungsmethode gibt, solltest du lieber nicht in Bitcoin investieren.

Zeitwohlstand

In der Moderne, also am Ende des 19. bis zum Anfang des 20. Jahrhunderts, so der Soziologe Hartmut Rosa, dienten das wirtschaftliche Wachstum und die Steigerung der Möglichkeiten dazu, dass wir ein möglichst freies und selbstbestimmtes Leben führen können. Sie waren Werkzeuge, die uns dabei halfen, unseren individuellen Lebensstil umzusetzen.

Heute allerdings ist es genau umgekehrt: Durch das Hamsterrad, in dem uns die niemals enden wollenden Steigerungszwänge gefangen halten, haben wir keine Zeit mehr, um uns mit unseren Wünschen und individuellen Lebensentwürfen zu beschäftigen. Und im schlimmsten Fall merken wir erst auf dem Sterbebett, dass wir vergessen haben, unser Leben zu leben. Laut der australischen Krankenschwester Bronnie Ware, die acht Jahre lang auf einer Palliativstation gearbeitet hat, gibt es fünf Dinge, die die Menschen am Ende ihres Lebens am meisten bereuen: dass sie nicht den Mut dazu hatten, so zu leben, wie sie es wollten. Dass sie ihre Freundschaften zu wenig gepflegt haben. Dass sie sich zu wenig gegönnt und zu selten über ihre Gefühle gesprochen haben. Und natürlich, dass sie zu viel gearbeitet haben. Das ist auch der Grund für die anderen vier Versäumnisse. Denn für Freundschaften, Gefühle, Spaß und einen individuellen Lebensstil braucht es vor allem eines: Zeit. Doch genau die nehmen wir uns nie. Zeit ist zu einem Luxusgut geworden, das wir uns nicht mehr leisten können, weil wir erst unseren Studienkredit, dann das Auto und das Haus abbezahlen müssen. Aus diesem Teufelskreis kommen wir nur heraus, indem wir unsere Ansprüche verkleinern.

So haben wir vielleicht weniger Geld auf dem Konto, gehören dafür bald zum Club der Zeitmillionärinnen, können viel Zeit mit Lieblingsmenschen und Hobbys verbringen können und ganz nebenbei noch ein nachhaltiges Leben führen.

Tipp 1: Führe mindestens drei Monate lang ein **Haushaltsbuch.** Statistisch gesehen geben wir pro Person in Deutschland durchschnittlich insgesamt 1240 Euro pro Monat aus – unter anderem für Wohnkosten, Lebensmittel, Mobilität, Kleidung und Freizeit. Kleidung und Schuhe schlagen durchschnittlich mit 54 Euro zu Buche. Einige von uns geben jedoch mehrere Hundert Euro pro Monat für Mode aus, andere gönnen sich stattdessen Restaurantbesuche oder jeden Tag einen Coffee to go. Komm dir selbst auf die Schliche – und schau, was du vielleicht nur aus Gewohnheit konsumierst und was ohne Probleme für dich verzichtbar ist.

Tipp 2: Deinen Besitz und deine Verpflichtungen zu reduzieren, hört sich für dich nach Verzicht und nicht nach Luxus an? Wie wäre es, wenn du es **einfach mal ausprobierst** und deine Wohnung für eine Weile gegen eine kleinere tauschst, und sei es nur im Urlaub? Hast du Lust, ein Tiny House auszuprobieren? Wir sind sicher, du wirst nichts vermissen, sondern stattdessen die wenigen Sachen, die du dabeihast, mehr wertschätzen.

Tipp 3: Eine komplette Reduktion deines Lebensstils ist dir zu krass? Dann kannst du **das Prinzip erst mal auf einen Teil deines Lebens anwenden.** Du kannst zum Beispiel versuchen, drei Monate lang keine neue Kleidung zu kaufen oder in diesem Jahr ausschließlich innerhalb von Deutschland Urlaub zu machen. Frage dich danach, wie sich das angefühlt hat. Hast du durch den Verzicht aufs Shoppen und die langen Anreisen freie Zeit angehäuft? Wie schnell hast du dich an die Umstellung gewöhnt? Und willst du, nachdem du es eine Weile ausprobiert hast, dabeibleiben? Du wirst von deinen eigenen Antworten überrascht sein.

G wie Garten

Eine dunkelgraue Steinlandschaft, in der mit der Harke konzentrische Kreise um ein verdorrtes Bäumchen gezogen wurden, ein weißes Schotterviereck, eine mit harter Hand zur Spirale geformte Thuja: Dieses bizarre Arrangement hat der Biologe und Botaniker Ulf Soltau abgelichtet und auf seinen Instagram-Account »Gärten des Grauens« gestellt, der inzwischen mehr als 90 000 Followerinnen hat.

Mit seinen ironischen Beschreibungen der lebensfeindlichsten Gartenlandschaften und der Verleihung eines »Terror Gardening Award« hat Soltau das Bewusstsein für die biologische Einfalt und die um sich greifende Versiegelung lebendigen Bodens geweckt.

Versiegelte Flächen speichern nicht nur Hitze, sie bieten auch Insekten, Vögeln und Kleintieren kaum Überlebenschancen. Denn der Boden, der sonst einer Vielzahl von Kleinstlebewesen vom Regenwurm und Tausendfüßler über den Springschwanz bis zu einer Myriade von Mikroben ein Zuhause bietet, stirbt durch das Versiegeln ab.

Je stärker sich die Klimakrise durch Extremwetter wie Hitzewellen und Überflutungen auch hierzulande zeigt, desto problematischer ist es, dass wir pro Tag 30 Hektar Boden asphaltieren, betonieren oder pflastern. Die Natur ist in Deutschland auf dem Rückzug, oder eher gesagt: Sie wird zurückgedrängt. Mit schwerwiegenden Folgen für die Artenvielfalt – das Ökosystem bietet gerade spezialisierten Arten weniger Nahrung und Rückzugsräume.

Eine Studie des Deutschen Zentrums für integrative Biodiversitätsforschung aus dem Jahr 2000 zeigt, dass 70 Prozent von über 2000 untersuchten Pflanzenarten zurückgehen, und zwar nicht nur seltene Spezies, sondern auch gute alte Bekannte aus Feld, Wald und Wiesen. Alarmierend, so die Studie, sei dieser Schwund. Dringende Maßnahmen seien nötig, vor allem großflächige.

Doch unberührte Naturlandschaften, in denen Tiere und Pflanzen ohne den Einfluss von Menschen ungestört sind, gibt es im dichtbesiedelten Industrieland Deutschland kaum noch, und zusätzlich werden dummerweise – wie 2020 in Hessen – gesunde Bäume im Naturschutzgebiet für eine Autobahn abgeholzt.

Um diesem Raubbau etwas entgegenzusetzen, kannst du selbst auf kleiner Fläche Orte schaffen, auf denen sich Insekten und Wildtiere wohlfühlen. Jede Insektenoase ist eine gute Idee, und dabei ist es ganz egal, wo sie steht oder wie groß sie ist. Also lassen sich viele der Tipps in diesem Kapitel auch auf kleinerem Raum, auf Terrasse oder Balkon umsetzen, und auch Schädlinge siedeln sich ja nicht nur in Gärten an – genauso kommen Vögel auch auf Balkons gerne vorbei, um einen Pit Stop einzulegen. Daraus wird ein Pick Stop, wenn du ihnen ein selbstgemachtes Futterbällchen aufhängst und, gerade im Sommer, ein Schälchen mit frischem Wasser hinstellst. Das kleingärtnerische Naturmanagement erreicht viel, wenn wir unsere Kräfte vereinen: 79 Prozent aller Haushalte haben in Deutschland einen Garten, eine Terrasse oder einen Balkon, 7 Prozent gönnen sich einen Schrebergarten, weitere 7 Prozent sind Teil eines Gemeinschaftsgartens. Machen wir aus diesen Grünflächen-Inseln ein Biodiversitätsarchipel!

Ameiseninvasion

Verzichte in jedem Fall auf synthetische Insektenvernichter. Es gibt viele Möglichkeiten, die Plage auf natürlichem Wege loszuwerden.

Alternative 1: Leg eine **Duftschranke** gegen die Ameisenstraße an, und zwar aus intensiven Gewürzen wie Knoblauch, Nelken, Lavendel, Zimt oder Teebaumöl.

Alternative 2: **Pflanze etwas, was Ameisen nicht mögen**, wie Tomaten, Wacholder, Kerbel oder Majoran.

Alternative 3: **Wappne deinen Garten** gegen Ameisen, indem du Bodenplatten, unter denen sie gern nisten, von vornherein mit Basaltsplitt unterstreust und Ritzen verschließt. Schon entstandene Nester kannst du ausgraben und umsetzen oder dem Ameisenvolk einen Blumentopf voll angetrockneter Erde anbieten, indem du ihn über das Nest stellst. Und entziehe den Krabblern Nahrungsquellen wie vergärendes Obst. Natürliche Mittel gegen Blattläuse (siehe Seite 74) sind übrigens gleichzeitig Schutz vor Befall, denn Ameisen fressen die Ausscheidungen der Läuse.

Oft wird geraten, Natron oder Backpulver auszustreuen. Doch es nützt nicht viel und die Ameisen sterben qualvoll an Verätzungen, wenn sie das Pulver fressen.

Artenschutz

Vielfalt im Garten oder auf dem Balkon sorgt nicht nur für Bestäubung von Blüten, sondern schützt auch vor Schädlingen. Am besten, du gestaltest dein Biotop möglichst einladend: mit einer Futtersäule für Vögel und Eichhörnchen, mit Nistmöglichkeiten für Vögel, Insekten, Igel – je nachdem, wie viel Platz du hast. Gerade in heißen Sommern solltest du auch auf deinem Stadtbalkon eine saubere Tränke einrichten – am besten ein oder zwei flache Steine hineinlegen, die aus dem Wasser herausragen, damit Bienen, Käfer oder Florfliegen wieder herausklettern können.

Blattläuse

Statt die chemische Keule auszupacken, versuch es mit den folgenden natürlichen Mitteln.

Alternative 1: Keiner mag Blattläuse? Falsch, denn sie werden mit Vorliebe von den **Larven des Marienkäfers** verspeist. Du kannst sie online oder im Fachhandel bestellen, am besten ist es aber, du siedelst sie selbst an: Pflanze Lavendel, Dill, Schnittlauch und Ringelblumen und reiße Löwenzahn nicht aus, denn den mögen die Käfer. Sorge auch dafür, dass Marienkäfer bei dir überwintern können, indem du Beete nicht ganz für den Winter in Ordnung bringst und Versteckmöglichkeiten aus Laub, Holz und Rinde anbietest. Ein gesunder Garten lockt übrigens auch andere Insekten wie Schlupfwespen oder Florfliegen an, die den Blattläusen zu Leibe rücken.

Alternative 2: Stell einen **Brennnesselsud** her, indem du einen Eimer voll Brennnesseln mit Wasser bedeckt zwei Tage stehen lässt. Dann gießt du die Flüssigkeit ab und besprühst damit die Blätter der befallenen Pflanzen.

Blumenerde

Wenn du Erde zum Anpflanzen kaufst, achte darauf, dass sie keinen Torf enthält, weil dieser aus Mooren abgebaut wird, die wichtige CO_2-Speicher sind: Sie machen zwar nur 3 Prozent der weltweiten Landfläche aus, speichern aber doppelt so viel Kohlenstoffdioxid wie die gesamten Wälder der Erde. Beim Torfabbau wird jede Menge Treibhausgas freigesetzt.

Alternative 1: **Verwende eigenen Kompost** oder frag beim örtlichen Wertstoffhof nach, denn viele bieten Erde aus Biomüll zum Verkauf an. Regionaler und nachhaltiger geht es kaum.

Alternative 2: Der NABU rät, **Gartenerde selbst zu machen** – indem du 30 Liter Erde mit 20 Litern Kompost aus Grünschnitt und 5 Litern Lehm vermischst. Für Anzuchterde kannst du dieses Gemisch noch mit zwei Handvoll Urgesteinsmehl aufpeppen oder etwas Sand dazugeben, der es lockerer werden lässt.

Wow

Terra Preta, auch Schwarzerde genannt, ist der beste Boden. Sie besteht aus Pflanzenkohle, Gesteinsmehl und effektiven Mikroorganismen und ist nicht nur besonders fruchtbar, sondern ein großartiger Kohlenstoffdioxidspeicher. Eine echte Klimaschützerin! Bücher zum Thema findest du auch in unseren Literaturtipps auf Seite 278.

Verzichte auf Kokoserde. Sie hat nicht nur lange Transportwege hinter sich. Für viele Kokosplantagen werden auch Urwälder gerodet.

Dünger

Dünger besteht zu einem großen Anteil aus Stickstoff. Schon die industrielle Landwirtschaft düngt die Felder damit so üppig, dass es das Grundwasser belastet und zusammen mit Phosphaten in Teichen und Flüssen Algenblüte verursacht, die das Gewässer schädigt. Im Garten, auf dem Balkon und im Topf deiner Zimmerpflanze kannst du dich aktiv immer wieder für eine bessere Lösung entscheiden.

Alternative 1: Kauf **Bioflüssigdünger** – allerdings ist dieser meist in einer Plastikflasche abgefüllt. Aber: Besser als nix!

Alternative 2: Gut für Pflanzen ist dein **Kaffeesatz**, denn darin sind Stickstoff und Kalium. Auch den Tee, den du nicht ausgetrunken hast, kannst du ins Gießwasser geben. Gerade Kräutertee tut Pflanzen gut.

Alternative 3: Wenn du in der Nähe eines Biobauernhofs lebst, frag dort nach **Stalldünger** oder leg selbst einen Komposthaufen an.

Alternative 4: **Brennnesseljauche** ist ein toller Stickstoffdünger, den du selbst herstellen kann. Er kostet nichts und hilft zudem gegen Schädlinge.

UND SO GEHT'S:

Brennnesselpflanzen in einen Eimer füllen, mit Wasser auffüllen und zwei bis drei Wochen gären lassen. Während dieser Zeit alle paar Tage einmal umrühren. Der Dünger ist fertig, sobald kein Schaum mehr sichtbar ist. Zum Düngen mit Wasser verdünnen. Um Schädlinge loszuwerden, kannst du die Flüssigkeit auch unverdünnt aufsprühen.

Gartenabfälle

Beschnitt, Laub und Äste solltest du in der Braunen Tonne entsorgen, sofern die Pflanzen nicht krank waren.

Bevor du sie wegwirfst, denk dran, dass einige Pflanzenreste auch nachwachsen können, zum Beispiel Salatherzen oder Mangoldstrünke: Dazu die Wurzelseite etwas abschneiden und aufs Küchenfensterbrett ins Wasser stellen. Das Wasser täglich wechseln! Sobald Wurzeln kommen, kannst du den Rest wieder einpflanzen.

Gießen

Morgens und abends wässern, wenn die Pflanzen keine direkte Sonne bekommen – dann verdunstet die Flüssigkeit nicht so schnell. Wenn möglich, ein Tröpfchenbewässerungssystem einrichten, das spart Wasser!

Rasenmähen

Benzinrasenmäher stinken, funktionieren mit fossilem Treibstoff und machen Krach.

Alternative 1: Bei kleineren Flächen einen **mechanischen Mäher, eine Sichel oder eine Handsense** einsetzen, wie Großmutter sie verwendet hat. Oder einen Rasenmäher, der mit Strom betrieben ist.

Alternative 2: Wenn du irgendwie kannst, lass die Gräser stehen, eine **Wildwiese** ist für Kleintiere und Insekten das beste Zuhause. Obacht: In manchen Gegenden birgt sie Zeckengefahr!

Samentütchen und Setzlinge

Wenn wir schnell etwas blühen sehen möchten, gehen wir in den Baumarkt oder ins Gartencenter. Auch im Supermarkt um die Ecke locken die bunt bedruckten Blumensamentütchen mit Sämereien.

Doch Blumensamentütchen sind oft mit Saatgut bestückt, das nicht aus heimischen Gewächsen besteht, und Zuchtblumen haben vielfach gefüllte Blüten, bei denen Bestäuberinsekten wie Schmetterlinge, Bienen und Schwebfliegen in die Röhre gucken. Sie sind für heimische Insekten keine gute Nahrungsquelle und verdrängen heimische Arten, wenn sie sich selbst aussäen. Außerdem sind solche Samen vielfach mit Pestiziden belastet, wie Greenpeace in einer Studie ermittelte: In 98 Prozent der untersuchten Zierpflanzen waren Pestizidrückstände nachweisbar, 50 Prozent waren mit für Bienen gefährlichen Neonicotinoiden belastet.

Tipp 1: Verwende **heimisches Saatgut**, möglichst selbstgezogen. Zum Beispiel aus den ökologisch unbedenklichen Samenbomben, die es im Biomarkt zu kaufen gibt. Malven etwa produzieren so viele Samen, dass du sogar den Nachbarinnen davon abgeben kannst. Wenn du doch etwas anpflanzt, was nicht heimisch ist, kannst du trotzdem eigene Samen ziehen: Selbst die Kerne der Chilischote oder Tomate, die du auf deine Pizza schnippelst, kannst du aufbewahren, trocknen und ansetzen. Nur Zucchinisamen solltest du immer neu kaufen, da sich in selbstgezogenen Samen Gift anreichern kann.

Wow

Frühzeitig vorziehen auf der Fensterbank in der Küche, um die Pflanzenbabys zum optimalen Zeitpunkt einzupflanzen. Als Anzuchtset reicht ein alter Eierkarton oder das Pappröllchen im Toilettenpapier. Dieses unten ein paar Mal einschneiden und umknicken, sodass sich ein kleines Töpfchen ergibt, das du mit Erde und dem Samen füllen kannst. Sobald sich der Keim zeigt, pflanz es mitsamt dem Papptöpfchen in die Erde – das löst sich von selbst auf.

Anne erzählt: Ein Glas mit selbstgezogenen Saaten ist auch ein tolles Geschenk, das kaum etwas kostet! Ab ins Einweckglas oder in ein selbstgenähtes Säckchen, mit einem Etikett beschriften, eine Schleife aus altem Stoff und eine getrocknete Blüte dran.

Tipp 2: **Kontakte zu Gleichgesinnten** helfen: Auch Volkshochschulen bieten Kurse in naturnahem Gärtnern, zu Gemeinschaftsgärten, Urban Gardening und Permakultur an. Auch bei Netzwerken wie www.nebenan.de kannst du Pflanzen aus der Nachbarschaft bekommen.

Tipp 3: **Pflanzen richtig behandeln**, damit sie nicht so schnell eingehen. Teile zum Beispiel den Basilikumbusch, den du im Biomarkt im Topf kaufst, in zwei Hälften. In der Regel ist der Wurzelballen so dicht, dass die Pflanze nach dem Umtopfen bessere Überlebenschancen hat.

Auch eine selbstgemachte Samenbombe, um in der Stadt guerillamäßig Blumen zu säen, eignet sich als Präsent!

Supereinfaches Rezept für Samenbömbchen:
200 Gramm Pflanzenerde (die ohne Torf)
200 Gramm Tonerde - oder Heilerde aus der Drogerie
50 Gramm Samen, zum Beispiel von Glockenblumen, Mohn, Ringelblumen und anderen heimischen Pflanzen
etwas Wasser

Und so geht's: Erde von Klümpchen und Brocken befreien, indem du sie durch ein feines Sieb reibst. Dann mit den Samen und der Tonerde vermischen. Ein wenig Wasser dazu und gut durchkneten, bis eine formbare Masse entsteht. Kugeln rollen und trocknen lassen. Drei Tage, und die Kugeln sind fest, wenn du sie ab und an mal wendest. Geworfen werden können sie gleich, am besten, wenn es nach Regen aussieht. Sie sind bis zu zwei Jahre lang fruchtbar.

Verwandle eine alte Holzkiste in ein Hochbeet, in dem deine Kinder oder Enkelkinder selbst Kräuter und Erdbeeren anbauen dürfen. Dazu musst du die Kiste mit Dachfolie auskleiden, weil das Holz sonst zu modern beginnt. Unten in die Folie und den Holzboden einige Löcher bohren, damit das Gießwasser abfließen kann – los geht's!

Schädlinge

Gegen viele Schädlinge wie Kartoffelkäfer, Spinnmilben oder Nematoden hilft das **Einsprühen mit Neem** oder Niem. Verwende nicht die Tinktur, sondern das Öl – auf 1 Liter Wasser kommen 2 Esslöffel davon. Gut schütteln, dann versprühen oder damit gießen. Nicht vor einem Regenguss verwenden, da es sonst abgewaschen wird – und auch nicht, wenn die Sonne aufs Beet prallt, denn das schädigt die Pflanzen.

Schneckenplage

Bevor du wegen der lästigen Nacktschnecken zu giftigem Schneckenkorn greifst, versuche andere Alternativen. Schneckenkorn lockt die Schnecken nämlich sogar an und sorgt für einen qualvollen Tod – sie trocknen über Stunden oder Tage aus. Vorsicht auch, weil kleine Kinder die Körner für Bonbons halten und in den Mund stecken könnten. Überdies tötet Schneckenkorn auch nützliche Schneckenarten wie den Tigerschnegel, der die Eier schädlicher Schnecken frisst.

Alternative 1: Pflanze rund um deine Gemüsebeete einen **Schutzwall aus etwas, was Schnecken nicht mögen**, beispielsweise Fuchsien, Alpenveilchen, Kamille und Bohnenkraut, Farne, Moose und Gräser oder Löwenmäulchen. Meist wirkungslos – oder sogar schädlich sind Hausmittelchen wie Kaffeesatz, Asche, Sand, Moosextrakt und Sägemehl, denn das hält die Schnecken nicht davon ab, kleine Strecken zu überwinden. Salz ist aus gutem Grund verboten, weil es den Boden übersäuert und ihn stark schädigt. Notfalls hilft auch ein Schneckenkragen für

einzelne Pflanzen oder ein Schneckenzaun fürs ganze Beet aus Metall, dessen umgebogene Kanten Schnecken nicht überwinden können.

Ein Wassergraben ist zwar wirksam, da Schnecken unter Wasser nicht atmen können – aber auch Nützlinge und Kleintiere fallen hinein und ertrinken.

Alternative 2: **Plane deine Beete so, dass Schnecken sie nicht anrühren.** Bittere Gemüse und Salate wie Radicchio, Mangold, Artischocken, Endivien und Zuckerhut, Lollo Rosso, Chicoree und Feldsalat mögen Schnecken nicht. Außerdem verschonen sie meist Erbsen, Fenchel und würzige Pflanzen wie Knoblauch, Zwiebeln, Rucola, Schnittlauch oder Porree. Auch Rhabarber, Sellerie und Spargel sind vor Schnecken sicher, genau wie viele Kräuter. An Bäume und Sträucher wie Himbeeren, Johannisbeeren, Stachelbeeren, Preiselbeeren oder Brombeeren gehen die lästigen Kriecher ebenfalls nicht. Unter https://schneckenhilfe.de findest du weitere Pflanzen, Blüten und Stauden, die Schnecken verachten.

Artenvielfalt ist das beste Mittel gegen Schädlinge und für die Umwelt. Für Igel und Spitzmäuse, Blindschleichen und Molche, Amseln, Elstern und auch für viele Käferarten und Spinnen sind Schnecken eine Delikatesse. Lock Vögel, Kleintiere und Insekten in deinen Garten, indem du ihnen mit einem Laubhaufen oder einem Gartenteich, mit wilden Ecken und Reisighaufen, Steinmäuerchen an Sonnenplätzen und blühenden Hecken viele Möglichkeiten bietest, sich bei dir niederzulassen. Außerdem den Garten nachts nicht hell beleuchten, Rasenflächen nicht übermäßig stutzen und keine Pestizide und Herbizide verwenden.

Schrebergarten

Du liebst Ordnung in deinem Garten und er soll ein Paradies für Gartenzwerge sein? Akkurate Rasenflächen und Rabatten bieten leider nur wenig Lebensraum für Insekten, Igel und Vögel.

Alternative: Richte eine **Schmuddelecke** ein, einen Ort, an dem ungestört Brennnesseln wachsen dürfen und Gartenabfälle lagern, in denen sich kleinere Tiere wohlfühlen.

Insektenhotels aus dem Baumarkt sind oft nicht artgerecht – wenn quer zur Faserrichtung des Holzes oder unsauber gebohrt wurde, birgt das Gefahr für zarte Bienenflügel. Und wenn die Niströhrchen zu kurz sind, zieht keiner ein. Sie sollten also mindestens 10 Zentimeter lang sein. Gut informieren und selbst machen!

Vogelnetze

Gefiederte Gäste im Garten sind etwas Wunderbares, das wissen die meisten von uns und hängen Vogelhäuschen und Futterbällchen in die Bäume, um sie anzulocken. Falls du bestimmte Saaten oder Johannisbeeren aber partout nicht mit ihnen teilen möchtest: Vergräme sie auf gar keinen Fall so, dass du ihnen schadest. Statt elektronischer Vogelabwehr oder eines Vogelnetzes aus Plastik versuche es mit einer **Upcycling-Variante**: Hänge alte CDs an einem Faden in Bäume oder Sträucher. Auch leere Konservendosen, die du nebeneinander hängst, damit sie im Wind klappern, können helfen. Beides zusammen plus die gute alte Vogelscheuche sind am wirkungsvollsten.

H wie Haushalt

Hausarbeit ist bei vielen unbeliebt und sollte vor allem eines: schnell gehen. Ein Versprechen, das uns auch sehr viele Reiniger aus dem Supermarkt geben. »Keimfrei in Sekunden!« »Mit einem Wisch ist alles weg!« »Einmal sprühen und fertig!« Das sind die Sprüche, mit denen wir nach einem langen Arbeitstag verlockt werden, ins Drogeriemarktregal zu greifen. Und obwohl wir wissen, dass die Chemiebomben nicht gut sein können, weil der Totenkopf auf der Rückseite der Packung eine deutliche Sprache spricht, legen wir sie in den Einkaufswagen. Später ärgern wir uns dann, dass wir für einen Fleckenreiniger, der nicht wirkt oder von dem wir raue Hände und Reizhusten bekommen haben, überhaupt Geld ausgegeben haben.

Unser Rat: Lass die Finger von dem Zeug! Viele Reiniger und Spülmittel sind nicht nur wirkungsloser, als sie vorgeben, sie bringen dir auch allergene Duft- und Konservierungsstoffe ins Haus und schädigen die Umwelt.

Und die meisten Haushaltsreiniger gibt es nicht in einem Glasdöschen oder in einer Glasflasche, sondern sie werden in einer Plastikverpackung geliefert und können auch nicht nachgefüllt werden. Eine wahre Umweltkatastrophe, denn nur sehr wenige Plastiksorten sind biologisch abbaubar. Die meisten Plastikverpackungen, die in die Umwelt gelangen, werden über lange Zeit von Wind und Meer zerrieben und bleiben selbst danach noch als Mikroplastikpartikel im Wasser und an den Stränden erhalten. Viele Tiere, die Plastik mit ihrer natürlichen Nahrung verwechseln, verhungern, weil es zwar ihre Mägen füllt, ihnen aber nicht die notwendigen Nährstoffe liefert, und weil sie es nicht wieder ausscheiden können. Eine traurige Vorstellung!

135 000 Meeressäuger und 1 Million Meeresvögel kosten Plastikabfälle jedes Jahr das Leben. Doch nicht nur für Tiere ist die Tatsache, dass unsere Verpackung in die Natur gelangt, lebensgefährlich. Denn wer gerne Lachs oder Garnelen isst, nimmt auch selbst eine ordentliche Portion Mikroplastik in sich auf. So haben Forschende 2018 in einer Pilotstudie, welche die Medizinische Universität Wien in Zusammenarbeit mit dem Umweltbundestamt durchführte, das erste Mal Mikroplastik im menschlichen Stuhl nachgewiesen. In den nächsten Jahren dürfte das nicht besser, sondern schlimmer werden.

Wie lange es dauert, bis Plastik sich zersetzt, kann man sehr schön am Beispiel der PET-Flasche verstehen. Denn die braucht ganze 450 Jahre, um zu zerfallen. Trotzdem werden in Europa Millionen Tonnen an Plastik weggeschmissen. Allein auf dem Grund der Nordsee liegen 600 000 Kubikmeter Müll. Das ist so viel, dass man den Kölner Dom eineinhalb Mal damit füllen könnte.

Kaum vorstellbar.

Doch es kommt noch schlimmer.

Dadurch, dass der meiste Kunststoff eine geringere Dichte als das Meerwasser hat, sinkt das Plastik nicht zu Boden, sondern sammelt sich an der Oberfläche und gelangt durch die Strömung in bestimmte Meeresregionen – Plastikstrudel entstehen. Der größte Müllstrudel befindet sich im Pazifik nördlich von Hawaii. Er ist 4,5 Mal so groß wie Deutschland, besteht aus mehreren Millionen Tonnen Plastikmüll und ist in den vergangenen 40 Jahren um das 100-Fache angewachsen.

In diesem Teil des Buches erfährst du, was du gegen den vielen Plastikmüll tun kannst, der sich im Haushalt Tag für Tag ansammelt, und du bekommst noch viel mehr praktische Tipps von uns, die deinen ökologischen Fußabdruck automatisch schrumpfen lassen: Neben Plastik gibt es nämlich noch jede Menge anderer Stoffe, die für uns oder für die Umwelt schädlich sind: von Aluminium bis zu Parabenen. Dabei ist es kinderleicht, sie zu ersetzen. Wir fangen gleich an: mit der guten alten Alufolie. Denn die hat es ganz schön in sich …

Alufolie

Wir haben der Freundin versprochen, unseren berühmten Kartoffelsalat mitzubringen? Dann schnell Kartoffeln gekocht, geschält, mit Dressing in der hübschen Glasschüssel angerichtet, ein bisschen Alufolie drüber und los geht's!

Was im ersten Moment nach der besten Lösung klingt – immerhin haben wir nicht einfach fertigen Kartoffelsalat in der Plastikverpackung gekauft –, ist in Wirklichkeit bei falscher Anwendung sogar schädlich für uns selbst. Beim Kontakt mit Lebensmitteln, die sauer oder salzig sind, lösen sich Aluminiumionen von der Folie – und wir essen sie mit.

Auch für die Umwelt ist Alufolie ein Killer: Die Folie wird aus dem Erz Bauxit gewonnen, für dessen Abbau in Australien, Brasilien, Indonesien und Guinea riesige Waldflächen gerodet werden; zahlreiche indigene Völker werden dabei ihrer Lebensgrundlage beraubt. Bei der Weiterverarbeitung des Bauxits zu Aluminium bleibt hochgiftiger Rotschlamm als Abfallprodukt zurück, vieles davon landet in nahegelegenen Flüssen oder Seen. Oder auf Deponien, was nicht weniger ungefährlich ist: So brach im Oktober 2010 im ungarischen Ajka der Damm einer Rotschlammdeponie und überflutete mit seinem Gift die Ortschaften am Torna-Bach – der Kolontár-Dammbruch war eine der größten Umweltkatastrophen Europas. Auch wenn es nicht zur Katastrophe kommt, belasten schlecht abgedichtete und fehlerhafte Deponien mit ihren Giften das Grundwasser, was bei Menschen in der Umgebung zu Knochenschäden und Hautproblemen führt. Vielerorts lagert sich durch den Bauxitabbau und Transport zudem Staub ab, der Atemwegserkrankungen verursacht. Ganz zu schweigen davon, dass die Herstellung von Aluminium 25 Mal mehr Energie verbraucht als die Verarbeitung von Glas und zehn Mal mehr als die Verarbeitung von Weißblech – oft stammt diese Energie aus Kohlekraft und setzt eine Menge Emissionen frei. Oder sie wird mit Staudämmen erzeugt, die das ökologische Gleichgewicht von Flüssen stören, wenn sie verschlammen oder die Fische nicht mehr ihren Wanderrouten folgen können.

Aluminium zu recyceln, spart zwar 94 Prozent Energie gegenüber dem Primärprodukt, aber das kann nur geschehen, wenn es nicht verunreinigt ist. Wenn dies der Fall ist, wird es nicht wiederverwertet. Viel besser, wir steigen auf eine der vielen Alternativen um!

Alternative 1: Anstatt das Pausenbrot für deine Kinder mit Alufolie zu umwickeln, greif auf eine langlebige **Blechdose** zurück. In Biomärkten kannst du auch Brottaschen, sogenannte Lunch Bags, kaufen, die immer wieder gereinigt werden können. Das ist auf lange Sicht nicht nur gut für die Umwelt, sondern auch fürs Portemonnaie.

Alternative 2: Der Sommer ist da und damit auch das beliebte Grillen. Doch womit sollen wir die Kartoffeln umhüllen, wenn wir keine Alufolie mehr benutzen wollen? Gute Frage, einfache Antwort: mit frischen **Gemüseblättern**. Dafür eignen sich Blätter von Kohl, Mangold, Wein, Bananen oder Mais – einfach ein Kartoffelpäckchen mit etwas Faden umwickeln und auf den Grill legen. (Nicht in die Asche, das halten die Blätter dann auch wieder nicht aus!)

Solltest du Fleisch (siehe Seite 138) oder Gemüse grillen wollen, kannst du auch eine gusseiserne Pfanne direkt auf den Grill stellen. Wenn dir das zu lange dauert, verwende ein Grillgitter, in das du alles ganz klein und kompakt hineinquetschst. Achte allerdings darauf, dass es kein billiges, aluminiumbeschichtetes Grillgitter ist – sonst isst du immer mehr Fetzchen des Aluminiums mit, je älter es ist. Spieße sind ebenfalls perfekt. Gerade Tomaten und Zwiebeln kannst du darauf appetitlich anrichten.

Alternative 3: Gerade wenn es um unseren heiß geliebten Kartoffelsalat geht, ist die Alternative zur Alufolie simpel: Wir decken ihn mit einem Teller oder mit einem **Wachstuch** ab. Ersteren gibt's in deinem Schrank, Letzteres in jedem Biosupermarkt – und du kannst es auch ganz leicht selber machen.

UND SO GEHT'S:

Du brauchst: Schnapp dir ein gewaschenes altes Bettlaken, ein ausgedientes T-Shirt oder eine alte Tischdecke. Hauptsache, der Stoff besteht aus Baumwolle oder Leinen.

Für ein klassisches Wachstuch der Größe 50 × 50 Zentimeter benötigst du 100 Gramm Bienen- oder Karnaubawachs. Karnaubawachs ist vegan, du bekommst es in den meisten Bioläden oder in der Apotheke. (Vielleicht hast du auch noch alte Kerzen parat. Diese solltest du dann aber vorher in feine Flocken reiben, damit du das Wachs gut auf dem Tuch verteilen kannst.)

1. Nimm ein Bügelbrett und lege eine Lage Backpapier darauf. Platziere den Stoff so, dass er komplett auf dem Backpapier liegt.
2. Verteile das Wachs möglichst gleichmäßig auf dem Stoff. Weniger ist mehr, heißt die Devise.
3. Lege eine zweite Lage Backpapier auf den Stoff.
4. Jetzt fährst du mit einem heißen Bügeleisen über das Backpapier, so lange, bis das Wachs geschmolzen und das Tuch gesättigt ist.
5. Lass es kurz abkühlen, zieh das Backpapier ab, dann lass es weitere 10 bis 15 Minuten stehen und halte es anschließend unter kaltes Wasser. Wenn das Wasser abperlt, hast du alles richtig gemacht.

Gebrauchstipp: Zum Benutzen mit den Händen kurz erwärmen, so lange, bis dein Tuch schön weich ist. Leg es auf die Salatschüssel und drück das Tuch fest. Sobald das Wachstuch wieder erkaltet ist, kannst du dich zur Geburtstagsparty aufmachen!

Tipp: Lieber nicht in die Spülmaschine stecken. Denn auch wenn Wachstücher 40 Grad aushalten sollen, kann es sein, dass du danach deine Teller und Gläser von Wachs befreien musst. Bettina hat das leider schon erlebt. Reinige dein Tuch besser, indem du es unter kaltem bis lauwarmem Wasser abspülst, damit die Wachsschicht erhalten bleibt. Es ist durch das Wachs hygienisch, aber trotzdem solltest du keine Lebensmittel darin einwickeln, die verkeimt sein könnten, wie Fleisch oder Fisch. Solltest du beim Reinigen etwas übersehen haben, sodass das Tuch schimmelt, solltest du es nicht weiter benutzen. Dann kannst du es aber immer noch gut in Streifen geschnitten zum Feueranzünden verwenden – und wenn du keinen Ofen hast, kann es getrost in die Biomülltonne oder auf den Komposthaufen.

Fruchtfliegenfalle

Viel besser und ökologischer – und auch freundlicher als jede Klebefalle aus dem Drogeriemarkt – ist es, einfach ein Glas zu nehmen, einen Trichter aus einem Stück Papier zu bauen (gern Altpapier!), der mit dem Glasrand abschließt und darüber ein Stück hinausragt. Das Loch unten im Trichter sollte so groß sein, dass grad noch ein Bleistift durchpasst. Unten ins Glas kommt ein Stück überreifes Obst – jetzt musst du nur noch warten, bis die dusseligen kleinen Fliegen reinkrabbeln, und kannst sie dann draußen aussetzen.

Haushaltsreiniger & Co.

Haushaltsreiniger wie **Spülmittel, Allzweckreiniger, Spülmaschinentabs** und **Waschmittel** benutzen wir fast jeden Tag. Irgendwas ist schließlich immer dreckig. Doch mit unserem Streben nach Sauberkeit produzieren wir nicht nur jede Menge Müll (fast jeder herkömmliche Haushaltsreiniger wird in einer Plastikflasche verkauft), sondern belasten auch das Abwasser. Durch die Reiniger gelangen über 560 000 Tonnen Tenside, Duftstoffe, Phosphonate, Silikone, Aufheller und andere Chemikalien jährlich in unser Wasser – darunter rund 6,9 Prozent nicht leicht abbaubarer Bestandteile (Umweltbundesamt, Stand 2017).

Laut Bundesumweltamt werden jährlich über 1,5 Millionen Tonnen Wasch- und Reinigungsmittel an den privaten Endverbaucher verkauft. Die Zahl führt eindringlich vor Augen, wie leicht wir durch einen achtsamen Verbrauch der Reinigungsmittel unserem Geldbeutel und der Umwelt etwas Gutes tun können.

Alternative 1: Selbermachen ist dir zu kompliziert oder zu zeitaufwendig? Dann achte darauf, dass es für die Putzmittel, die du kaufst, Nachfüllpacks gibt oder dass sie in Flaschen verkauft werden, die du ausspülen und wieder auffüllen kannst. Mittlerweile findest du diese in fast jedem größeren Drogeriemarkt – und in manchen wird sogar schon damit experimentiert, Nachfüllstationen einzurichten. Damit sparst du nicht nur Müll, sondern auch Geld. Immer bekannter werden auch Putztabletten – am bekanntesten sind klaeny und everdrop, die es in Naturläden und oft auch in Drogeriemärkten gibt. Darauf achten, dass sie ohne Palmöl auskommen und vollkommen biologisch abbaubar sind – dann ist das ein fixer und günstiger Reiniger: Du wirfst die Tablette in eine alte Sprühflasche und füllst diese mit Wasser auf. Fertig!

Alternative 2: Du willst gänzlich auf Verpackung verzichten? Dann schnapp dir eine Blechdose, eine Glasflasche oder ein großes Weckglas und geh in einen Unverpacktladen. Dort kannst du ganz unkompliziert die wichtigsten Haushaltsreiniger in deine mitgebrachten Aufbewahrungsboxen und Gefäße abfüllen. Wer keinen Unverpacktladen in der Nähe hat, kann unverpackte Waschmittel und andere verpackungsfreie Haushaltsutensilien online bestellen. Bei vielen Onlinehandlungen kannst du Spülmaschinentabs ganz ohne Plastikbeschichtung bestellen.

Alternative 3: Lass **Omas Allroundtalente** wieder aufleben. Es gibt zahlreiche altbewährte Haushaltshelferlein, die kostengünstig und unbedenklich für Mensch und Umwelt sind.

Eines davon ist die gute alte **Gallseife**, der Klassiker unter den Fleckenreinigern. Sie ist nicht nur zu 100 Prozent biologisch abbaubar, sondern bleicht im Gegensatz zu herkömmlichen Fleckenreinigern auch nicht den Stoff aus. Mittlerweile gibt es zur klassischen Gallseife, die, wie der Name schon sagt, unter anderem aus tierischer Galle besteht, **vegane Alternativen**.

Ein weiterer Klassiker ist **Zitronensäure**. Sie kann im Bad und in der Küche als Wunderwaffe eingesetzt werden, vor allem gegen Kalk.

Hartnäckiger Schmutz und angebrannte Pfannen und Töpfe können mit **Backpulver** (meist eine Mischung aus Natron und Zusatzstoffen oder Weinstein und Zitronensäure) prima gereinigt werden. Einfach ein Päckchen Backpulver hineinschütten, heißes Wasser hinzugeben, eine Weile einweichen lassen, wieder ausspülen – und weg sind die eingebrannten Essensreste.

Natron ist ebenfalls der Hit. Mit etwas Wasser vermischt, ist es der perfekte Backofenreiniger und ist auch bei verstopften Rohren eine großartige Alternative zu chemischen Rohrreinigern: Einfach 2 bis 3 Esslöffel Natron in den Abfluss schütten, etwa 150 Milliliter Essig hinterherkippen, ungefähr zwei Stunden warten oder über Nacht einwirken lassen, mit Wasser nachspülen und schon ist das Rohr wieder frei. Da es keine langen Haare zersetzen kann, hilft hier ein gerillter Holzstab, den du dir im Baumarkt oder im Unverpacktladen besorgen kannst. Einfach ins verstopfte Rohr und den Stab um die eigene Achse drehen, dann setzen sich die Haare in die Rillen und du kannst sie mechanisch entfernen.

Waschnüsse sind nur auf den ersten Blick eine umweltfreundliche Alternative zu herkömmlichen Waschmitteln. Sie werden aus Asien importiert, und das ist gleich in doppelter Hinsicht schlecht: Einerseits, weil durch den langen Transportweg jede Menge CO_2 produziert und Energie verbraucht wird. Andererseits, weil durch die gestiegene Nachfrage der Preis von Waschnüssen vor Ort so stark die Höhe geschossen ist, dass die Menschen sie sich dort nicht mehr leisten können – sie waschen dann mit billigem Waschmittel, oft sogar mitten im Fluss. Also besser gleich bleiben lassen. Sie sind ohnehin nicht das Nonplusultra: Laut Stiftung Warentest ist die Waschkraft der Nüsse so miserabel, dass man mehrere Waschgänge benötigt, um die Wäsche wirklich sauber zu bekommen.

Alternative 4: Selbermachen ist bei Waschmittel besonders einfach: Du musst dazu noch nicht mal in den Supermarkt gehen, sondern kannst auf die Zauberkraft der Natur zurückgreifen, und zwar auf Pflanzen, die natürliche Seifenstoffe produzieren, sogenannte Saponine.

UND SO GEHT'S:

Du brauchst: Kastanien – je nach Größe und Wäschemenge 5 bis 10 Stück für eine Wäsche. Die kannst du im Herbst auf der Straße oder im Wald sammeln. Wenn du Kinder hast, ist das gleich doppelt sinnvoll: Denn aus den übrig gebliebenen Kastanien kannst du mit ihnen später gemeinsam lustige Figuren basteln.

1. Schäle die Kastanien.
2. Gib sie zerkleinert in ein Glas Wasser und weiche sie mindestens zwei Stunden oder über Nacht ein – so lange, bis das Wasser milchig ist.
3. Gieß die Flüssigkeit mit einem Sieb in ein Glas ab und füll damit das Wäschefach.

WICHTIG: Das Waschmittel ist nur zwei bis drei Tage haltbar, aber die Kastanien selbst kannst du gut aufbewahren. Deshalb nicht zu viel auf einmal herstellen, sonst musst du den schönen Sud wieder wegschütten.

Wenn du kleine Kinder hast und Waschmittel benötigst, das den Flecken ordentlich zu Leibe rückt, kannst du das Waschmittel, bevor du es in die Maschine gibst, mit 2 bis 3 Esslöffel Natron oder Backpulver aufpeppen.

VORSICHT: Saponine sind in größeren Mengen giftig, sorge also dafür, dass deine Kinder die Waschmittel nicht aus Versehen trinken!

Kaffeekapseln

Die sind die Pest. Sie erzeugen jede Menge Müll, zudem ist ein Pfund der Miniportiönchen Kaffee ungefähr zehn Mal so teuer wie ein Pfund Kaffee in der herkömmlichen Packung. Und die meisten Kaffeekapseln werden aus Aluminium (siehe Seite 85) oder Plastik hergestellt, verbrauchen bei der Herstellung viel Energie und können nicht umfassend wiederverwertet werden. Viele Kapseln, selbst wenn sie recycelt werden können, landen daher im Restmüll statt in der Gelben Tonne. Gründe genug, sie aus deinem Haushalt zu verbannen.

Alternative 1: Anstatt Kaffeekapseln zu verwenden, nimm lieber wieder deine Old-school-Kaffeemaschine in Betrieb oder greife auf die klassische italienische Espressomaschine zurück – die schneidet in Geschmackstests sowieso immer am besten ab. Du kannst auch einen Dauerfilter mit einem feinen Sieb aus Edelstahl verwenden.

Alternative 2: Falls du dich gar nicht von den Kaffeekapseln trennen kannst, überprüfe, ob es für deine Maschine wiederbefüllbare Mehrwegkapseln gibt.

Kompostierbare Kaffeekapseln sind nur auf den ersten Blick umweltfreundlich. Denn leider brauchen sie viel zu lange, um sich zu zersetzen, und werden im Entsorgungsbetrieb per Hand aussortiert und in den Restmüll geworfen.

Mülltrennung & Recycling

Je weniger Müll wir produzieren, desto besser für unsere Umwelt. Doch zwischen Arbeit, Haushalt und Kindergeburtstag ist es schwer, auch noch dieses Thema im Blick zu behalten, also brauchen wir einfache Faustregeln, wie wir den Müllberg im Blick behalten.

Tipp 1: In vielen großen Städten gibt es Unverpacktläden oder Wochenmärkte. Dort kannst du Mehl, Nudeln, Reis, Müsli und andere Waren in deine eigenen Behältnisse abfüllen – viele Biomärkte bieten inzwischen auch Mehrwegboxen zu diesem Zweck an Die Behältnisse kannst du vorher wiegen, das Gewicht wird an der Kasse abgezogen.

Tipp 2: Versuche, so viel wie möglich selbst zu machen (siehe ab Seite 88), und greife auf verpackungsfreie Alternativen wie festes Shampoo, Zahnputztabletten oder wiederbefüllbare Haushaltsreiniger zurück. Damit reduzierst du dein Müllaufkommen ungemein.

Tipp 3: Wenn möglich, kauf lieber Joghurt im Glas statt in der Plastikverpackung. Mittlerweile werden von einigen Unternehmen sogar Kaffeebohnen im Glas angeboten. Glas ist nicht per se umweltfreundlich: Es ist als Werkstoff energieintensiv und erzeugt beim Transport mehr Emissionen, da es ein höheres Gewicht hat. Also am besten Schraubgläser und Flaschen so oft wie möglich wiederverwenden, siehe Seite 243.

Tipp 4: Achte darauf, dass du deinen Müll richtig entsorgst. Nur so kann er wiederverwertet werden. Was in den Gelben Sack gehört, findest du auf Seite 235. Bevor du den abgelaufenen Joghurt wegschmeißt, entferne den restlichen Joghurt daraus grob, sonst gilt der Müll als verschmutzt und wird aussortiert. **Backpapier** ist beschichtet und gehört in den Restmüll. Übrigens gibt es Dauerbackfolie oder Backmatten aus Silikon, die du häufiger verwenden kannst, um Müll zu sparen.

Auch in die Graue Tonne gehören **Papiertaschentücher, Küchenpapier, Fahrkarten, Tapetenreste, Käsepapier** und **Servietten.** Wenn **Pizzakartons** ölig und verschmutzt sind, dürfen sie nicht ins Altpapier geworfen werden. **CDs** und **DVDs** gehören auf den Wertstoffhof. **Briefumschläge** kannst du hingegen getrost ins Altpapier werfen, selbst dann, wenn sie ein Plastikfenster haben. Die beiden Stoffe werden später getrennt. (Oder du achtest gleich beim Kauf auf Recyclingumschläge mit Pergaminfenster!) **Kork** ist ein gefragter Rohstoff. Weinhändler und Wertstoffhöfe sammeln Korken, also unbedingt aufbewahren. **LED- und Energiesparlampen** (siehe auch Seite 59) solltest du immer in der Sammelstelle abgeben oder in den Handel zurückbringen. Das Gleiche gilt für **Elektrogeräte**, deren Rohstoffe wiederverwertet und Umweltgifte sachgerecht beseitigt werden müssen. Seit Juli 2016 müssen alle Geräte, deren Kanten nicht länger sind als 25 Zentimeter, von Großhändlern kostenlos zurückgenommen werden. Alte Waschmaschinen und andere große Geräte müssen beim Neukauf zurückgenommen werden.

Tipp 5: In allen Bundesländern gibt es **Schadstoffmobile**, die giftige und gefährliche Abfälle einsammeln – Reste von Reinigern, Kalklöser, Rostentferner, Farbreste (nur keine vollkommen eingetrockneten Farben, die gehören in den Restmüll!), Spachtelmassen und Kitte, Lacke und Verdünnungen, Bremsflüssigkeiten, Unterbodenschutz, alle Arten von Batterien und Akkus, auch Knopfzellen, PCB-haltige Lampenkondensatoren, Laborchemikalien, Fotochemikalien, Pflanzenschutz- und Unkrautvernichtungsmittel, Schädlingsbekämpfungsmittel, Holzschutzmittel, Energiespar- und Leuchtstofflampen (denn die enthalten Quecksilber!), Quecksilberthermometer, ölhaltige Betriebsmittel, Benzin, Altöle, Klebstoffe und Leime, Säuren, Basen, Ammoniaklösungen, außerdem Medikamente.

Termine in deiner Stadt kannst du über www.schadstoffmobil24.de finden.

Putzlappen

Ob für die Kommode, die Fenster oder das Waschbecken: Putzlappen gebrauchen wir fast täglich. Leider sind die wenigsten von diesen praktischen Alltagshelfern umweltfreundlich, denn viele Putzlappen und Tücher bestehen aus erdölbasierten Kunstfasern wie Polyester oder Polyamid. Hinzu kommt, dass sich beim Putzen Mikrofasern aus den Tüchern lösen und ins Abwasser gelangen. Ein Teil dieser Mikrofasern wird durch die Kläranlagen herausgefiltert. Ein Großteil jedoch landet über den Klärschlamm in der Natur. Eine Studie der Weltnaturschutzorganisation (IUCN) hat ergeben, dass bis zu 30 Prozent des Mikroplastiks in den Meeren aus solchen Primärquellen stammt. Wir finden, das ist kein quietschsauberes Fenster wert. Vor allem, weil es sehr guten Ersatz gibt.

Alternative 1: Früher wurden **alte T-Shirts** oder **Hemden** nicht weggeschmissen, sondern als Putzlappen wiederverwertet. Ausgediente T-Shirts aus Baumwolle eignen sich prima zum Wischen, alte Hemden sind hervorragend zum Fensterputzen. Wenn du die Scheibe danach noch mit Zeitungspapier abwischst, gelingt dir das saubere Fensterglas vielleicht sogar ganz ohne Schlieren.

Alternative 2: Deine Oma sitzt abends gerne vor dem Fernseher und strickt? Perfekt! Dann bitte sie doch, dir Putztücher zu stricken. Die sind nicht nur hübsch, sondern auch ganz einfach zu waschen. Doch Obacht: Keine zu empfindliche Wolle nehmen, denn du willst die Lappen ja auch bei 60 Grad in die Maschine stecken. Besonders gut eignet sich Baumwolle, auf Polyester solltest du natürlich verzichten. Wer keine Oma oder keine Zeit hat, selbst zu den Nadeln zu greifen, kann Spültücher aus Baumwollvelours in jedem Unverpacktladen und in den meisten Drogeriemärkten kaufen. Ein weiterer Vorteil solcher Lappen ist, dass sie zwar ebenso weich, aber besser für empfindliche Oberflächen sind als ein Mikrofasertuch. Mit ihnen lassen sich daher auch verchromte oder empfindliche Oberflächen gefahrlos reinigen.

Alternative 3: Eine weitere Alternative zu Mikrofasertüchern sind **Leinentücher**. Sie sind robust, langlebig und gut zu waschen. Aus alten Bettlaken von Oma kannst du dir Putztücher aus Leinen ratzfatz selbst herstellen.

Putzschwamm

Beim Thema Abwasch kommt uns sofort ein kleines, meist gelbes Schaumstoffschwämmchen mit einer kratzigen Oberfläche für die harten Schmutzreste in den Sinn. Ein praktischer Küchenhelfer, den wir fast jeden Tag in die Hand nehmen, ohne darüber nachzudenken, dass er bei jedem Reinigen der Pfanne Plastikfussel absondert, die als Mikroplastikpartikel im Abwasser landen. Last but not least erzeugen solche Schwämme jede Menge Müll: Sie sind nicht nur in Plastikfolie verpackt, sondern müssen ersetzt werden, sobald sie kaputt oder nur noch ekelig sind.

Alternative 1: Eine **Spülbürste** ist etwas Feines. Ganz besonders, wenn ihr Griff aus Holz und nicht aus Plastik besteht und die Borsten auch natürlich sind. (Meistens sind diese dann aus Rosshaar oder Schweineborsten – wenn du vegan lebst, schau mal nach einer Bürste mit Borsten aus Fibre, einem Material aus Agave und Bassine.) Irgendwann ist allerdings auch der beste Spülkopf kaputt und die Bürste landet im Müll. Wer das vermeiden will, kann sich eine Spülbürste mit austauschbarem Kopf zulegen. Die gibt es fast in jedem Biosupermarkt oder Unverpacktladen.

Alternative 2: **Ökoschwämme** müssen aufgrund ihrer geringen Haltbarkeit recht häufig ersetzt werden. Dafür sind sie zu einem Großteil aus regenerativen Stoffen hergestellt und mindern die Plastikverschmutzung. Achte am besten darauf, dass sie gar kein Recycling-PET enthalten.

Alternative 3: **Kupfertücher** sind der Hit und ein prima Ersatz für das böse Plastikputzschwämmchen. Ein weiterer Vorteil ist, dass du für die Reinigung mit einem Kupfertuch kein Spülmittel brauchst, da der Dreck allein aufgrund der Reibung verschwindet. Durch harte Reiniger kann der Kupferschwamm sogar angegriffen werden. Einfache und fettlösende Spülmittel kannst du verwenden, musst es aber in den seltensten Fällen.

Alternative 4: Relativ unbekannt, dafür ein wahres Allroundtalent ist der Schwammkürbis, der auch unter dem Namen Luffa aegyptiaca oder auch Luffa cylindrica bekannt ist. Diese Nutzpflanze kommt in warmen und tropischen Regionen vor und wird wegen ihrer Form auch als Schwammgurke bezeichnet. Der **Luffaschwamm** besteht zu 100 Prozent aus veganem Naturmaterial und kann auf dem Kompost oder in der Biotonne entsorgt werden. Ebenso wie das Kupfertuch kannst du den Luffaschwamm ohne scharfe Putzmittel verwenden: Einige Tropfen Seife und etwas Wasser reichen völlig aus, um die ganze Kraft des Luffaschwamms zu entfalten. Übrigens gibt es auch Spülseife im Block zu kaufen, meist in Unverpacktläden oder online: ideal für diesen Zweck!

Der Luffaschwamm selbst kann bei 30 bis 60 Grad in einem Wäschenetz in der Waschmaschine gewaschen werden. Wenn es mit der Reinigung des Schwammes besonders schnell gehen soll, kannst du ihn auch mit kochendem Wasser übergießen. Luffaschwämme findest du in fast jedem Biosupermarkt und im Unverpacktladen. Besonders Spülwütige können die Luffagurke auch im eigenen Garten oder auf dem Balkon ziehen!

Schwämme sind keine Pflanzen, sondern Tiere ohne Gehirn. Sie sind richtige Urzeitwesen – und wichtige Wasserfilter. Ihr Vorkommen reichert das Meereswasser mit Sauerstoff an und lagert Kohlenstoff im Sediment ab. Aus diesen Gründen verzichten wir lieber auf ihren Gebrauch.

Toilettenpapier

3651 Rollen Toilettenpapier verbraucht in Deutschland ein Durchschnittsmensch im Verlauf seines Lebens. Ein richtig großer Haufen Müll also. Natürlich verwenden viele schon Recyclingpapier, und zwar das mit dem Blauen Engel. Aber es gibt immer noch beduftetes oder bedrucktes Papier, das viel zu aufwendig hergestellt und umweltschädlich ist, nur damit wir uns damit den Hintern abputzen.

Auch feuchtes Toilettenpapier erfreut sich immer noch größter Beliebtheit, obwohl inzwischen weithin bekannt ist, dass es biologisch nicht abbaubar ist, sich schlecht zersetzt und in Klärwerken immer wieder Verstopfungen verursacht. Manche Marken enthalten sogar Mikroplastik (siehe auch Seite 83).

Und nicht alle Feuchttücher sind gut für den Popo: Duftstoffe und Alkohol sind in einigen davon enthalten – und das schadet unserer Kehrseite, reizt die empfindliche Haut, provoziert Pilze und Bakterien.

Tipp 1: Verwende einen Waschlappen oder leg dir eine Popodusche zu, statt weiter feuchtes Toilettenpapier zu benutzen. Auch eine Handbrause aus dem Baumarkt ist schnell angebracht und macht sowieso viel sauberer als jedes Tuch.

Tipp 2: Eine langfristig gute, aber natürlich auch teurere Lösung ist es, ein Dusch-WC oder ein Bidet zu installieren. Wer allerdings mal so etwas hatte, wird es nicht mehr missen wollen.

Steht »holzfrei« auf der Packung, klingt das zwar gut, ist aber nicht wirklich umweltfreundlich: Das Papier kann trotzdem bis zu 5 Prozent Holzstoffe enthalten, es wird meist aus gebleichten Zellstofffasern gewonnen, die als Reststoff chemisch aus Holz gelöst werden. Plus: Zellstoff aus Holz wird für die Verwendung in Deutschland meist aus dem Ausland importiert, er verursacht also durch den Transport auch Klimagase. Ähnlich ist es mit dem inzwischen vielerorts erhältlichen Toilettenpapier aus Bambus. Die beste Bilanz hat immer noch Recyclingpapier mit Umweltsiegel – im Unverpacktladen sogar ohne Plastikumverpackung!

Wäschetrockner

Wäschetrockner sind wahre Energieschleudern. Deshalb ist es am besten, wenn du auf einen Wäschetrockner verzichtest. Damit sparst du nicht nur jede Menge Energie, sondern auch Geld. Zudem greifen die Trockner das Gewebe an und machen die Stoffe porös. Falls du, wegen der vielen Wäsche der Kinder oder weil du nicht den Platz zum Lufttrocknen hast, nicht auf einen Trockner verzichten kannst, versuche mit unseren Tipps, den Energieverbrauch zu reduzieren.

Tipp 1: Achte darauf, dass es ein Gerät mit der Energieeffizienzklasse A++ oder A+++ ist. Diese verbrauchen nur die Hälfte der Energie, die ein Gerät der Klasse B benötigt. Dafür lohnt es sich, bei der Anschaffung etwas tiefer in den Geldbeutel zu greifen.

Tipp 2: Reinige regelmäßig alle Siebe des Trockners, da sonst mit längerer Trocknungsdauer und höherem Energieverbrauch zu rechnen ist.

Tipp 3: Achte beim Kauf eines neuen Gerätes darauf, dass es einen Feuchtigkeitsmesser hat. So schaltet sich der Wäschetrockner ab, wenn der gewünschte Trocknungsgrad erreicht ist.

Tipp 4: Und wie bei der Waschmaschine gilt: Das Gerät immer voll beladen.

I wie Ich

Ja, vieles ist mit unserer Welt nicht in Ordnung. Das zu erkennen und es ändern zu wollen, kann dir einiges abverlangen. Um nicht die Kraft, den Mut und die Lust an der Veränderung zu verlieren, ist es wichtig, dass du auf dich achtest. Nachhaltigkeit bedeutet, dass du *keine* Ressourcen erschöpfst – auch deine eigenen nicht.

Tatsächlich laufen gerade Menschen, die es mit dem Umweltschutz sehr ernst nehmen, Gefahr, psychisch auszubrennen. Zum einen könntest du dich dabei aufreiben, von einem Tag auf den anderen alles perfekt machen zu wollen. Zum anderen kann es dir auch passieren, dass dich die Wehmut nach der schwindenden oder verlorenen Natur packt.

Erstmals beschrieben wurde diese Trauer von Glenn Albrecht, Professor für Umweltwissenschaften aus New South Wales in Australien, der den Einfluss einer kaputten Umgebung auf die Psyche erforschte. Als sich seine Heimatregion durch den Kohlebergbau in eine Abraumhalde verwandelte, verspürte Albrecht eine Mischung aus Trauer, Verlorenheit und Nostalgie. Anderen Menschen, mit denen er sprach, ging es genauso.

Albrecht nannte das Gefühl, das durch den Verlust der gewohnten Umgebung ausgelöst wird, Solastalgie, ein Begriff, der das lateinische Wort *solacium* (»Trost«) und das altgriechische *algos* (»Schmerz«) verbindet. Dazu kommt ein Gefühl der Machtlosigkeit, weil sich die Veränderung nicht aufhalten lässt.

Solastalgie ist für viele der Grund, sich bei Fridays for Future oder Extinction Rebellion zu engagieren – solche Selbstwirksamkeit ist ein Gegenmittel.

Um negative Gefühle im Zaum zu halten, findest du in diesem Kapitel Tipps zur Selbstsorge. Also: Mach dir eine Tasse leckeren dampfenden Kräutertee, kuschel dich aufs Sofa oder setz dich, wenn die Sonne scheint, auf deinen Lieblingsplatz in der Natur und lass dich inspirieren.

Ausbrennen

Gib dir Zeit. Alles sofort richtig machen zu wollen – auf Fleisch zu verzichten, auf fairen Handel zu achten, Inhaltsstoffe und Siegel zuzuordnen und jede Handlung zu hinterfragen –, ist möglicherweise belastend für dich. Und das hindert dich, Kraft für Umweltschutz und Aktivismus (siehe ab Seite 179) zu finden, andere zu unterstützen und ein erfülltes Leben zu führen. Darum ist wichtig zu erkennen, wann es dir zu viel wird, rechtzeitig gegenzusteuern, indem du auf deine Bedürfnisse achtest, und statt der dritten Demo in der Woche lieber mit einer Freundin zu Hause chillst.

Frust

Wenn du tüchtig Lust auf Shopping hast, weil der Tag mal wieder übel gelaufen ist, hinterfrage den Sinn des Konsums: Hast du Lust auf neue Sachen oder versuchst du nur, die Frustgrube in dir mit ihnen zuzuschütten? Was würde dir stattdessen nachhaltiger helfen – eine Tasse Tee mit deinem Lieblingsmenschen?

Alternative 1: **Überleg, ob du schon etwas hast**, was eine ähnliche Funktion erfüllt, oder ob du den Gegenstand auch gebraucht erwerben könntest.

Alternative 2: **Meditation** ist die beste Möglichkeit, den Stress loszulassen und dein Inneres in Balance zu bringen – sie wirkt besser als jeder neue Hut.

Eine US-Studie beispielsweise wies nach, dass Meditation Stress reduziert und so erholsam ist wie Urlaub. Andere klinische Studien belegen, dass MBSR (Mindfulness-Based Stress Reduction, also achtsamkeitsbasierte Stressreduktion), ein Meditationsprogramm nach Jon Kabat-

Zinn chronische Schmerzen, häufig auftretende Infektionskrankheiten, Ängste oder Panikattacken, Depressionen und Burn-out, Hauterkrankungen, Schlafstörungen, Migräne, Kopfschmerzen oder Magenprobleme lindern kann.

Alternative 3: **Nimm dir aktiv etwas anderes vor**, zum Beispiel eine Sporteinheit. Oder tue so, als wärest du Touristin in der eigenen Stadt, und geh zu einer Sehenswürdigkeit, die du noch nie bewusst besucht hast. Mach für solche Fälle eine echte oder eine mentale Liste. Du wirst sehen, nach kurzer Zeit denkst du nicht mehr ans Shopping.

Wenn du gefrustet bist, ist die Neigung groß, dir einen »guten Tropfen« zu genehmigen, den Gang rauszunehmen und den Frust lahmzulegen.

Klar, Alkohol dämpft die Unzufriedenheit und die Unruhe, seine Wirkung breitet sich mit einem warmen, dumpfen Gefühl aus – oder mit einer beschwipsten Fröhlichkeit.

Alkohol wirkt jedoch im Tandem mit Frustgefühlen oder Traurigkeit als Verstärker: Er schädigt nachweislich das Gehirn und hemmt die Produktion natürlicher Botenstoffe, Neurotransmitter, die mit der Stimmungsregulation verbunden sind. 64 Prozent der Menschen, die viel Alkohol trinken, leiden unter Depression, viele auch unter Angststörungen und Panikattacken. Und Hochprozentiges löst depressive Verstimmungen auch aus, gleichzeitig wird Alkohol oft von Menschen zur Selbsthilfe eingesetzt, um Spannungen und Ängste loszuwerden. Zudem besteht natürlich Suchtgefahr. Also besser nicht in einem hohen Maß konsumieren. Gerade dann nicht, wenn es dir schlecht geht.

Medienkonsum

Kennst du das? Gerade nach einem langen Arbeitstag versacken wir gern mal mit dem Handy auf der Couch oder vor dem Serienbildschirm. Eigentlich fallen uns schon die Augen zu, aber wir bleiben dran, surfen ohne Halt durchs Netz ins Nirgendwo, auch wenn wir dringend schlafen müssten, um am nächsten Tag wieder fit zu sein.

Laut *National Geographic* nennt sich dieses Phänomen *Revenge Bedtime Procrastination*. Die Diagnose stammt aus China, wo ein besonders harter Arbeitsstil gepflegt wird und der Mensch oft zum klitzekleinen Rädchen im Getriebe des Betriebs wird. Überstunden sind an der Tagesordnung. Menschen, die sich so fremdbestimmt fühlen, bleiben aus Trotz über die langen Arbeitszeiten oder zu wenig für sich selbst verbrachte Zeit zwanghaft wach.

Tipp 1: Bau tagsüber mehr **schöne Momente** ein, etwa einen Spaziergang oder ein Treffen mit einer Freundin in der Mittagspause.

Tipp 2: **Leg dein Smartphone** gleich beim Heimkommen in eine dafür vorgesehene Box oder oben **auf den Schrank**. Dadurch ist es aus den Augen und aus dem Sinn – es wiederzuholen wäre mit ein klein wenig Aufwand verbunden. Suche dir ein Ritual. Du könntest dir zum Beispiel einen Tee in einem schönen Gefäß zubereiten und ein Kapitel aus einem tollen Schmöker lesen.

Tipp 3: Erteile dir selbst eine Stunde vor dem Schlafengehen ein **Geräteverbot**.

Alternative 1: Bewegung wie **Yoga** (siehe ab Seite 172) kann helfen, körperlich auszugleichen, was dich seelisch belastet. Yoga geht mit Meditation einher, deren positive Auswirkung auf Gehirn und Seele längst erforscht sind (siehe MBSR, Seite 100).

Alternative 2: Such dir ein **Hobby**, das dich erdet und in dem du gleichzeitig abtauchen und auftanken kannst. Von Figurenbemalen übers Gärtnern, Stricken, Kochen und Schlagzeugspielen bis zum Jonglieren (siehe Seite 103) – was immer du mit Liebe tust, ist bestens verbrachte Zeit.

Traurigkeit

(Natürlich sprechen wir hier nicht von einer Depression, die länger anhält. Eine Depression ist eine ernst zu nehmende Krankheit und sollte psychologisch behandelt werden.)

Wer traurig ist, resigniert entweder oder versucht sich aufzurappeln. Wie aber bildet sich Resilienz, die uns über schwierige Situationen hinweghilft?

Meist hat diese mit genetischen und sozialen Faktoren zu tun: Resiliente Menschen haben meist schon als Kind einen offenen, freundlichen Charakter. Dazu kommen stabile soziale Strukturen, Vertrauenspersonen oder das Erleben von Gemeinschaft.

Nicht nur Individuen, auch Gruppen können Resilienz ausbilden und Krisen mittels Netzwerkstrukturen, Lernfähigkeit oder Entscheidungsstärke überwinden. Denn es geht nicht darum, die Krise hinzunehmen und sich anzupassen. Es geht vielmehr darum, sich gegenseitig zu helfen und die Krise zu überwinden. Eine Strategie, die auch während der Überflutungen in Deutschland 2021 für viele Betroffene lebensnotwendig war.

Laut den Psychologists for Future, deren Website hilfreiche Infos zu dem Thema vorstellt, gibt es drei Voraussetzungen, wie wir Resilienz erreichen können: Indem wir erstens Erlebtes verstehen, zweitens es handhaben können und drittens etwas als sinnhaft erleben. All dies kann eine Veränderung bewirken, in der wir bekannte Strukturen oder Verhältnisse neu bewerten. In der Coronakrise war dies etwa die Bewertung von sozialen Berufen als systemrelevant – in der Klimakrise könnte vielleicht Zeitwohlstand (siehe Seite 70) im Vergleich zu Geld neu gewertet werden oder Gesundheit höher als Luxus. Die Frage ist eben: Was macht uns glücklicher, was nützt uns letztlich mehr?

Anne erzählt: Jahrelang habe ich ein Hobby gesucht, das mich nicht mehr loslässt. Eines Tages kam ich auf dem Flohmarkt an einem Stand vorbei, an dem drei bunte Jonglierbälle lagen, aus einer Laune heraus kaufte ich sie. Seither bin ich süchtig! Gut ist, dass ich jederzeit zwischendurch jonglieren kann. Besser noch, dass mir die Bälle ab und an runterfallen, denn dadurch bewege ich mich und bin fitter. Die Forschung hat herausgefunden, dass dieses Hobby Geschicklichkeit und Reaktionsschnelligkeit weckt, da es den *Corpus callosum*, die Verbindung zwischen der rechten und linken Gehirnhälfte, stärkt. Die Bewegung steigert die Durchblutung des Gehirns und trainiert den Hippocampus, der für das Kurzzeitgedächtnis, die Orientierungsfähigkeit und die Bildung von Nervenzellen zuständig ist. Das führt zu mehr Konzentration und Aufnahmefähigkeit – weswegen ich oft in einer langen Arbeitsphase zwischendurch Jonglierpausen einlege.

Glücksboost 1: Deine **Körperhaltung** zu **verändern**, hat einen unmittelbaren Effekt aufs Wohlbefinden. Kopf hoch, Brust raus, das wirkt sich positiv auf Gefühl und Gedanken aus. Das Gleiche gilt für die Mimik: Klemm dir notfalls einen Bleistift zwischen die Zähne, sodass ein Lächeln entsteht; das signalisiert deinem Gehirn, dass du fröhlich bist.

Glücksboost 2: Eine Studie der Psychologin Tamlin S. Connor und ihrer Kollegen Colin G. DeYoung und Paul J. Silvia zeigt die positiven **Effekte von Kreativität**. Die Probandinnen sollten in einem Tagebuch notieren, wie oft und wie lange sie kreativ waren und wie sie sich am Tag danach fühlten. Je länger und intensiver sie am Vortag kreativen Beschäftigungen nachgegangen waren, desto mehr blühten sie auf. Was immer dir Spaß macht, sei es Malen, Singen, Stricken oder anderes – brems dich nicht!

Glücksboost 3: **Anderen etwas Gutes** zu **tun**, wirkt sich positiv auf dich aus. Viele Studien der Glücksforschung zeigen, dass es glücklicher macht, etwas zu verschenken, als selbst ein Geschenk zu bekommen. Eine dieser Studien stammt von einem internationalen Forscherteam um die Psychologin So Young Park an der Universität Lübeck. Sie belegte, dass die Gruppe Menschen, die Geld an andere vergeben sollten, nicht nur in einem folgenden Experiment großzügiger waren, sondern auch, dass sie sich glück-

licher fühlten als die Vergleichsgruppe, die das Geld für sich behalten durfte. Mithilfe eines Magnetresonanztomografen stellten die Forschenden außerdem fest, dass die Gehirnareale, die durch das großzügige Verhalten aktiviert wurden, das körpereigene Belohnungssystem ankurbelten.

Daher ist es im besten Sinne eigennützig, anderen Gutes zu tun: ein Ehrenamt (siehe Seite 80) zu übernehmen, Nachhilfe zu geben, im Altersheim vorzulesen, jemandem im Supermarkt die Haferflocken zu bezahlen, wenn diese Person sichtlich knapp bei Kasse ist, oder mit der Nachbarin einen Strauch Basilikum (siehe Seite 79) zu teilen. Großzügigkeit und Güte holen dich wissenschaftlich erwiesen aus dem Stimmungstief.

Glücksboost 4: Gibt es etwas, was du besonders gut kannst? Kochst du ein Gericht wie eine Starköchin, spielst Schlagzeug wie Stewart Copeland von The Police oder bringst in deinem Garten die besten Minigurken zustande? **Selbstwirksamkeit** ist ein Schlüssel zum Glück, auch das haben Studien erwiesen. Je öfter du deine Superkraft einsetzt, desto besser.

Glücksboost 5: Du weißt vielleicht schon, dass **Dankbarkeit** ein echtes Wundermittel ist. Es kräftig dein Herz, mildert Stress, lässt dich besser einschlafen und gibt dir ein besseres Gefühl, wenn du dir bewusst machst, wofür du dankbar bist: deine Familie etwa, ein Dach über dem Kopf, die Gesellschaft eines lieben Menschen, ein gesundes Essen (Seite 149), einen sonnigen Sonntagmorgen, an dem dir deine Yogaübung (Seite 172) gelungen ist. Eine Studie der Hope University aus dem Jahr 2018 belegt: Dankbarkeit bildet den Grundstein, um sich glücklicher zu fühlen und hoffnungsvoller in die Zukunft zu blicken. Gerade angesichts der Klimakrise ist sie also eine wichtige Eigenschaft. Überlege, wofür du heute dankbar bist, oder führe ein Tagebuch, in dem du jeden Tag drei Dinge notierst, für die du dankbar bist, seien sie noch so winzig.

Glücksboost 6: Menschen sind soziale Wesen. Weshalb wir von einem **guten Netzwerk** psychisch sehr stark profitieren. Eine Studie der Psychologen James Fowler und Nicholas Christakis hat herausgefunden, dass wir glücklicher sind, wenn wir uns mit glücklichen Menschen umgeben. Ein Abend mit gut gelaunten Kolleginnen ist deshalb eine gute Idee, wenn du dich gerade down fühlst. Ebenso wie in der Nähe deiner besten Freundin zu wohnen, vor allem, wenn diese eine Stimmungskanone ist.

Glücksboost 7: Unschlagbar ist ein **Ausflug ins Grüne**. Aktivitäten wie Wandern und Radfahren können Stress, Depression und Angstgefühle lindern, wie viele Studien belegen. Eine davon stammt von der Stanford University in Kalifornien, hier fand Gregory Bratman mit seinem Team heraus, wie sich ein 50-minütiger Spaziergang in der Stadt oder in der freien Natur auf seine Probandinnen auswirkte. Obwohl sie relativ kurz in der Natur unterwegs waren, verspürten sie – im Gegensatz zu anderen, die durch die Stadt geschlendert waren – weniger Angst, grübelten nicht so viel und konnten sich bei der Arbeit später besser konzentrieren. Viele ähnliche Studien zeigen, wie heilsam die Natur für uns ist – und dass es daher in unserem ureigenen Interesse ist, sie zu schützen.

Und jetzt: Raus mit dir!

J wie Jenseits

Bei allem anderen sorgen wir vor, aber was das Sterben angeht, zögern wir den Gedanken gerne hinaus. Dabei will kaum jemand, dass sich die Liebsten über dem Erbe so in die Haare kriegen, dass sie nach der Testamentsvollstreckung nie wieder miteinander reden. Und die wenigsten von uns möchten den lieben Verwandten eine zugemüllte Wohnung hinterlassen oder ihnen in der schweren Zeit nach dem eigenen Tod einen Haufen Arbeit aufbürden.

Die Särge für eine Feuerbestattung bestehen etwa je nach Bauart und Kostenpunkt aus mehr oder weniger gutem Holz: Teils werden sie aus massiver Eiche oder Kiefer gefertigt, größtenteils bestehen sie aber aus furniertem Holz, das mit Formaldehydharz verklebt ist. Beim Verbrennen werden je nach Bauart mehr oder weniger Schadstoffe und Feinstaub frei. Diese werden zwar mit Filtern aufgefangen, aber auch die müssen fachgerecht entsorgt werden. Das Verbrennen verbraucht Energie und das Überführen der Leiche zum Krematorium und der Urne zum Friedhof verursacht Emissionen, selbst wenn die im Krematorium entstehende Wärmeenergie genutzt wird.

Die Erdbestattung ist gegenüber der Feuerbestattung etwas umweltfreundlicher, aber wenn ständig Leute im Sarg beerdigt werden, brauchen wir jede Menge Holz, das dann nur in der Erde verrottet: Würden alle gleichzeitig das Zeitliche segnen, bräuchten wir 1,75 Millionen Quadratkilometer Wald, um die Särge zu bauen, hat ein Bestatter errechnet. Ein lackierter Sarg mit Schmuckelementen ist besonders schlecht fürs Ökosystem, weil giftige Stoffe ans Erdreich abgegeben werden und ins Grundwasser gelangen können.

Längst gibt es etwa in Spanien und Italien grüne Ideen wie biologisch abbaubare Urnen, in denen sich außerdem Samen befinden, die nach der Beerdigung aufgehen. In England werden Särge aus Weidengeflecht angeboten, die allerdings ein wenig an Draculas Wäschekorb erinnern, und in Österreich gibt es die weltweit erste ökologische Feuerbestattung. Weitere Infos findest du unter: www.naturbestattung.at.

Aber es gibt einige Ideen, mit der eine Beerdigung nicht nur zu einem Blick zurück wird, sondern auch zu einem Moment, der über den Tod hinaus weist.

Beerdigung

Die meisten Beerdigungen sind standardmäßig geplant, weil alles schnell gehen muss. Darum beginnt nachhaltiges Sterben schon vor dem Tod.

Tipp 1: Wenn du dich selbst in die Lage versetzt hast, wie die Feier aussehen könnte, dann weißt du besser, was auf deine Verwandten zukommt, wenn sie dich beerdigen. **Auf Probe sterben** kannst du in Oberhausen, wo du deine eigene Beerdigung mit professionellen Klagenden erlebst.

Tipp 2: Beim ersten »Tag des guten Sterbens« im August 2021 konnten im Kölner Wandelwerk, einem sozialökologischen Zentrum im Stadtteil Ehrenfeld bei Livemusik, Kaffee und Kuchen Urnen angefasst und einer Bestatterin Fragen gestellt werden. Der Verwesungsexperte und »Herr der Maden« Dr. Mark Benecke zeigte einen Film, es fanden Vorträge und eine Vorsorgeberatung statt und man konnte im Sarg Probe liegen. Was eine Sterbeamme – also eine professionelle Sterbebegleitung – leistet und was ein Nahtoderlebnis ist, konnte man hier auf unverkrampfte Weise erfahren. Das Event erlaubte sozusagen, mit dem Tod auf Leichentuchfühlung zu gehen und mit anderen Menschen über das Unvermeidliche zu sprechen. Zur Nachahmung empfohlen! Wer den nächsten Tag des guten Sterbens nicht verpassen möchte, kann sich unter www.tagdesgutensterbens.de für den Newsletter eintragen und ist so immer up to date.

Tipp 3: Überleg dir das Angenehme zuerst: Auch beim Leichenschmaus kannst du auf ein Restaurant oder ein Catering achten, das nachhaltig und biozertifiziert ist – und das schon zu Lebzeiten kundtun.

Tipp 4: Regele deine Angelegenheiten, beschäftige dich mit deinem Tod – und der Zeit davor. Stelle einer vertrauenswürdigen Person eine **Vollmacht** aus oder hinterlege deine Wünsche bei einem Notariat, mach ein **Testament** und füll eine **Patientenverfügung** aus – eine Vorlage dafür findest du auf der Website des Bundesministeriums für Justiz und Verbraucherschutz.

Anne erzählt: Ich habe keine Angst mehr vor dem Tod, seit ich vor einigen Jahren als Fußgängerin von einem Auto angefahren wurde. Meine Lichter waren beim Aufprall auf der Motorhaube sofort ausgeknipst, und ich habe keine Erinnerung mehr an den Moment. Es hätte alles vorbei sein können – jeden weiteren Tag sehe ich seither als Bonus.

Das fand offenbar auch die Schriftstellerin, Humoristin und Schauspielerin Emily Levine. Ein Jahr bevor sie starb, hielt sie einen Vortrag, in dem sie erzählte, dass sie Lungenkrebs im fortgeschrittenen Stadium habe, und erklärte, wie man mit dieser Diagnose lebt: »Der einzige Rat, den ich Ihnen geben kann: Freunden Sie sich mit der Realität an.« Sie sagte, sie sei dankbar für alles, was sie habe und erleben durfte. Und sie begreife das Leben als Zyklus von Wachsen, Sterben und Wiedererblühen. Solche Gedanken finde ich hilfreich, um das Leben nicht ganz so ernst zu nehmen, über den eigenen Tod hinauszublicken und mir zu überlegen, was ich ökologisch hinterlassen möchte.

Blumenspenden

Zur Beerdigung wird oft schon in der Todesanzeige gebeten, von Kränzen und Blumenspenden abzusehen. Es kann ein tröstlicher Gedanke sein, stattdessen um eine Spende für eine nachhaltige oder soziale Organisation zu bitten, deren Ziele die Verstorbene unterstützt hätte.

Erbe

Im besten Fall gibst du mit warmer Hand, also noch zu Lebzeiten, sodass deine Erbinnen keine Steuern auf die Hinterlassenschaft zahlen müssen. So kannst du vieles auch noch so regeln, wie du es ethisch vertretbar findest. Du kannst auch schon jetzt festlegen, welchen Naturschutzverband oder welche Menschenrechtsorganisation du gerne testamentarisch bedenken möchtest. Dadurch verhinderst du auch, dass bei deinem Begräbnis die Familie schon zerstritten ist, weil jeder der Hinterbliebenen meint, zu wenig bedacht worden zu sein.

Friedhof

Alte Friedhöfe bieten vielen Tieren und Pflanzen freien Raum zur Entfaltung. Laut dem BUND gibt es gerade auf dem Totenacker oft seltene oder sogar bedrohte Arten, weil sie ruhig sind und oft einen alten Baumbestand und viele wilde Ecken besitzen. Gut für Farne und Blütenpflanzen, Vögel und Insekten, besonders für Wildbienen, die dort häufig vorkommen. Und viele Menschen lieben diese Orte, um dort spazieren zu gehen und die Stille zu genießen.

Für viele moderne Gräber wird jedoch der Boden versiegelt, oft ähnlich wie bei Schottergärten (siehe Seite 72), denn das ist nicht so pflegeintensiv wie Pflanzen auf dem Grab. Das stellt allerdings ein Problem für natürliche Flora und Fauna, fürs Klima und oft auch für die Leichen dar, die dann nicht richtig verwesen können.

Alternative 1: Das ist quasi **Ökobeerdigung light** – und gilt für alle Bestattungsformen. Ein klassischer Bestattungsplatz ist grüner, wenn die Menschen, die das Grab häufiger besuchen, es nicht zu weit haben. Optimal ist eine Stelle, die zu Fuß oder mit öffentlichen Verkehrsmitteln zu erreichen ist.

Der Grabstein sollte von einem lokalen Unternehmen stammen, das ihn aus einem nahegelegenen Steinbruch hat – oder er sollte sogar recycelt sein. Natursteine halten in der Regel nämlich länger als die Ruhefrist. In vielen Fällen werden sie zerstört und als Schotter für den Straßenbau verwendet, aber das ist für hochwertige Steine eigentlich Quatsch. Inzwischen werden Grabsteine immer öfter umgearbeitet und wieder als Grabmal verwendet. Wie dies aussehen kann, zeigt unter anderem der gemeinnützige Verein Aeternitas e. V. auf seiner Website, wo sich viele Infos zu zeitgemäßer Bestattungskultur finden.

Alternative 2: Wähle einen **Naturfriedhof**, wo das Grab für eine Weile mit einem Holzschild markiert wird, das dann aber im Laufe der Zeit zerfällt.

Alternative 3: Suche eine **Baumbestattung oder einen Friedwald** aus. Der Leichnam wird bei der Baumbestattung im Wurzelwerk beigesetzt, wobei auch mehrere Tote an einem Baum beerdigt werden können. Allerdings muss der Verstorbene dafür kremiert werden, die Asche kommt in eine biologisch abbaubare Urne. Die Stelle der Beisetzung wird registriert und es wird eine kleine Tafel angebracht, damit die Angehörigen sie wiederfinden. Neben der Baumbestattung auf dem Friedhof gibt es auch immer mehr säkulare Friedwälder, also Waldflächen, die für die Bestattung bereitgestellt werden.

Grabbepflanzung

Wähle keine Grabplatte oder gar Kies, sondern eine Bepflanzung mit heimischen Gewächsen, ähnlich wie beim Gartengrün (siehe Seite 78). Sie sollte im besten Fall langlebig und winterfest sein, da sie dann Teil des Ökosystems wird und weniger Wasser benötigt. Am besten auf regionale und pflegeleichte Arten achten, Efeu und kleine Sträucher bieten auch Friedhofsbewohnern wie Eichhörnchen, Spitzmäusen oder Insekten ein Versteck, Blütenstauden locken Schmetterlinge und Bienen an. Es gilt das, was auch im eigenen Garten wichtig ist – von der Gartenerde bis zur Schädlingsbekämpfung (siehe ab Seite 72).

Grabgestecke

Am nachhaltigsten ist es, ein Gesteck zu nehmen, das sich am Ende in seine Einzelteile zerlegen und entsorgen lässt, es sollte eine natürliche Basis haben und kein Plastik oder Schaumgummi enthalten. Als Schmuck bieten sich eher natürliche Materialien wie Zapfen oder Beeren an.

Letztes Hemd

Wähle ein letztes Hemd oder Leichentuch aus Naturfasern.

Fast überall in Deutschland (außer in Rheinland-Pfalz, Sachsen und Sachsen-Anhalt) ist es übrigens inzwischen erlaubt, dich ohne Sarg beerdigen zu lassen. Hamburg hat 1998 als erstes Bundesland die Sargpflicht aufgehoben, weil es ein islamischer Brauch ist, Verstorbene in Tüchern zu beerdigen, und man Musliminnen die Möglichkeit geben wollte, ihre Toten angemessen zu bestatten.

Sarg

Für eine Erdbestattung ist in Deutschland bisher nur Holz als Sargmaterial zugelassen, alles andere braucht eine Sondergenehmigung. Dennoch gibt es Särge mit FSC-Siegel, ohne Lackierung und Kunststoffe sowie Urnen aus sich rasch zersetzendem Material wie Maisstärke. Umweltfreundlicher für die Kremation sind Särge aus Pappe. Informiere dich bei dem Bestattungsunternehmen deiner Wahl, was sie anbieten.

K wie Kosmetika

Kosmetik ist eine feine Sache, und Bettina ist ein wahrer Kosmetikfan. Doch dank ihrer Nichte, die Chemie studiert, weiß sie auch, dass die wenigsten Cremes halten, was sie versprechen. Abgesehen davon, dass sie Falten und Pickeln nicht wirklich zu Leibe rücken, sind viele Cremes mit Kunststoff angereichert, der über den Abfluss im Meer landet. Dort wird er von Tieren gefressen und landet über die Nahrungskette schlussendlich wieder bei uns selbst (siehe Seite 83).

Allein in Deutschland gelangen jährlich etwa 330 000 Tonnen primären Mikroplastiks in die Umwelt. Das sind Plastikteile, die Produkten wie Kosmetika oder Reinigungsmitteln bewusst beigefügt werden, etwa um bei Peelings den Schleifeffekt zu verstärken. Hinzu kommt das sekundäre Plastik, das durch die Nutzung von Autoreifen oder das Waschen von synthetischen Fasern freigesetzt wird, und sichtbare Plastikteile (Makroplastik) wie Tüten oder Verpackungen.

Aus diesem Grund hat Bettina ihren Kosmetikfundus mittlerweile auf eine Creme reduziert und stellt ihre Peelings selbst her. Wie das geht, erfährst du hier!

Bodylotion & Handcreme

Wenn wir im Supermarkt vor dem Regal mit den Bodylotions und Handcremes stehen, wissen wir vor lauter Überangebot manchmal gar nicht, welche der 100 Sorten wir kaufen sollen. Sheabutter oder doch lieber Aloe Vera? Eine Lotion mit Vanilleduft oder die beruhigende Lavendelcreme? Nach einem Blick auf die Zusatzstoffe sind wir auch nicht schlauer als zuvor, denn die wenigsten von uns sind wie Bettinas Nichte in der Lage, die chemischen Stoffe aufzuschlüsseln. Doch keine Sorge. Wir erklären dir knapp und unkompliziert, wie du deinen Körper umweltfreundlich und chemiefrei umsorgst.

Alternative 1: Benutze statt herkömmlicher Kosmetik Naturkosmetik. Die gibt es inzwischen in jedem gut ausgestatteten **Drogeriemarkt**, manche haben sogar eine Hausmarke für Naturkosmetik, die von *Ökotest* zumeist gut bewertet wird – achte hier auch auf das Green-Brands-Siegel und darauf, dass es möglichst lokal hergestellt ist und kein Palmöl enthält.

Alternative 2: Selbermachen! Das hört sich komplizierter an, als es ist. In vielen Unverpacktläden und auf Ökomärkten wie dem Green Market in Berlin kannst du kleine Sets zum Selbermachen deiner Creme kaufen. Dank der Anleitung, die gleich mitgeliefert wird, geht bei der Herstellung nichts schief.

Oder du probierst einfach dieses Rezept für **Bodylotion** aus.

UND SO GEHT'S:

Du brauchst: Sheabutter, Jojoba-, Kokos- oder Mandelöl. Das Verhältnis Sheabutter zu Öl sollte etwa 4:1 betragen.

1. Schmilz die Sheabutter im Wasserbad.
2. Gib das Öl dazu, sobald sie aufgelöst ist.
3. Wenn du magst und es gut verträgst, träufele noch 2 Tropfen ätherisches Öl in deinem Lieblingsduft dazu.

   Schütte die Mischung in ein steriles Glasgefäß (siehe Seite 243) und lass sie abkühlen.

Alternative 3: Eine weitere gute Alternative für aufwendig verpackte Bodylotions oder Cremes ist feste Körperbutter, auch Lotionbar oder feste Körperbutter genannt. Die gibt es in jedem Unverpacktladen zu kaufen und inzwischen schon bei der ein oder anderen Drogeriekette – da solltest du allerdings besonders auf die Inhaltsstoffe achten, sodass kein Palmölprodukt in deinem Einkaufskorb landet. Die Körperbutter sieht aus wie eine Seife und hinterlässt beim Reiben auf der Haut einen sanften Butterfilm. Lotionbars sind sehr sparsam in der Anwendung und in Sachen Umwelt eine Topalternative zu herkömmlichen Cremes, da sie ohne Verpackung und fiese Zusatzstoffe auskommen.

Alternative 4: Sheabutter kannst du auch in reiner Form kaufen, selbst im Reformhaus gibt es sie. Sie stammt aus der Frucht des afrikanischen Karitébaums und hat daher einen weiteren Weg zurückgelegt. Also sparsam verwenden! Sheabutter ist fest in der Konsistenz und schmilzt wie die Lotionbars auf der Haut. Bitte unbedingt darauf achten, dass du unraffinierte und zertifizierte Sheabutter benutzt.

Bettina erzählt: Ich liebe alles, was mit Kosmetik zu tun hat. Weshalb ich zum Geburtstag von meinen Freundinnen auch gerne Bodylotion, Shampoo und Gesichtsmasken geschenkt bekomme. Damit ich meiner Leidenschaft für die Kosmetik ohne schlechtes Gewissen frönen kann, habe ich meine Freundinnen gebeten, mir Gutscheine für einen Unverpacktladen zu schenken. Denn dort kann ich Zutaten kaufen, um meine Kosmetik ganz leicht selber zu machen.

Deo

2019 wurden in Deutschland insgesamt 255 Millionen Aerosol-Deospraydosen verkauft. Eine ganz schöne Menge, oder? Ganz weglassen möchten wir Deo allerdings selbst aus Umweltgründen nicht – das leuchtet sicher unmittelbar ein. Ein Grund, sich einen Ersatz zu suchen, sind die Verpackungen: Unterarmroller oder Pumpdosierer sind teilweise oder ganz aus Plastik, Spraydosen meist aus Aluminium. Viele Deos enthalten neben schädlichen Zusatzstoffen auch Mikroplastik. Und in den meisten Deos, auf denen du das

Wort »Antitranspirant« oder »Antiperspirant« entdeckst, steckt außerdem Aluminium. Die häufig verwendeten Aluminiumsalze sind meist als Aluminium, Chlorohydrate oder Aluminiumchlorid gekennzeichnet. Sie stehen in Verdacht, krebserregend zu sein, wenn wir sie über die Haut aufnehmen. Eine Studie des Instituts für Risikobewertung aus dem Jahr 2020 ergab, dass sie zwar weit weniger schädlich zu sein scheinen, als viele denken – aber du möchtest bestimmt lieber auf Nummer sicher gehen.

Alternative 1: In fast jedem Drogeriemarkt, aber auch im Reformhaus oder im Biomarkt findest du **Cremedeos.** Viele davon stecken in Weißblechdosen oder Glastiegeln, deren Herstellung nicht ganz so energieaufwendig ist wie die von Alu und deren Entsorgung nicht so problematisch ist wie Plastik.
Besser noch: Achte auf regionale Herstellung und vegane Inhaltsstoffe, dann ist dein Cremedeo am besten. Wer empfindliche Haut hat, sorgt dafür, dass das Cremedeo kein Natron enthält, denn die Lauge könnte die empfindliche Haut in der Achselhöhle reizen.

Alternative 2: Cremedeo einfach selbst herstellen.

UND SO GEHT'S:

Du brauchst: Natron, Kartoffel- oder Maisstärke, Kokosöl, bei Bedarf Karnaubawachs und ein ätherisches Öl.

1. Als Erstes vermische 2 Teelöffel Natron mit 2 Teelöffeln Kartoffel- oder Maisstärke.
2. Erwärme 3 Teelöffel Kokosöl im Wasserbad, bis es flüssig ist, und rühre es nach und nach in die Mischung ein, bis eine streichfähige Paste entsteht. (2 Gramm verflüssigtes Karnaubawachs erhöhen außerdem die Geschmeidigkeit deines Deos, sind aber nicht unbedingt nötig.)
3. Für den Duft kannst du einige Tropfen ätherisches Öl (zum Beispiel Orange oder Zitrone) beimischen, wenn du dieses gut verträgst.
4. Fülle die Creme in den gebrauchten Tiegel deines letzten Deos.
5. Lass dein neues Cremedeo im Kühlschrank aushärten.

Grundsätzlich gilt: Je mehr Stärke, desto härter, je mehr Kokosöl, desto cremiger. Im Sommer im Kühlschrank aufbewahren, da Kokosöl bei höheren Raumtemperaturen flüssig wird.

Ohne Natron und als Pumpspray geht's übrigens auch.

UND SO GEHT'S:

Du brauchst: Alkohol, Wasser, eine alte **Pumpsprayflasche** und ein **ätherisches Öl**.

1. Gib 50 Milliliter Alkohol (mindestens 40-prozentig) mit 50 Millilitern Wasser (am besten, du nimmst destilliertes) und 15 Tropfen ätherisches Öl in einen Mixer.
2. Quirle das Ganze auf höchster Stufe kurz durch.
3. Fülle alles in eine alte Pumpsprayflasche.

Duschgel

Es gibt nichts Schöneres, als nach einem langen anstrengenden Tag unter der Dusche zu stehen, sich das Wasser über den Kopf laufen zu lassen und den Schweiß des Tages mit einem gut riechenden Duschgel abzuseifen. Zumindest in der Theorie. Viele der herkömmlichen Duschgels enthalten nämlich Duft- und Konservierungsstoffe, die den Schutzfilm der Haut angreifen. Das ist gerade bei Menschen, die trockene Haut haben und zu Allergien neigen, fatal. Aber es gibt eine sehr simple Alternative!

Alternative: Statt deinen Gelben Sack mit lauter leeren Duschgelflaschen zu füllen, kauf dir lieber eine gut riechende **pflanzliche Seife**. Das hat schon bei unseren Großeltern gut funktioniert. Wenn du eine Naturseife kaufst, kannst du sicher sein, dass sie nur aus Inhaltsstoffen natürlichen Ursprungs besteht. Wichtig: Lieber eine Seife auf Basis von europäischem Olivenöl als von verseiftem Palm- oder Kokosöl (in den Inhaltsstoffen leicht zu entdecken, wenn du nach den Begriffen Palm oder Coco in verschiedenen Abwandlungen schaust – oder ganz einfach herauszufinden mit Apps wie »Produkte ohne Palmöl«, »CodeCheck« oder »Yuka«). Für Allergikerinnen ist unbeduftete milde Seife eine simple und gute Alternative zu parfümierten Duschcremes oder -gelen. Viele Firmen bieten mittlerweile auch feste Duschseife an, bei der du aber unbedingt auf die Inhaltsstoffe achten solltest. Damit die Seife nicht lose in der Dusche herumliegt und zur Rutschgefahr wird, sollest du sie in eine kleine Schale legen oder dir ein Seifensäckchen besorgen. Die gibt es in Unverpacktläden und Drogeriemärkten. Seife ins Säckchen legen, zubinden, mit Wasser befeuchten und reiben, schon beginnt sie zu schäumen – ein leichtes Hautpeeling gibt's gratis obendrauf.

Gesichtsmasken & Peelings

Peelings erfreuen sich immer größerer Beliebtheit. Sie sind nicht nur gut für die Haut, sondern geben uns auch das Gefühl, dass wir uns etwas Gutes zu tun. In der Sauna sind sie eine ganz besonders feine Sache, denn durch die Hitze werden die Poren geöffnet und die Wirkstoffe können leicht in die Haut eindringen. Leider sind sehr viele industriell hergestellte Peelings nicht gut für die Haut, und trotz der Debatte, die es in den letzten Jahren zum Thema Mikroplastik gab, wird es noch immer als Schleifmittel in Peelings eingesetzt. Mit verheerenden Folgen, (siehe Seite 83).

Noch häufiger wird bei der Produktion von Kosmetika auf Kunststoffe in Form von flüssigen, gelösten oder geleeartigen Polymeren zurückgegriffen. Diese synthetischen Polymere bleiben lange stabil und sind laut NABU ebenfalls eine Belastung für die Umwelt. Viele der Gesichtsmasken, die wir uns als Schönheitsritual ins Gesicht schmieren, enthalten ebenfalls synthetische Polymere.

Von dem Verpackungsmüll, den wir mit dem »Urlaub für unsere Haut« produzieren, ganz zu schweigen – oft werden Masken und Peelings sogar als Einzelportionen in kleineren Sachets aus Plastik verkauft. Deshalb haben wir hier einige kostengünstige und simple Alternativen für dich zusammengestellt, mit denen du nicht nur deiner Haut, sondern auch der Umwelt etwas Gutes tust.

Alternative 1: Greif bei Peelings und Gesichtsmasken immer auf **Naturkosmetik** zurück. Diese ist in jedem Fall frei von Mikroplastik, das auf Erdöl basiert. Damit ist schon sehr viel gewonnen!

Alternative 2: Selbermachen! Das ist nicht nur unglaublich simpel, sondern spart auch jede Menge Geld. Bettina ist ein echter Masken- und Peeling-Fan und verrät dir an dieser Stelle ihre absoluten Favoriten:

KAFFEE-PEELING

UND SO GEHT'S:

Du brauchst: Etwa **3 Esslöffel gemahlenen Kaffee, 2 bis 3 Esslöffel Zucker** und **1 bis 2 Esslöffel Öl.** Je nachdem, was bei dir in der Küche steht oder was du magst, kannst du auf ganz normales Olivenöl oder auf Mandel- oder Jojobaöl zurückgreifen. Alles in ein Einmachglas schütten, mit einem Löffel durchmischen. Voilà, fertig ist dein Peeling!

Kleiner Tipp: Das Peeling nach Fertigstellung noch einmal ordentlich durchschütteln, damit es am Ende nicht ein Riesenpeelingklumpen wird.

KOKOS-ZUCKER-PEELING

UND SO GEHT'S:

Du brauchst: Kokosöl, Zucker oder Salz und Olivenöl.

1. Erhitze für das Peeling 2 bis 3 Esslöffel Kokosöl bei leichter Wärme.
2. Gib 3 bis 4 Esslöffel Zucker dazu. Alternativ kannst du anstelle des Zuckers auch **Salz** verwenden.
3. Wenn du magst, füge noch einen Schuss Olivenöl hinzu.
4. Schütte das Peeling in ein Einmachglas und lass es auskühlen.

Das Kokos-Zucker-Peeling macht die Haut geschmeidig. Das Kokos-Salz-Peeling wirkt entzündungshemmend und ist bei unreiner Haut der Hit.

Vorsicht: Lass das Peeling nicht in die Augen kommen. Und wenn du dir gerade eben erst die Beine rasiert hast, könnte es brennen!

Wenn du nur **Zucker** und **Olivenöl** hast, ist das – vor allem unter der Dusche – ein hervorragendes Peeling, das gleichzeitig am Ende des Duschgangs die Haut seidenweich macht. Je mehr Zucker oder Salz du nimmst, umso stärker ist der Peelingeffekt.

HEILERDE-GESICHTSMASKE

UND SO GEHT'S:

Heilerde gibt es in jedem gut sortierten Drogeriemarkt. Einfach die Heilerde mit Wasser vermischen und fertig ist die Maske. Je nachdem, ob du lieber eine festere oder flüssigere Konsistenz magst, weniger oder mehr Wasser hinzufügen. Heilerde hat eine klärende Wirkung und ist das ideale Helferlein bei fettiger und unreiner Haut. Wenn du zu trockener Haut neigst, kannst du auch noch einige Tropfen Olivenöl dazugeben.

Tipp: In einem Einmachglas mit einer Schleife drumherum ist ein solches Peeling ein prima Geschenk. Vorsicht – manche Menschen reagieren allergisch auf bestimmte Zutaten. Daher immer draufschreiben, was drin ist!

Das Label »frei von Mikroplastik« ist nur auf den ersten Blick eine gute Hilfe. Leider gibt es noch keine allgemeingültige Definition von Mikroplastik, und so verstehen viele Unternehmen darunter nur feste Plastikteile, die kleiner als 5 Millimeter sind. Gelöste, geleeartige und flüssige Polymere aus Synthetik werden in den seltensten Fällen einbezogen. Umweltschutzorganisationen warnen vor Polymeren und sprechen sich dafür aus, dass auch diese als eine Form von Mikroplastik anerkannt werden. Deshalb ist unser Rat: Verzichte, wo immer es möglich ist, auf den Gebrauch von synthetischen Polymeren.

Pickel

Wir alle haben sie, keiner mag sie: Pickel. Denn sie sehen nicht nur unschön aus, sondern tun in einigen Fällen richtig weh. Die gute Nachricht ist: Sie gehen im Normalfall ganz von allein wieder weg. (Akne hingegen ist eine entzündliche Hauterkrankung, die medizinisch behandelt werden sollte.)

Leider sind wir häufig viel zu ungeduldig und fangen deshalb an, an unserer Haut herumzudrücken. Das ist keine gute Idee. Denn nachdem wir die kleinen roten Punkte mit unseren Fingern bearbeitet haben, sehen sie meist schlimmer aus als zuvor. Das weiß auch die Kosmetikindustrie. Deshalb gibt es zahlreiche Produkte, die uns dabei helfen wollen, die unbeliebten Pickel und Mitesser so schnell wie möglich aus unserem Gesicht zu tilgen. Leider wird bei der Produktion dieser vermeintlichen Wundermittelchen wie bei allen anderen Kosmetika auf Mikroplastik und synthetische Polymere zurückgegriffen (siehe Seite 113).

Tipp 1: **Teebaumöl** hilft unter anderem gegen Pickel. Am besten vor dem Schlafengehen anwenden und nie unverdünnt, da es dann die Haut reizen und Allergien auslösen kann, sondern mit etwas Wasser vermischt auf die unschöne Stelle träufeln.

Tipp 2: Durch ein Dampfbad öffnest du die Poren, tiefliegende Entzündungen kommen an die Oberfläche. Gib heißes Wasser in eine große Schüssel, beuge dich darüber und leg dir ein Handtuch über den Kopf. Neige den Kopf nicht zu tief über den Topf, sonst verbrennst du dein Gesicht. 10 Minuten sind schon hilfreich – gleichzeitig reinigst du damit auch deine Atemwege.

Wenn du magst, kannst du Rosenblüten oder einen Teebeutel Kamillentee beziehungsweise Kamillenextrakt (aus der Apotheke) ins Wasser geben.

Backpulver wird oft als DIY-Maske angepriesen, womöglich noch in Kombination mit Zitronensaft. Backpulver kann aber durch die Lauge den PH-Wert deiner Haut verändern und ist nicht empfehlenswert. Gemischt mit einer Säure wie Zitronensaft handelst du dir womöglich Verätzungen ein.

Tipp 5: Du konntest die Finger doch nicht von dem Pickel lassen? Creme die Stelle über Nacht mit **Zinksalbe** ein. Das unterstützt die Heilung! **Azulen-Paste** ist bei aufgekratzten Pickeln ebenfalls der Knaller.

Shampoo, Conditioner & Haarkur

So locker und leicht, wie Haare in Werbespots fallen, tun sie es bei uns Ottilie Normalverbraucherinnen nur nach dem Friseurbesuch. Spätestens nach dem Aufstehen sehen unsere Haare wieder so aus, wie wir sie kennen: strähnig, verwuschelt, verfilzt, überhaupt nicht in Form. Umso verführerischer sind die zahlreichen Haarprodukte, die uns schnell und unkompliziert »total repair«, »big, bigger, blush hair« und einen »salon effect« versprechen. Wir sind es uns ja wert.

Nur leider sind viele dieser Produkte nur halb so gut für unsere Haare, wie sie es vorgeben: Viele herkömmliche Haarprodukte wie Shampoo, Conditioner und Haarkuren enthalten Silikon, das sich geschmeidig ums Haar legt, wodurch sie im ersten Moment ganz wunderbar glatt werden und glänzen. Langfristig lassen Silikone unsere Haare jedoch leider lasch und fettig werden. Und Silikon hat schlechte Auswirkungen auf die Umwelt: 2018 wurde die Verwendung dreier Siloxane verboten, da sie den besorgniserregenden Stoffen zuzuordnen sind. Davor wurden sie jahrelang bei der Produktion von Kosmetika verwendet. Vom Verpackungsmüll, den wir mit unserer Haarpflege anrichten, ganz zu schweigen. Gründe genug, um auf verpackungsfreie natürliche Produkte zurückzugreifen.

Alternative 1: Feste Shampoos und Haarseifen sind genauso wirksam wie flüssige Produkte in der Plastikflasche. Du bekommst sie inzwischen in fast jedem Drogeriemarkt. Manche Marken haben sogar einen festen Conditioner im Angebot. Ein weiterer großer Vorteil von festen Shampoos ist, dass viele von ihnen auf Farb- und Duftstoffe verzichten. Achtung! Auch hier können sich fiese Zutaten verstecken – am besten Bioprodukte kaufen oder Apps wie »CodeCheck« oder »Yuka« benutzen.

Alternative 2: Natürlich selber machen! Gerade bei Haarkuren bietet sich das an. Zum Beispiel einfach ein bisschen Sheabutter über Nacht in die Haare kneten. Kokosöl kannst du sehr gut als Conditioner-Ersatz benutzen. Einfach 1 Teelöffel nach dem Waschen in der Hand verteilen und dann in die Haare einmassieren. Einwirken lassen und danach wie gewohnt mit Seife ausspülen. Bettinas Tochter schwört auf das gute alte Olivenöl als Nachttreatment. Gerade als Retterlein gegen Spliss ein wahres Wunder.

Alternative 3: Da Haarseife eine Lauge ist, solltest du deine Haare mit Leitungswasser nachspülen, in das du einen Schuss Apfelessig gegeben hast. Macht die Haare superweich und glänzend – und der Essiggeruch verfliegt spätestens beim Fönen.

Alternative 4: **Lockenköpfe** können sich einen eigenen Conditioner aus Leinsamen herstellen. Hierzu einfach 1 Esslöffel Leinsamen mit 500 Milliliter kochendem Wasser übergießen und über Nacht stehen lassen. Anschließend durch ein Sieb streichen und den aufgefangenen Leinsamen-Conditioner in eine Glasflasche umfüllen. Nach dem Waschen aufs Haar geben, das Haar kämmen oder bürsten – fertig. Der Conditioner muss nicht ausgespült werden und kann seine Wirkung so auch nach der Haarwäsche perfekt entfalten. Die Leinsamen versorgen die Locken mit Feuchtigkeit, Vitaminen und Omega-3-Fettsäuren. Ein wahres Naturwunder gegen Frizz.

Tampons und Binden

Jeder menstruierende Mensch verbraucht in seinem Leben im Schnitt 16 800 Tampons oder Binden. Gerade bei Obdachlosen oder Menschen, die von der Grundsicherung leben, machen 3 Euro für eine Packung Tampons einen entscheidenden Unterschied. Der gemeinnützige Verein Periodensystem e. V. versucht aus diesem Grund, gegen die Periodenarmut anzukämpfen.

Doch der Preis der Produkte ist nur eins der Probleme, über die im Zusammenhang mit der Periode viel zu selten gesprochen wird. Ein weiteres ist der Müll, den wir mit dem Verbrauch von Tampons und Binden ungewollt produzieren. Zudem bestehen diese Hygieneartikel meist aus der Chemiefaser

Viskose und sind bisweilen sogar noch mit einem Kunststoffvlies umhüllt für die Stabilität und Auslaufsicherheit. Dabei gibt es jede Menge einfache und simple Alternativen, mit denen die Periode nachhaltig gestaltet werden kann. Sie sind genauso wirkungsvoll und mitunter sogar besser als Tampons und Binden!

Alternative 1: Wer nicht sofort auf seine gewohnten Hygieneprodukte verzichten will, kann als Erstes auf Biotampons und -binden zurückgreifen. Die sind zwar meist aus Biobaumwolle, deren Anbau und Wasserverbrauch nicht gerade dafür spricht, dass man sie für ein Wegwerfprodukt verwendet, und sie landen nach dem Gebrauch auch im Müll – aber sie bestehen immerhin aus Naturmaterialien und verzichten auf Plastik und schädliche Zusatzstoffe. Das ist gerade deswegen wichtig, weil ein Tampon oder eine Binde in direktem Kontakt mit den Schleimhäuten steht.

Alternative 2: Menstruationstassen sind nicht nur frei von schädlichen Inhaltsstoffen, sondern durch die Wiederverwendung auch extrem nachhaltig. Ein solch biegsames Gefäß wird beim Einführen in die Vagina zusammengedrückt und dehnt sich im Innern wieder zu seiner Originalgröße aus. Im Gegensatz zu Binden oder Tampons fängt die Menstruationstasse die Flüssigkeit auf und wird je nach Bedarf und Stärke der Blutung ausgeleert. Danach spülst du sie mit klarem Wasser aus und führst sie wieder ein.

Die richtige Größe zu finden, kann gerade am Anfang etwas kniffelig sein. Doch wenn du die richtige Größe erst einmal gefunden hast, ist es sehr einfach und komfortabel. Und die Tasse fängt eine Menge Blut auf, muss also seltener ausgeleert werden, als du Tampons wechseln würdest. Einige Cups fassen die Menge von bis zu drei Super-Plus-Tampons!

Wenn du viel unterwegs bist und du nicht weißt, ob du deinen Cup richtig auswaschen kannst, nimm einen zweiten mit und wische den ersten nur mit Toilettenpapier aus. Ein weiterer Vorteil der Tassen ist, dass du nicht darauf angewiesen bist, für den Notfall weitere Binden oder Tampons dabeizuhaben oder kaufen zu können.

Obacht: Die Tasse verrutscht nicht, weil sie sich durch den Unterdruck in der Vagina festsaugt. Um sie herauszuholen, solltest du nicht wie wild am Rückholring zerren. Das kann deine Schleimhaut verletzen, du riskierst eine Entzündung. Immer behutsam an der Seite eindrücken, bis der Rand einknickt und du sie ohne Widerstand herausholen kannst.

Alternative 3: Waschbare Binden oder Menstruationsschwämme kannst du ebenso wie Menstruationstassen wiederverwenden. Immer daran denken, den Schwamm gründlich zu reinigen, indem du ihn über Nacht in **eine Lösung aus** einem Teil Essig und zwei Teilen Wasser einlegst. Allerdings bestehen Menstruationsschwämme aus Naturschwamm, der viel bessere Zwecke im Meer erfüllt (siehe Seite 96). Die waschbaren Binden kannst du ebenso wie Periodenunterwäsche einfach in die Waschmaschine stecken, aufhängen, trocknen und schon sind sie wieder einsatzfähig.

Periodenunterwäsche ist megapraktisch und gerade für Teenagerinnen, die noch nicht so vertraut mit dem Umgang mit Tampons oder der Menstruationstasse sind, eine prima Sache. Eigentlich. Das Problem ist allerdings, dass die Höschen nur bei maximal 40 Grad gewaschen werden dürfen. Dadurch kann ein Nährboden für Keime entstehen. Zudem arbeiten viele Herstellungsunternehmen mit Bioziden und einem Materialmix, der nicht recycelbar ist. Eine tolle Idee, die allerdings, bevor wir mit gutem Gewissen darauf zurückgreifen können, in der Herstellung und Nutzung noch verbessert werden muss.

Zahnbürste und Zahnpasta

Gute Zähne sind etwas Schönes, deswegen sollten wir sie pflegen. Nicht nur, weil wir uns damit teure zahnmedizinische Prozeduren ersparen, sondern auch, weil wir mit gesunden Zähnen hoffentlich noch lange Zeit problemlos alles essen und zermahlen können.

Um die Zähne sauber zu halten, braucht es, na klar, eine ordentliche Zahnbürste, die für gewöhnlich aus Plastik besteht. Und auch Zahnpasta kommt in einer Plastiktube daher. Häufig stecken die Tuben zudem noch in einem buntbedruckten Pappkarton, damit sie im Laden besser gestapelt werden können. Somit produzieren wir bei der Gebisspflege jede Menge Müll. Und wie bei anderen Pflegeprodukten auch stecken in Zahnpasta häufig Problemstoffe wie synthetische Polymere (siehe Seite 118) und das für die Schleimhäute aggressive Tensid Natriumlaurylsulfat. Laut *Ökotest* 2021 sind 13 von 50 getesteten Zahnpasten »mangelhaft« oder »ungenügend«.

Alternative 1: Die simpelste Alternative für die herkömmliche Zahnbürste ist eine Plastikzahnbürste mit Wechselkopf, die es in jedem Drogeriemarkt gibt. Damit sparst du den Plastikgriff und reduzierst deinen Müll beträchtlich.

Alternative 2: Noch besser ist es, wenn du dir eine Zahnbürste aus Holz oder Bambus zulegst. Die Borsten bestehen dabei meist aus Rizinusöl, sind aber nicht kompostierbar und müssen über den Hausmüll entsorgt werden.

Alternative 3: Zahnputztabletten sind etwas gewöhnungsbedürftig, weil man sie wie ein Kaugummi vorkaut. Nach mehrmaligen Gebrauch gewöhnt man sich an das abendliche Ritual. Deshalb einfach ausprobieren. Gibt es in jedem Drogeriemarkt zu kaufen, sogar in plastikfreier Verpackung.

Die deutsche Gesellschaft für Präventivzahnmedizin rät vom Gebrauch selbst gemachter Zahnpasta ab. Gerade Fluorid, das in jeder herkömmlichen Zahnpasta zu finden ist, sei ein entscheidender Faktor für die Gesundheit. Auch Natron eignet sich dafür nicht, obwohl dies hin und wieder behauptet wird. Denn wenn du keine Echse bist, wirst du nach einiger Zeit feststellen, dass deine Haut sich rötet und sich Quaddeln bilden. Im schlimmsten Fall wird das Zahnfleisch sogar wund und geht zurück. Beim Zähneputzen mit Natron schleift das Natriumhydrogencarbonat außerdem mit der Zeit den schützenden Zahnschmelz ab. Deshalb ist es gar keine gute Idee!

wie Lebensmittel

Im besten Fall sehen Lebensmittel für viele aus wie aus dem Bilderbuch: Bananen krümmungsgenormt, Mirabellen ohne Dellen, Karotten, die strammstehen wie die Zinnsoldaten. Wir wurden meist von klein auf dran gewöhnt, dass Obst und Gemüse, Fleisch, Käse und Eier aussehen, als ob sie nicht von Tieren oder vom Feld stammten – möglichst gleich, möglichst makellos.

Die Auslagen in den Supermärkten unterstützen den Glauben, unser Essen müsse steril, in Einheitsgrößen genormt und fehlerlos zu uns kommen und möglichst so aussehen, als hätte das Ei niemals das Innere eines Hühnerpopos gesehen.

Durch Reportagen im Fernsehen oder Berichterstattungen in der Zeitung haben zwar viele von uns ein ungutes Gefühl, dass die wie geleckt aussehenden Lebensmittel voller Mikroplastik, Düngemittel und Pestiziden stecken. Wir wissen, dass Tiere für unser Essen gequält werden und dass wir zu viel des Guten wegwerfen.

Was dennoch für die meisten zählt, ist der Preis. In Deutschland wendeten die Menschen 2020 laut der Statistikbehörde Eurostat 12 Prozent ihrer Konsumausgaben für Lebensmittel auf. Dies zeigt auch den Stellenwert von Nahrung hierzulande, denn Deutschland liegt mit diesen Ausgaben europaweit unter dem Durchschnitt von 14,8 Prozent – genauer gesagt im unteren Drittel. Dabei könnten wir sogar Geld sparen, wenn wir nicht so viel wegwerfen würden.

Doch unser achtloser Umgang mit Lebensmitteln schröpft unsere Haushaltskasse und kurbelt gleichzeitig den Klimawandel und das Artensterben an: Laut der aktuellen WWF-Studie »Driven To Waste« ist die Lebensmittelverschwendung durch den Anbau, die Verluste vor und während der Ernte, die Produktion und den Transport der weggeworfenen Lebensmittel ausgesprochen schadhaft: So entstehen ganze 10 Prozent aller Treibhausgasemissionen. Und während die einen wegwerfen, haben die anderen nicht genug: Wie der UN-Report »Die Situation der Nahrungssicherheit und Ernährung in der Welt« feststellt, leiden weltweit rund 690 Millionen Menschen an Hunger.

Gäbe es keine Verschwendung, könnten nach Schätzungen der FAO 2 Milliarden Menschen mehr satt werden. Der Soziologe Daniel Kofahl hat untersucht, warum wir so viel wegwerfen. Einer der Gründe sei, dass wir den Druck verspürten, uns besonders gesund zu ernähren, wenn wir schon so viel Stress bei der Arbeit haben. Und wir können es nicht ertragen, wenn ein Lebensmittel nicht mehr frisch aussieht, weil es uns vor Augen führt, dass wir unsere eigene Erwartung nicht erfüllt haben.

Unsere Großmütter und Großväter wären vermutlich entsetzt.

Sparsamer Umgang mit Lebensmitteln zeugt von Respekt und spart Geld. Wenn wir das für gesündere, ökologisch produzierte Lebensmittel einsetzen, ist das aktiver Klimaschutz, weil ökologischer Landbau laut NABU 64 Prozent weniger fossile Energien einsetzt und 62 Prozent weniger CO_2 ausstößt als die konventionelle industrielle Landwirtschaft. Ganz davon abgesehen, dass keine giftigen Stoffe wie Pestizide, synthetische Düngemittel und Herbizide zum Einsatz kommen, die für die Verbraucherinnen am Ende schädlich sein können. Ein Bonus: Die Produkte haben durch den nährstoffreicheren Boden und die natürliche Anbauweise mehr Geschmack und Ernährungswert. Um diese Ernährungswende einzufordern, brauchen wir breiten zivilgesellschaftlichen Protest. Du kannst dafür zum Beispiel jedes Frühjahr während der Grünen Woche in Berlin unter dem Motto »Wir haben es satt« mit Tausenden anderen Menschen demonstrieren. Und jedes Mal beim Einkaufen zeigen, dass es dir ernst mit der Ernährungswende ist – indem du so saisonal, bio und regional kaufst, wie es dir möglich ist.

Was außerdem wichtig ist und wie du es vermeidest, zu viel wegzuwerfen, erfährst du in diesem »Mit-Koch-Kapitel«.

Disclaimer: Natürlich können wir in diesem Buch nicht auf alle Lebensmittel und Unverträglichkeiten eingehen. Die folgenden Tipps helfen dir, umweltfreundlichere Alternativen in den Blick zu nehmen.

Avocados

Der Avocadoanbau verbraucht in heißen Ländern enorm viel Wasser. Und in Mexiko, einem der größten Anbauländer, gibt es sogar regelrechte Mafiaclans, die mit dem grünen Gold handeln und ihre Interessen mit Waffengewalt durchsetzen.

Dass Avocados gesund sind, ist übrigens das Ergebnis einer massiven Marketingkampagne, die vor Jahren von den avocadovertreibenden Ländern gestartet wurde und die uns die buttrigfettige »Krokodilbirne« (so wurde die Avocado früher wegen Form und Haut genannt) schmackhaft machen sollte.

Tipp: Um Avocado nicht zu verschwenden, wenn du sie dir mal gönnst, **bewahre sie richtig auf**: Sie wird nämlich schnell braun, wenn du die Frucht aufschneidest. In einer Schale mit Wasser bedeckt passiert das nicht. Auch der Kern ist übrigens – in Maßen! – gesund, er enthält viele Nährstoffe. Dazu entfernst du die dunkle Haut und lässt den Kern drei Tage trocknen oder rostest ihn scheibchenweise in der Pfanne. Dann kannst du den Kern raspeln und dann dein Müsli damit garnieren oder einen Smoothie, eine Suppe oder ein Salatdressing damit anreichern.

Alternative: Wie bereitet man **Avocado-Rezepte ganz ohne Avocado** zu? Probiere mal Erbsen- oder Broccoli-Guacamole:

- 300 g Erbsen (frisch oder tiefgekühlt, aber nicht aus dem Glas!)
- Salz und Pfeffer
- 3 EL Zitronen- oder Limettensaft
- 4 fein gehackte Snacktomaten
- 1 gepresste oder fein gehackte Knoblauchzehe

- 1 kleine fein gehackte Zwiebel
- ein Stück fein gehackte Chilischote, je nachdem, was du so aushältst
- 5 EL Sojajoghurt

Die Erbsen etwa 4 bis 5 Minuten in leicht gesalzenem Wasser kochen, dann 50 Milliliter Kochwasser entnehmen und den Rest abgießen. Erbsen abschrecken.

Mit Salz und Pfeffer abschmecken und abkühlen lassen. Die Erbsen zusammen mit dem abgenommenen Kochwasser und dem Limettensaft pürieren und das Ganze mit den restlichen Zutaten vermischen und gut verrühren – fertig! Am besten für eine Weile in den Kühlschrank oder im Winter auf dem Balkon kühl stellen.

Barbecue

Briketts werden aus Holz gemacht, aber herkömmliche Kohle kann – wie *Ökotest* herausfand – auch mit Stoffen wie Braunkohle versetzt sein. In vielen Fällen finden sich Tropenhölzer in der Grillkohle, vielfach lässt sich die Herkunft des Holzes nicht nachweisen. Es ist also eher unwahrscheinlich, dass das Holz aus nachhaltiger Forstwirtschaft stammt.

Auch Grillzubehör – Anzünder oder Aluschalen – und das Grillgut sind oft umweltschädlich. Aber du musst nicht aufs Grillen verzichten!

Alternative 1: Grillen ist dann am umweltschonendsten, wenn du **Gemüse oder veganes Grillgut** wie Maiskolben, eingelegte Zucchini, Paprika oder Seitanwürstchen auf den Rost legst und einen Elektrogrill verwendest.

Alternative 2: Falls es doch ein Kohlegrill sein soll, kannst du auf ein **Ökosiegel** achten oder Pflanzenkohle verwenden, die aus getrockneten Maisspindeln, Weinreben oder Kokos hergestellt wird. Am besten ist dabei ein Produkt aus ökologischer Landwirtschaft, das nur einen kurzen Transportweg hatte.

Alternative 3: Statt kommerziellen Grillanzündern funktionieren auch **Reisig oder eine Mischung aus Holzspänen und in Wachs getunktem Altpapier** oder ausrangierten Wachstüchern (wie du die herstellst, findest du auf Seite 87). Statt Aluschalen kannst du dein Grillgut auch einfach auf den Rost legen oder in eine Grillzange klemmen.

Brot

Laut Bundesministerium für Ernährung und Landwirtschaft wirft jeder Mensch in Deutschland jährlich 7,7 Kilo Brot weg. Eine schreckliche Verschwendung. Altes Brot gut zu verwerten, ist darum leckerer Umweltschutz!

Tipp 1: Aus trockenem Weißbrot kannst du **Paniermehl** herstellen, indem du es fein reibst. Außerdem kannst du Croûtons daraus zaubern: einfach in kleine Würfel schneiden und mit etwas Öl in der Pfanne anbraten. Etwas Chili oder Kräuter dazu peppt das Ganze noch mal auf!

Wenn das Brot an einer Stelle angeschimmelt ist, muss es leider ganz weggeworfen werden. Auch wenn du es nicht siehst, durchziehen die Schimmelfäden das gesamte Brot. Am besten wirfst du es in den Biomüll.

Tipp 2: **Altes Brot kannst du sehr gut zum Kochen verwenden**, zum Beispiel für Brotsuppe oder Gemüsefrikadellen, und es lässt sich vielfach mit etwas Wasser wieder aufbacken. Entweder Wasser auf das Brot tupfen und ab auf den Toaster oder in den Backofen oder mit einer Tasse Wasser daneben (feuerfest!) in den Backofen. Es gibt zahlreiche Kochbücher mit Rezepten für älteres Brot, unter anderem lassen sich Gazpacho, Brotsalat, arme Ritter oder Bruschetta damit zubereiten.

Niemals Brot an Vögel verfüttern! Entgegen der allgemeinen Mär, dass man altes Brot mit an den Ententeich oder in den Park zu den Tauben nehmen könne, ist dies schädlich für die Tiere, denn es enthält Salz und Zucker, wenig Nährstoffe und quillt im Magen auf, viele Tiere verenden daran. Besser sind Haferflocken oder klein geschnittenes Obst und Gemüse – Enten mögen etwa unsere übrig gebliebenen Salatstrünke sehr gern.

Butter

Konventionell erzeugte Butter schlägt laut ifeu-Institut pro Kilo mit knapp 9 Kilo Klimagasen zu Buche. Für 1 Kilo davon braucht man bis zu 20 Liter Milch. Es ist also ein stark komprimiertes Nahrungsmittel. Die Kühe müssen zuvor gehalten und gefüttert werden, für den Anbau ihrer Nahrung wird viel Fläche verbraucht, oft kommt Soja als Kraftfutter von weit her und zerstört dort Regenwaldfläche – und Butter ist hochverarbeitet, braucht also in der Herstellung viel Energie. Biobutter ist sogar das Produkt, bei dessen Herstellung die meisten Klimagase ausgestoßen werden: nämlich 11,5 Kilo Klimagase pro Kilo. Das liegt daran, dass Biokühe länger leben, also mehr futtern, Mist machen und Methan auspupsen. Sparsam verwenden – oder gleich ganz ersetzen!!

Alternative 1: Zum Backen und Kochen kannst du **gesunde hitzebeständige Öle** verwenden. Am besten sind regionale und kaltgepresste Öle aus ökologischer Landwirtschaft – Sonnenblume, Soja (auf europäischen Anbau achten!, siehe Seite 139) oder Raps. Olivenöl ist – das wissen die wenigsten – für Temperaturen über 200 Grad nicht zu empfehlen. Wenn du Butter in Gerichten mit Öl ersetzt, nimm 80 Gramm Öl statt 100 Gramm Butter.

Alternative 2: Es gibt inzwischen zahlreiche vegane Margarinen, die als Brotaufstrich dienen.

Leider in Plastik verpackt – und Obacht: Oft ist in konventioneller Margarine Buttermilch oder Milch. Butter kannst du beim Kochen oder Backen 1:1 durch Margarine ersetzen.

Bei veganem Butterersatz und Margarine solltest du aufpassen, dass kein Palmöl oder Kokosöl drin ist – denn das ist nie wirklich ökologisch!

Alternative 3: Streiche bei herzhaften Broten dünn **Tomatenmark statt Butter** aufs Brot. Wenn du einen Aufstrich verwendest, der auf Sonnenblumenkernen basiert, hat dieser einen so hohen Fettgehalt, dass du auf Butter ganz verzichten kannst.

Eier

Eier sind tierische Produkte und haben daher eine schlechte Ökobilanz: 1 Kilo Eier produziert laut ifeu-Institut rund 3 Kilogramm CO_2, also zehn Mal so viel wie 1 Liter Hafermilch. Und Eier sind für eine Menge Tierqualen verantwortlich – und indirekt auch für den Tod von Tieren, wie wir gleich erklären. Wenn du Eier isst, dann ist es umso wichtiger, damit sorgsam umzugehen.

Wow

Statt Eier einfach anhand des Ablaufdatums wegzuwerfen, kannst du den Schwimmtest im Wasserglas machen. Leg das Ei ins Glas, Wasser drauf. Liegt es flach am Boden, ist es frisch. Eier, die vom Huhn vor mehr als sechs Wochen aus dem Po gepresst wurden, schwimmen an der Oberfläche. Die solltest du nicht mehr essen.

Alternative 1: Um allzu große Tierquälerei zu vermeiden, gibt dir der **Stempel auf dem Ei** einen Hinweis auf die **Haltungsform.** Grundsätzlich ist dieser Erzeugercode aufgeteilt in drei Informationen, die durch Spiegelstriche getrennt sind. Ganz vorn steht die Haltungsform, dabei steht 0 für ökologische Haltung, 1 für Freilandhaltung, 2 für Bodenhaltung und 3 für Käfighaltung in der EU. Oder anders gesagt: Je höher die Nummer, desto mehr werden die Tiere gequält.

Hinter der Nummer für die Haltungsform findest du den Ländercode, also beispielsweise D für Deutschland, und hinter dem letzten Spiegelstrich Bundesland und Stallnummer.

Am tierfreundlichsten und ökologischsten ist es, eine Packung Eier zu kaufen, die als Bio und Freiland deklariert ist. Noch besser ist es, dein Ei gleich beim Bauern zu kaufen, der seine Hühner per Krallenschlag im Hof begrüßt.

Wow

Kennst du schon das **Kala-Namak-Salz**? Es ist schwarz und schmeckt schwefelig, also nach Ei. Obacht: sparsam dosieren! Mit Kala Namak und angebratenen Zwiebeln, zerdrücktem Tofu, Kurkuma und Kräutern kannst du ein täuschend echtes »Rührei« fürs Sonntagsfrühstück simulieren. Und du kannst einen »Eiersalat« herstellen, der genauso gut schmeckt wie das Original – und dazu noch weniger Kalorien und Cholesterin hat:

- 100 g Risoni-Nudeln (wenn du die nicht hast, gehen auch Spiralnudeln, die du nach dem Kochen etwas mit der Gabel zerdrückst)
- 1 Glas gekochte Biokichererbsen
- 1 kleine gehackte Zwiebel
- 3 bis 4 EL vegane Mayonnaise
- 1 gestrichener TL Kala Namak, je nach Geschmack
- 1 TL Kurkuma (für die Farbe)
- 3 TL gehackten Schnittlauch
- 1 EL Senf
- etwas Pfeffer

Die Nudeln kochen und etwas abkühlen lassen. In der Zwischenzeit die Kichererbsen grob in der Küchenmaschine oder mit dem Handstampfer pürieren – sie stellen das »Eigelb« dar. Mit den übrigen Zutaten und den abgekühlten Nudeln vermengen und, wenn du das magst, etwas kleingehackte rote Paprika oder saure Gürkchen (abtropfen lassen!) dazugeben.

Lass das Ganze noch etwas im Kühlschrank ziehen. Supereasy und sehr lecker, auch auf Brot!

Alternative 2: Bei der Bruderhahn-Aufzucht werden die männlichen Küken aufgezogen und erst später getötet – sie werden zu Brathähnchen. Da sie keine Eier legen und weniger Fleisch ansetzen als Hähne, die darauf hingezüchtet wurden, ist dies für die Betriebe ein schlechtes Geschäft, das über ein paar Cent teurere Eier subfinanziert wird. Und alle, die sich vegetarisch ernähren, müssen entscheiden, ob sie mit den Kollateralschäden – den toten Bruderhähnchen – leben können.

Anne erzählt: Obacht! In Lebensmittellaboren wurde schon festgestellt, dass angebliche Freilandhaltungseier Rollspuren hatten – ein Hinweis darauf, dass es zugekaufte Legebatterie-Eier waren. Das ist kriminell, aber nicht auszuschließen, denn wo Profit, da Schummelei. Auch polychlorierte Biphenyle (PCB) und Dioxin wurden in Eiern schon gefunden.

So was kannst du umgehen, indem du in Rezepten Eier durch andere, klimafreundlichere Zutaten ersetzt. Erlaubt ist, was schmeckt, gesund und bio ist, keine weite Anreise hatte und gut zusammenpappt. Je nach angesteuertem Kochergebnis kannst du daher Eier durch Leinsamen, Haferflocken, Tomatenmark, Kartoffelstärke, Apfelmus, das Wasser von Kichererbsen oder Seidentofu ersetzen. Wenn es mal wirklich schnell gehen soll, gibt es mittlerweile auch fertigen Ei-Ersatz im Supermarkt. In einem Burgerpattyteig kannst du ein Ei beispielsweise durch 1 bis 2 Esslöffel Tomatenmark oder 3 bis 4 Esslöffel zarte Haferflocken ersetzen – bei Letzteren muss der Teig eine Viertelstunde gehen. Weitere Ideen, was sich für welches Gericht eignet, findest du bei ProVeg: https://proveg.com/.

WICHTIG: Dank aller bisherigen Fehlbesetzungen im Bundeslandwirtschaftsministerium werden – als Nebenprodukt der Ei-Industrie – gleich nach dem Schlüpfen noch immer die männlichen Küken aussortiert und getötet. Wer kein kompletter Holzklotz ist und einmal die flauschigen gelben Piepsküken gesehen hat, die direkt vom Fließband aussortiert werden und bei lebendigem Leib im Schredder landen, vergisst dieses Bild nie wieder. Der Ausstieg aus dem Kükentöten gilt seit Anfang 2022, aber es gibt bisher keine wirklich gute Bestimmungsmethode im Ei – statt der geschlüpften Küken werden so massenweise Embryonen getötet, die bereits Schmerzen empfinden können. Die Qual wird also einfach etwas vorverlegt.

Eis

Es gibt wohl kaum jemanden, der Eis nicht liebt, vor allem an einem heißen Tag. Doch es gibt kaum welches, das umweltgerecht verpackt ist. Übrigens: Eispackungen aus Plastik sollte man zumindest zum Einfrieren nicht mehr weiterverwenden.

Alternative 1: Wenn du Capri-Eis magst, besorg dir Dauerförmchen aus Silikon, die du mit Saft füllen kannst. Achte auf das Symbol für Lebensmittelunbedenklichkeit (Messer und Gabel). Ab ins Gefrierfach und dein günstiges und gesundes **Fruchtsafteis** ist etwa eine Stunde später fertig!

Alternative 2: Wassermelonenzeit? Dann entferne die Schale und schneide die **Wassermelone** in dreieckige Stücke. Schiebe an der breitesten Seite einen (gerne wiederverwendbaren) Eisstiel aus Holz hinein, lege die Wassermelonenstücke mit Abstand zueinander auf ein kleines Backblech (auf ein Stück Backfolie, damit sie nicht anfrieren) und friere sie einige Stunden ein. Toll für Kindergeburtstage!

Aus Erdbeeren und Sojajoghurt kannst du ganz einfach ein leckeres Joghurteis herstellen. Je nach Bedarf noch einen Schuss Ahornsirup dazu und über Nacht in den Kühlschrank stellen. Fertig ist der kindgerechte Nachtisch.

Exotische Früchte und Gemüse

Die Mango schmeckt besser im Anbauland – und die Drachenfrucht schmeckt sowieso nicht.

Alternative: Besser für deine Ökobilanz sind **Früchte und Gemüse, die vor Ort angebaut wurden, am besten saisonal.** Um zu wissen, wann welches Gemüse Saison hat, kannst du einen Saisonkalender aus dem Internet herunterladen und dir an die Kühlschranktür heften, zum Beispiel von Eat Smarter. Dort findest du auch einen Kalender für Obst und Nüsse: https://eatsmarter.de/saisonkalender.

Fisch

Die EU ist laut der Ernährungs- und Landwirtschaftsorganisation der Vereinten Nationen (FAO) die größte Fischimporteurin weltweit. Dabei kommt die Hälfte aller importierten Fische aus Entwicklungsländern. Für 2021 schätzte die FAO die globale Fischproduktion auf 177,3 Millionen Tonnen, sowohl aus Aquakulturen als auch aus dem Meer.

Über 34 Prozent aller weltweiten Bestände gelten laut SOFIA-Report der FAO als überfischt. 60 Prozent werden als maximal genutzt eingestuft. 2021 mussten die Fangquoten für Dorsch und Hering in der Ostsee massiv zurückgefahren werden, weil die permanente Überfischerei, Klimawandel und Meeresverschmutzung diesen Fischarten so zugesetzt haben, dass sie vor dem Aus stehen. Je mehr Arten verschwinden, desto katastrophalere Auswirkungen hat dies auf das Ökosystem Meer. Der Ozean verliert immer mehr von seiner lebensspendenden Funktion – und er speichert weniger

CO_2. Bereits jetzt gibt es viele tote Meereszonen, und durch die Erderwärmung hat der Ozean inzwischen so viel Wärme geschluckt, dass Korallenriffe wie das Great Barrier Reef unter der gefährlichen Korallenbleiche leiden. Korallen sind wiederum die Kinderstube der Fische und ein wichtiges Ökosystem.

Vielleicht ist dir in der Kühltruhe im Supermarkt schon mal das MSC-Siegel aufgefallen. Es bedeutet Marine Stewartship Council, es soll für nachhaltige Fischerei stehen. Wenig glaubwürdig, wenn man weiß, dass der Riesenkonzern Unilever mit in dieser Organisation steckt. Zwar soll im Einklang mit dem Ökosystem gefischt werden, Überfischung soll ausgeschlossen, regionale und internationale Gesetze sollen eingehalten werden – aber Greenpeace und andere Umweltverbände kritisieren den MSC scharf: Die Zertifikate würden schon vergeben, bevor überhaupt klar wäre, wie gefischt werde. Auch würde nicht genau genug darauf geachtet, dass die Fischereibetriebe keine schädlichen Methoden einsetzten.

Das Siegel ist aus unserer Sicht nicht empfehlenswert.

Am besten so weit wie möglich auf Fisch verzichten, und wenn, dann eher Forelle, Garnele, Lachs und Karpfen aus EU-Bioaquakultur, Miesmuscheln aus Hängekulturen oder Nordsee-Scholle wählen. Weniger gut sind Alaska-Seelachs, Makrele und Kabeljau.

Auf gar keinen Fall zu Aal, Hai, Granatbarsch, Rochen, Schnapper und Rotbarsch greifen, da diese besonders gefährdet sind.

Übrigens: Auf Instagram gibt es viele vegane Rezepte, zum Beispiel @veganewunder – hier bereitet Chris Washington schon mal pflanzliche Crabcakes zu. Und wer gut Englisch kann, sollte sich auf YouTube »The Easy Vegan« ansehen: Der lustige Koch hat auch ein gutes Rezept für pflanzliche Fischstäbchen.

Fleisch

235 500 Tonnen Fleisch landen laut *Fleischatlas* der Heinrich-Böll-Stiftung in Deutschland pro Jahr im Müll. Das bedeutet, knapp 9 Millionen Hühner, 640 000 Schweine, 450 000 Puten, 360 000 Enten, 71 000 Gänse, 52 000 Schafe und Ziegen und 50 000 Rinder lassen völlig grundlos ihr Leben.

Viele Menschen sind offen dafür, pflanzliche Alternativen auszuprobieren, weil den meisten vor den Haltungsbedingungen graut, die durch Tierrechtsrecherchen immer häufiger im Fernsehen zu sehen sind. Durch Tierfutter aus Soja ist Fleisch ausgesprochen umweltschädlich. Über drei Viertel der weltweiten Sojaernte stammen aus Monokulturen in Brasilien, Argentinien und den USA, der Amazonasregenwald wird dafür brandgerodet. Dazu kommen die pupsenden Kühe, die Gülle, die langen Transportwege und die Kühlung: Fleisch ist eines der klimaschädlichsten und umweltschädigendsten Lebensmittel. Es ist ohnehin nicht gesund, zu viel davon zu verzehren, auch weil viele Tiere Antibiotika in der industriellen Tierzucht bekommen haben und Stresshormone durch die Transporte und die Schlachtung im Fleisch entstehen. Gerade rotes Fleisch kann zu Krebs und Übergewicht führen, sollte also mit Bedacht konsumiert werden.

Alternative 1: **Sojagranulat oder zerdrückter, scharf angebratener Tofu** für Bolognese – dieser Unterschied fällt kaum einer Esserin auf. Auch **Räuchertofu** als Speckersatz im Nudelsalat hilft, Fleisch nicht zu vermissen.

Wenn du deinem Räuchertofu einen noch stärkeren Speckgeschmack geben möchtest, schneide ihn in kleine Würfelchen und brate ihn mit ein klein wenig Rauchsalz scharf an. Das Argument, dein Sojakonsum schade dem Regenwald, lässt sich so nicht halten: 75 bis 85 Prozent allen Sojas von dort wird zu Tierfutter für die Milchviehwirtschaft und Fleischerzeugung verarbeitet, der überwiegende Teil des Rests zu Sojaöl. In den meisten Fällen stammt das Soja für den menschlichen Verzehr aus Kanada oder Europa, vielfach aus Österreich. Wenn du Tofu aus Biosoja kaufst, kannst du sicher sein, dass dieser gentechnikfrei ist.

Alternative 2: **Seitan** ist ein Produkt aus Weizengluten, nicht geeignet für Menschen, die unter Zöliakie, also Glutenunverträglichkeit, leiden, aber für alle anderen unbedenklich und sogar gesund. Seitan hat kaum Fett, einen hohen Eiweißgehalt und eine bissfeste Textur, sodass daraus die Produkte hergestellt werden, die Fleisch von der Konsistenz her am ähnlichsten sind. In vielen Biosupermärkten kannst du Weizengluten kaufen. Das Pulver musst du dann nur noch 1:1 mit Wasser anrühren und kannst da schon

Gewürze dazugeben, die zu dem passen, was du kochen willst, etwas Sojasoße und Curry etwa. Den fertigen Teig kannst du in Scheiben oder Würfel schneiden, dann kommen die Stücke in einen Topf mit Gemüsebrühe und Tomatenmark, werden aufgekocht und köcheln dann auf kleiner Flamme eine halbe Stunde weiter. Im Kühlschrank ist der fertige Seitan etwa zwei Wochen haltbar und kann in der Pfanne oder im Topf zubereitet werden.

Alternative 3: Für deinen Burger kannst du statt einem fleischlichen Patty auch einen Portobello-Mushroom oder eine Grünkernbulette nehmen – mit Ketchup, Zwiebeln und Marinade schmeckt das zwischen zwei Brötchenhälften genauso lecker.

Tipp: Wenn du nicht auf Fleisch verzichten kannst, achte auf die entsprechenden **Biolabel** (siehe Seite 149) und das **Neuland-Siegel.** Neuland wurde von der Arbeitsgemeinschaft bäuerliche Landwirtschaft, dem BUND und dem Deutschen Tierschutzbund gegründet. Das Siegel ist kein reines Biosiegel. Es signalisiert bäuerliche Landwirtschaft, deren Tierhaltung begrenzt ist. Die Tiere stehen auf Stroh und ohne Anbindung, jedes von ihnen bekommt mehr Platz als gesetzlich geregelt. Es gibt Auslauf im Freien oder Weidehaltung; Tageslicht in den Ställen soll zusätzlich für ein angenehmeres Leben der Tiere sorgen. Es werden außerdem nur regional angebaute Futtermittel verwendet, gentechnisch veränderte sind ausgeschlossen, ebenso wie präventive Antibiotikabehandlung. Wenn du insgesamt weniger Fleisch isst, auch weil das für dich gesünder ist, kannst du dir den Preis für die besser produzierten Produkte leisten.

Jackfrucht wird immer häufiger angeboten, um daraus Burger oder Geschnetzeltes zu machen. Sie ist jedoch nicht empfehlenswert, da sie von weit her kommt, etwa aus Indien, und in den meisten Fällen nicht aus Ökolandbau stammt.

Gemüse

Sei nett zu deinem Grünzeug. Iss alles davon und geh sorgsam damit um, so wie deine Eltern und Großeltern das gemacht haben. Es lohnt sich, denn in 1 Kilo Kartoffeln stecken beispielsweise 278 Liter virtuelles Wasser, es hat 0,62 Kilo CO_2 emittiert.

Tipp 1: Lagere Obst und Gemüse so, dass es **möglichst lange frisch** bleibt: Kartoffeln sollten dunkel und kühl liegen, Tomaten und Bananen sondern Gase ab, die andere Früchte schneller reifen lassen – daher getrennt von anderem lagern.

Tipp 2: **Verwende alles an der Frucht.** Mache zum Beispiel aus Apfelschalen Früchtetee, indem du die Schalen aufkochst und 8 bis 10 Minuten ziehen lässt. Für Partys oder den Sonntagsbrunch kannst du essbare Schalen herstellen: Paprikas werden zur Dippschale, Melonenschale wird zur Obstsalat-Bowl, der Kürbis eine Schüssel für die Suppe. So musst du auch weniger abwaschen.

Tipp 3: Gehe nie hungrig in den Supermarkt, denn dann kommst du mit mehr nach Hause, als du willst! Eine US-amerikanische Studie der Cornell University Ithaca, New York, hat belegt, dass wir hungrig dazu neigen, kalorienhaltigere Produkte in den Einkaufskorb zu legen, die mehr Fett und Zucker enthalten.

Tipp 4: Mach aus den gewaschenen Schalen und anderen Biogemüseresten, die beim Kochen übrig bleiben, **eine leckere Gemüsebrühe**: gewaschene Gemüsereste, auch Erbsenhülsen, Pilzstiele, Salatblätter und Kräuterstängel über einige Tage im Kühlschrank oder Tiefkühlfach sammeln. Wichtig sind für den Geschmack: Sellerie, Lorbeer, Zwiebeln, Möhren. Wenn du genug hast, mit 2 Esslöffeln Speiseöl anbraten, bis das Gemüse etwas in sich zusammengefallen ist. Bedecke alles mit Wasser, koch es einmal auf, salze es und lass es eine Stunde auf kleiner Flamme köcheln. Filtere alles durch ein feines Sieb, fülle die Brühe in ein steriles Glas und lass sie abkühlen. Haltbar ist sie bis zu drei Tage im Kühlschrank oder, in Eiswürfelbehälter portioniert, monatelang im Tiefkühler.

Karotten, Erbsen, Zwiebeln: Es gibt immer etwas, was Kinder nicht mögen. Suppe, in der verschiedene Gemüsesorten schwimmen, ist daher bei vielen Kindern sehr unbeliebt. Deshalb unser Tipp: **einfach alles pürieren.** Dann weiß keiner mehr, was in der Suppe steckt. Und die meisten Kinder essen sie dann, ohne zu murren.

Kaffee

Ohne Kaffee meinen die wenigsten Leute leben zu können. Jährlich trinkt jeder einzelne Mensch in Deutschland davon laut dem Deutschen Kaffeeverband rund 168 Liter. So ist der Wachmacher einer der wichtigsten Exportrohstoffe. Nur knapp 5 Prozent des Kaffees, der in Deutschland gekauft wird, ist fair produziert. Als größter Exporteur von geröstetem Kaffee verkaufen wir den konventionell gehandelten für das Doppelte des Rohstoffpreises, machen also ordentlichen Reibach mit dem, was anderswo unter harten Bedingungen geerntet wird: Die Lebens- und Arbeitsbedingungen auf den Kaffeeplantagen in Afrika oder Südamerika sind wegen des geringen Handelspreises so schlecht, dass es vielerorts Kinderarbeit gibt. Ähnliches gilt übrigens für Schwarztee und Kakaoprodukte.

Alternative 1: Am besten kaufst du **Fairtrade-Kaffee** aus zertifizierten Initiativen und aus lokalen Röstereien.

Alternative 2: Magenschonender, besser bei hohem Blutdruck und besser für die Umwelt ist **Lupinenkaffee**, den du in manchem Reformhaus oder Biomarkt bekommst. Er enthält kein Koffein, ähnelt aber im Geschmack echtem Kaffee.

Käse

Als verarbeitetes tierisches Produkt ist Käse ein Klimakiller. Je nach Sorte entstehen bei der Produktion rund 8,5 Kilo CO_2. Verantwortlich dafür, dass viele glauben, nicht auf Käse verzichten zu können, ist übrigens das Protein Casein, das in

hoher Konzentration im Käse ist – wenn wir es verdauen, entstehen Peptide, die beruhigend auf das Gehirn wirken.

Alternative 1: Es gibt zahlreiche vegane **Käsealternativen** im Supermarkt. Wie bei jedem Fertigprodukt solltest du darauf achten, dass möglichst wenige Zutaten verwendet wurden, vor allem keine künstlichen Geschmacksstoffe. Achte auf das Biosiegel und darauf, dass deine neue Lieblingskäsealternative möglichst nicht auf Mandelbasis oder mit Palmöl, sondern auf Soja- und Getreidebasis hergestellt ist. Warum? Das erfährst du auf Seite 46 und 147. Für alle Fans des Edelschimmelkäses ist Tempeh ein guter Ersatz.

Alternative 2: Stell deinen veganen Schmelz»käse« zum Überbacken schnell und einfach selbst her: Einfach 80 Gramm vegane Margarine schmelzen, mit 50 Gramm Hefe verrühren, 300 Milliliter Wasser dazugeben, außerdem 50 Gramm Hefeflocken, 2 Teelöffel mittelscharfen Senf, 1 Esslöffel Salz und etwas Kurkumapulver (als Make-up für den käsigen Look!) – fertig ist der Pizzaersatzkäse. Auch andere Käsealternativen kannst du einfach selbst erzeugen.

Tipp: Käse aus Kuhmilch sollten wir **nicht verschwenden**. Wenn Hartkäse schimmelt, kannst du die Stelle großzügig abschneiden und den Rest verzehren.

Kassenbon

Thermopapier, auf dem Kassenbons meist gedruckt sind, ist, obwohl es Papier heißt, nicht im Altpapier, sondern im Restmüll zu entsorgen, weil es Chemikalien enthält. Selbst wenn du an der Kasse sagst, dass du keinen Bon haben möchtest, wird dieser gedruckt, und das summiert sich: 23,1 Milliarden Kassenbons gibt es pro Jahr in Deutschland. Aneinandergelegt ergibt das 7 Millionen Kilometer – neun Mal zum Mond und zurück. Inzwischen verwenden einige Märkte Bons, die im Altpapier entsorgt werden können – wenn, dann steht dies auf der Rückseite. Oder sie bieten eBons an, die dir aufs Handy oder an deine Mailadresse geschickt werden, allerdings musst du dich dafür einmalig anmelden. Falls dein Supermarkt solche Möglichkeiten bisher nicht anbietet, frag nach. Viele Supermärkte haben sogar eine Box für Kundenwünsche.

Kaugummi

Denkst du manchmal an das Vergnügen zurück, 50 Pfennig in einen der roten Automaten an der Straßenecke zu stecken? Wie du den Hebel drehtest und, klacker, klacker, fiel eine der dicken bunten Kaugummikugeln – oder sogar ein durchsichtiger Plastikglobus mit einem billigen Strassring – ins Ausgabefach?

Unter hygienischen Bedingungen ist das aus heutiger Sicht grenzwertig und durch die vielen Farbstoffe bestimmt allergieauslösend.

Heute stecken wir uns Spearmint in den Mund – sicher gesünder. Aber stimmt das? Die Kaugummikaumasse besteht aus Kunststoff, zumeist aus synthetischem Thermoplast, und das ist wiederum hergestellt aus Erdöl. Enthalten sind Weichmacher und – für den »Whitening«-Effekt – das Bleichmittel Titandioxid, das im Verdacht steht, krebserregend zu sein, außerdem künstliche Polymere wie Polyvinylether oder Polyvinylacetat und Butylkautschuk. Stoffe, die in Gummihandschuhen zum Einsatz kommen – oder in Kleber. Igitt! Und sie bleiben lange in der Umwelt, wenn du sie irgendwohin spuckst. Zeit, was anderes zu kauen.

Alternative 1: Es gibt inzwischen **Ökokaugummi** aus Gummi Arabicum und Karnaubawachs, aus Chicle, dem Saft des Breiapfelbaums, oder hiesigen Baumharzen, im Biomarkt, die vollkommen ohne Plastik auskommen.

Falsche Freundin? Süßholzwurzel, die auch als Kaugummiersatz empfohlen wird, ist zwar gesund und macht wach, kann aber – wie Lakritz, in dem sie enthalten ist – deinen Blutdruck in die Höhe treiben. Für Schwangere, Diabetikerinnen, Menschen mit eingeschränkter Nierenfunktion oder mit Bluthochdruck nicht empfohlen!

Alternative 2: Kau frische **Minzblätter oder Petersilie**, beides hält deinen Atem frisch.

Alternative 3: Wer ans Kaugummikauen gewöhnt ist, vermisst vielleicht, etwas im Mund zu haben. Die gesunde Alternative sind **Sonnenblumenkerne**, die Omega-3-Fettsäuren enthalten und gut schmecken – aber bitte die Schalen nicht vor dich auf die Straße spucken. Die »Verpackung« dieser Kaugummialternative landet besser auf dem Kompost.

Konserven

In Dosen konservierte Lebensmittel sind oft viel länger haltbar, als das aufgedruckte Datum vermuten lässt. Erst wenn sich der Deckel wölbt oder der Inhalt streng riecht, solltest du die Dosen wegwerfen. Keine angebrochenen Dosen in den Kühlschrank stellen, denn nach dem Öffnen kann die Dose Zinn an den Inhalt abgeben, der die Nieren belastet. Leere, nicht ausgespülte Dosen gehören in den Gelben Sack, sie sind gut recycelbar. Am sinnvollsten ist es, wenn du die Dosen an beiden Enden aufmachst und dich einmal auf das Rund stellst, um sie flachzudrücken. Das spart für den Abtransport Platz – und damit Treibstoff.

Kochen

Nachhaltiges Kochen hat nicht nur mit der Auswahl umweltverträglich produzierter und gesunder Zutaten zu tun, sondern auch am Herd kannst du Energie oder Wasser sparen. Effizient, denn die Küchengeräte sind für rund ein Drittel des gesamten Stromverbrauchs verantwortlich.

Tipp: Hol das Gemüse schon eine Stunde früher aus dem Kühlschrank, denn auf Zimmertemperatur braucht es nicht mehr so lange im Kochtopf. Auch Tiefkühlwaren bei Zimmertemperatur aufzutauen, spart Energie, weil du dann kein superhartes Eisbrett in die Pfanne wirfst.

Alternative: Versuch mal zu **dünsten, statt zu kochen**, das spart Energie, Wasser und hält die Nährstoffe zusammen: Bedecke den Topfboden fingerbreit mit Wasser und fülle das Gemüse hinein, köchele es bis zur Garzeit mit geschlossenem Deckel.

Kräuter

Rosmarin, Minze, Oregano und andere Kräuter brauchen wir nicht immer auf, wenn wir sie im Bund gekauft haben. Meist stehen sie dann einige Tage im Glas, das Wasser wird schleimiger, die Spitzen trockener.

Alternative: Wenn du die Kräuter grob zerkleinerst, in einen **Eiswürfelbehälter** füllst, mit Olivenöl oder Wasser übergießt und einfrierst, halten sie sich lange und sind in einer praktischen Größe kochfertig, wenn du sie brauchst.

Nutze **Wildkräuter** – aus Bärlauch wird ein leckeres Pesto, aus Löwenzahn ein leckerer Salat und auch Gänseblümchen sind (in kleinen Mengen!) essbar, sehr dekorativ im Salat und regen die Verdauung an.

Buche für euch eine **geführte Kräuter- oder Pilzwanderung** – es ist ein Erfolgserlebnis für Kinder, wenn das, was sie entdeckt haben, hinterher auf dem Teller liegt.

Milch

1 Liter konventionell produzierte Kuhmilch hat einen CO_2-Fußabdruck von durchschnittlich 1,4 Kilogramm. Die Tierhaltung, der Transport und Klimagase wie Methan, die eine Kuh ausstößt, sind schädlich für die Umwelt. Zudem müssen auch für Milch Tiere sterben, denn eine Kuh gibt nur Milch, wenn sie ein Kälbchen bekommt. Da dieses die Milch nicht bekommen soll, wird es meist früh von seiner Mutter getrennt, in ein Kälberiglu gesteckt und meist im Alter von 22 Wochen zu Kalbfleisch verarbeitet. Wie gut, dass es schmackhafte Alternativen gibt, durch die du dich hindurchschlemmen kannst.

Alternative 1: Milch von Höfen, bei denen die Kälbchen nicht gleich von den Müttern getrennt werden, sind ein erster Schritt, die Umwelt zu schonen und etwas tierfreundlicher zu essen.

Alternative 2: Ausnahmslos alle **Pflanzendrinks** sind klimafreundlicher als Kuhmilch – und kein Kälbchen kommt zu Schaden. Für den Kaffee eignet sich eine eher fette Sorte, also Soja oder Hafer. Und inzwischen gibt es Sorten, die sogar als »Barista« gekennzeichnet sind – für den besonderen Kaffeegenuss lassen sie sich perfekt aufschäumen. Du kannst Hafermilch auch einfach selbst herstellen (siehe Seite 242).

Mandelmilch wird überwiegend aus kalifornischen Mandeln hergestellt. Um die Blüten der Mandelbäume zu bestäuben, werden riesige Trucks mit Bienen in die Felder gefahren. Viele Bienen sterben durch den Stress und die Pestizide. Mandeldrink setzt zwar nur ein Viertel der Klimagase von Milch frei, für die Bewirtschaftung der Felder brauchen die Farmer aber 17 Mal mehr Wasser, wie ein Forschungsteam der Universität von Kalifornien errechnet hat. Auch Drinks aus Cashew und Kokos sind wegen der Transportwege weniger empfehlenswert als Soja, Hanf oder Hafer aus Europa.

Tipp: Wenn du Milch zu dir nimmst, geh wertschätzend damit um und versuche nichts zu verschwenden. Ob Milch schlecht ist, kannst du sehen, riechen, schmecken: Sobald sich die Packung wölbt, ist der Inhalt nicht mehr genießbar. Schleim, eine wässrige Konsistenz oder Klümpchen – alles keine guten Zeichen. Riecht die Milch säuerlich oder flockt sie im Kaffee, ist sie nicht mehr gut.

Pestizide

Greenpeace hat Obstimporte aus Brasilien untersucht: Über die Hälfte der Proben war mehrfach belastet, auf manchen Früchten waren bis zu neun verschiedene Pestizide nachweisbar. In 59 der 70 Proben fanden sich Rückstände von insgesamt 35 unterschiedlichen Wirkstoffen, 21 davon waren als »hoch gefährliche Pestizide« eingestuft, vier lagen über den zulässigen Höchstwerten und es wurden elf Wirkstoffe gefunden, deren Einsatz in der EU überhaupt nicht erlaubt ist. Und das schnippeln wir auf unseren Teller, in dem Glauben, uns damit etwas Gutes zu tun. Gruselig, oder?

Warum das überhaupt möglich ist? Weil in Deutschland, wie Foodwatch ermittelte, nur mangelhaft kontrolliert wird, und auch wegen sogenannter Einfuhr- und Importtoleranzen, die Handel zwischen den Staaten erleichtern sollen. Ein Problem, das durch Freihandelsabkommen entstehen kann, weswegen es wichtig ist, gegen Abkommen wie das Transatlantische Freihandelsabkommen (TTIP), den Mercosur-Deal und andere zu protestieren (siehe Politik, Seite 179).

WICHTIG: Auf alles kann man Bio draufschreiben? Seit 1993 nicht mehr, denn seither gibt es die **EU-Öko-Verordnung** und die Begriffe »Bio«, »biologisch«, »Öko« und »ökologisch« sowie »aus kontrolliert ökologischem Anbau« sind rechtlich geschützt. Wenn Betriebe dies auf ihre Verpackungen schreiben, muss der Inhalt nach den Vorschriften der EU-Öko-Verordnung hergestellt sein. Dass es bei den mangelhaften Kontrollen schwarze Schafe gibt, ist nicht auszuschließen. Aber in der Regel kannst du darauf vertrauen.

Getrickst wird mit anderen Begriffen, die nicht geschützt sind: »natürlich«, »alternativ«, »naturnah«, »naturbelassen«, »unbehandelt«, »schadstoffkontrolliert«, »aus guter Landwirtschaft«, »aus kontrolliertem Anbau«, »aus umweltschonender Landwirtschaft« und andere kreative Formulierungen findest du überall. Ein Marketingtrick, den du leicht umgehst, indem du beim Einkauf auf die geschützten Begriffe achtest. Konsequent Bioware zu kaufen, ist besser für unsere Umwelt, selbst wenn zwischendrin mal einer schummelt.

Wenn du pestizidfrei essen willst, achte darauf, dass deine Zutaten eins der folgenden Ökosiegel tragen.

Bayerisches Biosiegel

In Bayern gibt es ein zusätzliches Siegel, um die regionale Herkunft zu kennzeichnen. Die Richtlinien orientieren sich an denen von Demeter, Bioland und Neuland. Alle Rohstoffe, aus denen das Produkt besteht, müssen aus Bayern kommen, wenn das draufsteht. Sie stammen aus Kreislaufwirtschaft mit organischem Dünger.

Bioland

Der Anbauverband ist der größte in Deutschland, gegründet wurde er 1971 noch unter dem Namen Bio Gemüse e.V. In ihm sind nicht nur Landwirtschaftsbetriebe, sondern auch Imkereien aktiv. Bioland steht für biologisch-organische Landwirtschaft, eine der Richtlinien gibt vor, den Boden fruchtbar zu halten und die biologische Vielfalt zu fördern, um Menschen eine lebenswerte Zukunft zu ermöglichen. Bioland betreibt auch Gastronomie, Molkereien und Metzgereien und ist wie Demeter und Naturland auf Kreislaufwirtschaft ausgerichtet. Die Düngermenge ist reduziert, Tieren wird Freigang gewährt, etwa Weidegang für Rinder und Auslauf für Hennen, die Tiere bekommen 100-prozentiges Biofutter, von dem mindestens die Hälfte vom eigenen Hof oder aus regionaler Kooperation stammt. Regionale Produktion ist wichtig, Tiertransporte sind nur bis maximal vier Stunden oder 200 Kilometer erlaubt. In verarbeiteten Lebensmitteln dürfen nur 22 Zutaten sein.

Obacht: Auch Bioland-Höfe sind von der Tierrechtsorganisation Animal Rights Watch e. V. (ARIWA) als Tierqualbetriebe aufgedeckt worden.

Biopark

Dieses Siegel steht für höhere Standards als die EU-Ökosiegel. Es garantiert, dass weder Gentechnik noch Chemie oder synthetische Stickstoffdünger eingesetzt werden. Verfüttert wird nur das, was die Betriebe selbst herstellen, kein Kraftfutter oder Fischmehl, wie andernorts. Manche der Betriebe bewirtschaften Flächen in Naturschutzgebieten.

Demeter

Diese Anbaugemeinschaft gibt es seit 1924 und ist damit in Deutschland die älteste. Egal, was man vom Anthroposophen Rudolf Steiner halten mag – da sich die Höfe nach seinem Prinzip der biologisch-dynamischen Wirtschaftsweise richten, die Böden, Klima und Ressourcen schützen soll, ist Demeter ein strenges Siegel und die Produkte erzielen bei *Ökotest* oft die Bestnote. Verboten ist, den Kühen die Hörner zu entfernen, die meisten Pestizide sind verboten, Antibiotika werden nur im Notfall verabreicht und Demeter sieht den Hof als Kreislaufwirtschaft.

Deutsches Biosiegel

Es ist noch relativ oft auf Verpackungen zu sehen, ist aber veraltet, weil das EU-Siegel gilt, die Anforderungen für beide sind gleich.

EU-Biosiegel

Mehrere Hunderttausend Produkte tragen diesen Aufdruck, er ist also relativ häufig zu finden. Das Blatt aus Sternen steht für den in der EU gültigen Mindeststandard – und das muss man wörtlich nehmen, denn worauf sich viele einigen können, das ist verwässert. Eine der Voraussetzungen für dieses Siegel ist, dass mindestens 95 Prozent der Inhaltsstoffe kontrolliert ökologisch angebaut sind, aber Samen etwa dürfen aus konventionellem Anbau stammen. Chemische Pflanzenschutz- und Düngemittel dürfen nicht eingesetzt werden, aber Tieren wird nicht das gleiche Mindestmaß an Bewegungsfreiheit gegönnt wie etwa bei Demeter, Bioland oder Naturland. Dafür müssen sie mit Futter aus biologischem Anbau gefüttert sein und Antibiotika darf nur zu medizinischen Zwecken angewendet werden. Während die eben erwähnten Siegel den Weg zum Schlachthof auf vier Stunden begrenzen, sind Tiertransporte quer durch Europa mit dem EU-Biosiegel noch immer möglich.

EU-Biohöfe und »Bioschlachtereien« wurden leider auch schon oft auffällig durch extreme Misshandlung und Quälerei, die etwa durch Tierrechtsrecherchen von SOKO Tierschutz oder dem Deutschen Tierschutzbüro bekannt wurden.

Naturland

Das Siegel gibt es seit 1982, es ist strenger als die EU-Verordnung, gilt auch für Holz und Textilien, setzt wie Demeter und Bioland auf Kreislaufwirtschaft und hat hohe Standards von der Herstellung bis in den Handel. Fische aus Aquakulturen werden mit mehr Platz fürs einzelne Tier angelegt als vom EU-Siegel vorgegeben, auch bei der Medikamentengabe ist Naturland restriktiver.

Salat

Alles, was schlappe Blätter hat, aber nicht richtig welk ist, wird wieder knackig, wenn du den Strunk anschneidest und es **in lauwarmes Wasser** legst, dann kalt abspülst. Dieser Trick funktioniert übrigens nicht nur bei Salat, sondern beispielsweise auch bei Mangold.

Superfoods

Superfoods wie Chiasamen, Noni, Acai- oder Gojibeeren, Acerolas oder Maca-Pulver – der Wunsch nach einem Wundermittel hat allzeit Konjunktur, und so finden sich exotische Früchte und Wurzeln getrocknet, als Pulver oder als Saft selbst im Discounter.

Viele der Superfoods kommen von weit her, ihre Herstellung ist schwer zu überwachen. Häufig sind die Anbauweisen im erzeugenden Land nicht kontrolliert, sodass sie in Tests trotz anderer Deklaration oft schadstoffreich sind.

Die gute Nachricht: Wir haben jede Menge Superfoods vor der Haustür. Wir müssen sie nur wieder mehr in den Blick nehmen.

Alternative 1: Einige exotische Superfoods, die gehypt werden, **wachsen auch hierzulande:** Aroniabeeren kannst du zum Beispiel im eigenen Garten ziehen. Um sie direkt vom Strauch zu essen, sind Aroniabeeren übrigens nicht so lecker, aber sie sind eine gesunde Zutat in Smoothies.

Alternative 2: Die heimische **Hagebutte**, auch Hundsrose genannt, ist eine wahre Vitamin-C-Bombe: Sie enthält 1250 Milligramm pro 100 Gramm der frischen Früchte – 20 Mal so viel wie Zitrone! Die meisten von uns erinnern sich vielleicht noch an den etwas muffigen Jugendherbergstee – aber die Früchte lassen sich auch beim Spaziergang einsammeln und frisch verzehren, wenn du vorher die Kerne entfernst! Hagebutten kannst du auch selbst zu Tee verarbeiten: frische oder getrocknete Hagebutten aufschneiden, Kerne entfernen und die Schalen mit kochendem Wasser übergießen, etwa 10 Minuten ziehen lassen. Hagebutten enthalten außerdem Antioxidantien und Carotin, das gut fürs Immunsystem ist. Sie wirken entzündungshemmend und können bei regelmäßigem Verzehr Herz-Kreislauf-Erkrankungen wie Arterienverkalkung, Schlaganfall und Herzinfarkt vorbeugen. Auch Wundheilung und UV-Schutz hat die Beere im Programm.

Alternative 3: Jede andere Art von **Beeren** zur jeweiligen Saison ist ein echtes Superfood – von Erdbeeren über Heidelbeeren bis zu Schwarzen Johannisbeeren, die von allen heimischen Beeren übrigens am meisten Vitamin C enthalten. Je dunkler die Beere, umso wirkungsvoller gegen freie Radikale! Vielen Beeren werden auch spezifische Heilwirkungen zugeschrieben: Heidelbeeren, auch Blaubeeren genannt, wirken Entzündungen im Mund entgegen, außerdem sollen sie Beschwerden im Magen-Darm-Trakt lindern und bei leichtem Durchfall helfen.

Vieles wächst am Wegesrand, ist also gratis zu haben, nicht nur wilde Himbeeren und Brombeeren, sondern auch Holunderbeeren – aus ihnen lässt sich sehr gut ein bittersüßer Saft herstellen, der bei Erkältung im Winter wohltut. Wichtig: Da sammeln, wo keine Bandwürmer durch Fuchskot drohen und nicht zu viele Abgase an die Früchte gelangen.

Aternative 4: **Sauerkraut**, das wusste schon Hippokrates, hat es in sich. Durch die Vergärung ist der Kohl besser bekömmlich und als probiotisches Lebensmittel schützt es vor chronischen Krankheiten, Viren und Bakterien, ist also bei regelmäßigem Verzehr (mindestens 100 Gramm täglich) ein gutes Mittel, um Grippe vorzubeugen. Es enthält Milchsäure und jede Menge Ballaststoffe, die deinen Darm in Schuss halten und für eine gute Verdauung sorgen, außerdem Vitamin C und sekundäre Pflanzenstoffe. In rohem Sauerkraut stecken unter anderem auch Vitamin B_3, B_6 und B_{12}. Gerade für Letzteres ist es damit eine ideale Quelle für Menschen, die sich pflanzlich ernähren.

Alternative 5: Hollywoodstars haben den **Grünkohl** längst als Wundermittel entdeckt, der vollgepackt ist mit Vitaminen und Mineralstoffen, sekundären Pflanzenstoffen und Antioxidantien: darunter **Eiweiß, Provitamin A, B-Vitamine, Folsäure, Vitamine E, K und C, Kalium, Calcium, Phosphor und Eisen**. Die sekundären Pflanzenstoffe im Grünkohl, **Flavonoide und Senfölglykoside, sollen eine entzündungshemmende Wirkung** besitzen. Außerdem stecken jede Menge Ballaststoffe in Grünkohl und er ist auch noch besonders kalorienarm. Du kannst ihn im Smoothie trinken, roh im Salat essen oder klassisch kochen und mit Salz, Pfeffer und Muskatnuss anmachen. Oder du stellst selbst ein paar Grünkohl-Chips her, das geht ganz einfach und ist ein leckerer Snack (siehe Seite 235).

Süßkram

Zwar gibt es manche Biofirmen, die inzwischen Schokolade in nachhaltiger Folie anbieten, aber oft sind Süßigkeiten in konventionellen Plastiktütchen verpackt und beinhalten zudem bedenkliche Zutaten wie Palmöl oder Farbstoffe. Die Lösung: Süßes selber machen, wenn du Appetit bekommst!

Alternative 1: **Holunder** ist nicht nur ein Superfood (siehe Seite 151), du kannst aus seinen Beeren Saft herstellen – und aus seinen Blüten einen leckeren **Sirup**: Für 1 Liter brauchst du etwa 20 Blütendolden, die du ausschütteln solltest, um keine Insekten mitzuverarbeiten. Dann zupfst du die kleinen Blüten ab und gibst sie mit dem Saft einer Biozitrone in eine große Schüssel, schneidest eine weitere gewaschene Biozitrone klein und fügst sie hinzu. Je nach Lieblingsgeschmack kannst du etwas Zitronenmelisse, Ingwer oder Minze hinzugeben. Übergieße die Mischung mit 1 Liter abgekochtem, erkaltetem Wasser, decke sie ab und stell sie zwei bis drei Tage in den Kühlschrank. Nach zwei bis drei Tagen kochst du das Ganze mit 1 Kilo Zucker kurz auf. Abkühlen lassen und dann abseihen, am besten durch ein Tuch oder ein feines Sieb. Wenn du deine Zähne schonen willst, kannst du statt industriellem auch Birkenzucker nehmen! Der Sirup ist wegen des hohen Zuckergehalts rund ein Jahr haltbar, du kannst dir damit jederzeit eine leckere Limo machen oder einen Hugo zubereiten.

Alternative 2: Bei Heißhunger auf Süßes kannst du dir flugs einen **Tassenkuchen** machen – in nur 5 Minuten, wenn du eine Mikrowelle hast, sonst etwas länger im Ofen!

UND SO GEHT'S:

- 1 EL Mandelmus
- 3 EL Haferdrink
- 1 TL Zucker
- 1 TL Vanillezucker, wenn du es süßer magst, Vanillepulver oder Zimt
- 2 EL gehackte Cashews oder andere Nüsse
- 1 EL Dinkelmehl Type 630, gehäuft
- 1/4 TL Backpulver

Alle Zutaten zusammenrühren, bis der Teig sämig ist. Zur Deko kannst du am Schluss einige gehackte Nüsse oder Mandelblättchen drüberstreuen, dann 1 bis 2 Minuten auf höchster Stufe in der Mikrowelle oder bei 150 Grad etwa 15 bis 20 Minuten im Ofen backen. Achte darauf, dass deine Tasse mikrowellengeeignet oder feuerfest ist.

Popcorn ist eine Süßigkeit, die ganz ohne Zusatzstoffe auskommt. Denn das Einzige, was du dafür benötigst, ist eine Tüte Mais, einen Topf mit einem ordentlichen Deckel und etwas Sonnenblumenöl. Danach kannst du je nach Belieben das Popcorn süßen oder salzen. Geht schnell, ist günstig und kommt bei Kindern immer gut an.

Wein

Wein ist ein aufwendig hergestelltes Produkt. Eine Flasche kann – je nach Herstellungsart und Herkunftsort durch den Fermentationsprozess und den Transport – zwischen etwa 700 Gramm und 4,5 Kilogramm CO_2 verursachen.

Naturfreundlicher Wein ist mit dem Ecovin-Siegel ausgezeichnet: Den Bundesverband, der dieses Siegel entwickelt hat, gibt es seit 1985; das Siegel steht für Wein, der unter ökologischen Kriterien in Rheinhessen, der Pfalz, an der Mosel und in Baden hergestellt wurde.

Wenn du selten Wein trinkst, aber ab und an damit kochst, gibt es gute Möglichkeiten, eine angebrochene Flasche über einen längeren Zeitraum zu retten.

Tipp 1: Füll die **Restmenge** in eine kleinere Flasche, in der möglichst wenig Sauerstoff ist – je weniger Luft in die Flasche passt, umso länger ist der Wein haltbar. Auf diese Weise kannst du ihn drei bis fünf Tage im Kühlschrank lagern, Rotwein sogar bis zu einer Woche. Natürlich kippt der Wein dann nicht gleich und ist ungenießbar, aber er verliert an Qualität.

Tipp 2: Kleine Mengen kannst du in ein **Eiswürfelbehältnis** füllen und einfrieren, so bleiben sie lange haltbar und sind für die nächste Pastasoße gut portionierbar.

Anne erzählt: Früher habe ich mich über das Vegan-Siegel auf Weinflaschen amüsiert. Erst spät bin ich drauf gestoßen, dass Weißwein durch die Schwimmblase des Störs geklärt wird, für Rotwein werden Eiweiße wie Gelatine aus Tierknochen, Albumin aus dem Hühnerei, Casein oder Betonit verwendet. Seither achte ich darauf, dass der Wein als vegan ausgezeichnet ist.

M wie Mode

Das Cover der *Vogue* zeigte eine Szene wie aus dem Märchen, bei der wohl viele ihren Augen nicht trauten: Greta Thunberg in einem tunikaähnlichen Gewand neben einem Pferd mitten in der Natur. Hatte die Klimaaktivistin all ihre Prinzipien über Bord geworfen und war unter die Models gegangen? Wer weiter blickte als bis zum Cover, fand im Innenteil nicht nur eine Modestrecke mit umweltfreundlich hergestellter Fashion, sondern las Gretas grundlegende Kritik an der Modebranche. »Die Modeindustrie«, schrieb sie dazu bei Instagram, »trägt erheblich zum Klima- und Umweltnotfall bei, ganz zu schweigen von den Auswirkungen auf die unzähligen Arbeiterinnen und Gemeinschaften, die rund um den Globus ausgebeutet werden, damit einige in den Genuss von Fast Fashion kommen, die viele als Wegwerfartikel betrachten.«

Das Problem besteht etwa seit den 1990er-Jahren. Durch Produktion in Fernost wurde Mode immer günstiger, die Halbwertszeit des einzelnen Kleidungsstücks sank. Inzwischen bringen Ketten wie H&M oder Zara bis zu 24 neue Kollektionen pro Jahr in die Läden – Ultrafast Fashion. Die einzelnen Herstellungsunternehmen drängen uns, immer wieder Neues zu kaufen, und hin und wieder locken sie mit scheinbar ökologisch unbedenklichen Textilien: laut Werbung aus Meeresplastik oder Recyclinggarn. Der ethische Anstrich soll zum Kauf verführen und ein gutes Gewissen machen. Dabei ist die Qualität der meisten Kleidungsstücke oft mangelhaft und sie wurden größtenteils unter Bedingungen hergestellt, die Menschen in unseren Breitengraden für sich selbst nie akzeptieren würden. Ein einzelnes Teil hat oft 20 000 Kilometer Reiseweg auf dem Buckel, bevor wir es im Laden anprobieren, und es hat etliche Prozesse durchlaufen: Allein fürs Färben von 1 Kilo Garn werden rund 60 Liter Wasser verbraucht und chemisch verschmutzt. Das führt dazu, dass vor allem im Textilland Bangladesch, wo es kaum ernstzunehmende Kontrollen gibt, Wasserproben eine verheerend schlechte Qualität haben. Flüsse wie Buriganga und Daleshwari sind wegen der hohen chemischen Belastung praktisch tot. Dazu kommt, dass schon der Anbau der Baumwolle für eine herkömmliche Jeans so viel Wasser verbraucht, dass Gewässer wie der Aralsee, also der ehedem viertgrößte See der Welt, durch die Bewässerungssysteme für die nahegelegenen Baumwollfelder praktisch leer ist. Je nach Bewässerungsart frisst die Herstellung eines einzigen T-Shirts 2000 bis 20 000 Liter Wasser. Eine Katastrophe für alle Menschen, die in den ohnehin schon trockenen Anbauregionen leben, ganz zu schweigen von Flora und Fauna. Auf den Feldern selbst lebt kaum noch was, denn 16 Prozent aller weltweit eingesetzten Pestizide kommen beim Anbau von Baumwolle zum Einsatz. Und auch wenn das Shirt schon bei uns im Schrank liegt, verursacht es noch Klimagase und verbraucht Wasser, denn es wird ab und an gewaschen und am Ende entsorgt: Die TU Berlin rechnet, dass ein einziges (weißes!) Shirt, das 150 Gramm wiegt, mit 2495 Litern Wasser hergestellt wird und innerhalb seiner Lebensdauer 3,7 Kilogramm CO_2 erzeugt. Und je schwerer das Kleidungsstück, umso heftiger auch der ökologische Fußabdruck.

Dann besser Kunstfasern? Lieber nicht, denn für synthetische Stoffe wie Polyacryl ist in der Produktion eine Menge Rohöl notwendig – 2015 waren es 98 Millionen Tonnen. Damit sind Kunstfasern ein Klimakiller, ein Shirt aus diesem Material hat einen Fußabdruck von 5,5 Kilo CO_2. Und laut einer Studie der International Union of Conservation of Nature (IUCN) stammen 35 Prozent des Mikroplastiks in den Weltmeeren von synthetischen Textilfasern, die etwa beim Waschgang ausgespült werden. Damit sind synthetische Kleider eine der Hauptquellen für Meeresmikroplastik, gleich nach Reifenabrieb und Feinstaub.

Musst du wegen der Produktion und Materialauswahl ganz auf Mode verzichten? Im Gegenteil – es ist wichtig, dass du sie wieder wertschätzt. Warum und wie, das zeigt der folgende Blick in Kleiderschränke, auf Laufstege und in Boutiquen.

Altkleider

1,3 Millionen Tonnen Altkleider wurden jährlich zwischen 2013 und 2018 angesammelt. Wie die aktuelle Studie »Konsum, Bedarf und Wiederverwendung von Bekleidung und Textilien in Deutschland« zeigt, sortierte allein im Jahr 2018 jede Bundesbürgerin über 15 Kilo Kleidung aus – 1 Kilo mehr als 2015. Gleichzeitig wird die Qualität der Kleiderspenden durch Fast Fashion immer schlechter.

Es ist entscheidend, wo du deine Kleider entsorgst, denn 90 Prozent aller Altkleider landen bei kommerziellen Sammelunternehmen, die in Sortieranlagen in Osteuropa schlechte Arbeitsbedingungen schaffen und in anderen Ländern ein Geschäft mit den Textilien machen, wo sie dadurch wiederum den Aufbau eines eigenen Textilmarktes verhindern.

Alternative 1: Der Dachverband **Fairwertung** kümmert sich darum, dass die Erlöse aus den Kleidungsverkäufen soziale Projekte unterstützen und dass ökologische Standards eingehalten werden: https://fairwertung.de.

Alternative 2: Kleidung lieber bei **Sozialkaufhäusern, Umsonstläden, Kleiderkammern oder in kleinen Secondhandläden** abgeben, wo du weißt, welchem Zweck deine Stücke zugeführt werden. Sammelstellen findest du über: https://altkleiderspenden.de/.

Billigmode

Du hast wenig Geld, bist aber ein Fashion Addict? Greif nicht zu Billigmode – sie kommt dich teuer zu stehen, denn sie enthält oft gesundheitlich bedenkliche Stoffe und fällt schneller auseinander, sodass du letztlich mehr kaufst. Außerdem wurde sie zumeist unter unsäglich schlechten Bedingungen produziert. Gib lieber mehr Geld für Qualität und gute Arbeitsbedingungen aus. Dann kannst du dir zwar weniger Stücke kaufen, hast aber länger etwas von deinen textilen Schätzen.

Alternative 1: **Fair Fashion** statt Fast Fashion – im besten Fall von Anbietern, die Cradle-to-Cradle produzieren, also eine umweltfreundliche Kreislaufwirtschaft und ganzheitliche Verwertung anstreben.

Alternative 2: **Miete eine Capsule Wardrobe online**, zum Beispiel via Fairnica, statt neue Kleidung zu kaufen.

Alternative 3: **Kauf nur, was du wirklich brauchst** – und das am besten fair oder secondhand. Gebrauchte Kleidung solltest du möglichst nicht nicht via Internetshops bestellen, die ihre Ware zu Billiglöhnen sortieren und ausliefern lassen, sondern eher in kleinen Boutiquen oder in der Community Vinted (www.vinted.de), wo du schicke Teile findest, die andere aussortiert haben. Secondhandmode hat nur insofern einen Schönheitsfehler, als sie das Fast-Fashion-Geschäft in gewisser Weise stützt. Besser ist es, weniger zu kaufen.

Alternative 4: Nutze das, was schon da ist, indem du **nähst, upcyclest, tauschst.** Veranstalte eine Tauschparty mit Freundinnen oder besuch ein Nähcafé in deiner Nähe – und im Internet finden sich zahlreiche Seiten fürs Upcycling.

Alternative 5: Wenn du für einen Anlass ein teures Teil brauchst, das du hinterher nie wieder anziehst, ist ein **Leihkleidergeschäft** für dich das Richtige. So machen es auch alle Stars aus Film und Fernsehen. Du befindest dich damit also in bester Gesellschaft. Die Firmenfeier oder das exklusive Kundendinner ist gerettet – und du kannst die Leihkosten hinterher sogar von der Steuer absetzen!

Leder

Leder ist *kein* reines Nebenprodukt der Fleischindustrie. Hinzu kommt, dass durch Gerben und Färben in Ländern wie Bangladesch oft giftige Chemikalien in die Umwelt gelangen. Zudem erfordert die Herstellung eine Menge Wasser – 20 000 bis 80 000 Liter je Tonne Leder.

Alternative 1: Auch Leder kannst du **secondhand** kaufen, denn es ist ein langlebiges Material und auf diese Weise nachhaltiger als ein Neukauf.

Alternative 2: »Leder« wird inzwischen auch **aus Pflanzen** gewonnen, etwa aus Fasern von Äpfeln, Blättern von Ananas, Kork oder Eukalyptus. Wähle am besten ein Material, das ein Ökozertifikat besitzt und keinen weiten Transportweg hat.

Alternative 3: Lederimitat wird bisweilen **aus Papier** hergestellt, etwa bei den Geldbörsen von Paprcuts und Bleed oder als Bestandteil veganer Taschen.

Billiges Lederimitat ist – wie Kunstpelz (siehe Seite 161) – meist nichts weiter als Plastik und das belastet die Umwelt.

Pelz

Unter den miesen Bedingungen auf Pelzfarmen oder auf Lebendmärkten in Asien, aber auch im europäischen Ausland wie in Polen, Bulgarien und Rumänien, leiden Millionen Tiere extrem. Oft sind es Marderhunde und Katzen, die mit einem Stromstoß getötet werden. Die Methode funktioniert so schlecht, dass viele der Tiere noch bei Bewusstsein sind, wenn man sie häutet. Als wäre das nicht schon schlimm genug, sind Pelze keinesfalls nachhaltig, nur weil sie als Naturprodukt gelten: Wie eine niederländische Studie ergab, ist ein Pelz im besten Fall drei Mal so klimaschädlich wie ein Fake-Produkt, im schlimmsten Fall erzeugt er zehn Mal so viel CO_2. Das hängt vor allem damit zusammen, dass die Tiere auf Farmen aufgezogen, gefüttert, getötet und die Kadaver transportiert werden. Durch die Chemikalien, mit denen Haut und Fell behandelt werden, ist ein Pelz eher Sondermüll als ein Fall für den Kompost.

Tipp 1: **Secondhand** tötet das Tier zwar kein zweites Mal, aber du sendest an andere ein Zeichen, dass es okay ist, Pelz zu tragen.

Tipp 2: Sag einfach **nein zu Pelz**.

Kunstpelz ist auch – du ahnst es schon – Plastik. Und selbst ein als Kunstpelz ausgezeichnetes Produkt besteht oft aus echtem Fell, denn es ist häufig günstiger, ein Tier zu töten, als einen Kunstpelz herzustellen. Teste, ob es sich beim Pelzkragen deines Anoraks um einen echten Pelz handelt, indem du hineinbläst: Bei echtem Pelz bewegen sich die Haare natürlicher, der Untergrund ist aus Leder. Bei Kunstpelz siehst du meist das Webmuster des Stoffes. Um sicherzugehen, brenne vorsichtig einige Haare an: Plastikpelz riecht deutlich chemisch, echte Haare schmurgeln ohne giftigen Geruch.

Siegel

Wenn »organic cotton« auf dem Produkt steht, ist das schon mal gut, aber was bedeuten Öko- und Fairtrade-Siegel genau? Die gängigsten Siegel findest du hier. Wie Recherchen der *New York Times* 2022 jedoch zeigen, ist Biobaumwolle allerdings selbst mit Siegel oft eine Mogelpackung. Kontrollen finden zu selten statt und sind oft unzureichend. Und das Siegel bekommt ein Produkt auch, wenn der Rohstoff später in der Produktionskette Bekanntschaft mit gefährlichen Chemikalien macht. Sicherer, besser, einfacher ist: weniger shoppen!

Blauer Engel

Den Blauen Engel gibt es bereits seit 1978. Er ist eines der bekanntesten Siegel und ein Zeichen des Bundesumweltministeriums. Meist ist er auf Recyclingpapier zu sehen, auf Farben und Lacken, Elektroprodukten – und eben auf Kleidung und Schuhen. Um dieses Siegel zu bekommen, muss der gesamte Fertigungsprozess ökologische und soziale Standards erfüllen. Das Kleidungsstück darf keine gesundheitsbelastenden Chemikalien enthalten, es muss mit hohen Umweltstandards hergestellt sein, soziale Bedingungen und Arbeitssicherheit gewährleisten.

Bluesign

Dies ist ein Schweizer Nachhaltigkeitssiegel für Sportbekleidung: Um das Siegel zu bekommen, müssen mindestens 90 Prozent der Textilstoffe zertifiziert sein, überdies wenigstens 30 Prozent an Zusätzen wie Reißverschlüssen oder Knöpfen. Was nicht zertifizierbar ist, muss zumindest den Standards von Bluesign genügen. So soll der ökologische Fußabdruck der gesamten Produktionskette verbessert werden.

Fairwear

Das Siegel wurde 1999 von einer gemeinnützigen Organisation aus Amsterdam ins Leben gerufen. Es hat zum Ziel, die Arbeitsbedingungen in den Textilfabriken zu verbessern. Dabei folgt es einem Kodex für Arbeitspraktiken und Arbeitnehmerrechte, der sich an internationalen Standards orientiert. Es können aber auch Firmen Mitglied werden, die sich zu den Grundsätzen bekennen und noch nicht perfekt sind.

Fairtrade

Das Siegel steht bei Lebensmitteln wie bei Kleidung für kostendeckende Warenpreise und verlässliche Handelsbeziehungen. Außerdem tritt es gegen Kinderarbeit, Zwangsarbeit und Diskriminierung ein und schafft faire Arbeitsbedingungen, unter denen es möglich ist, sich gewerkschaftlich zu organisieren, und bei denen der Zugang zu medizinischer Versorgung und sauberem Trinkwasser gewährt ist. Umweltschutz wird gefördert, allerdings erfüllt das Siegel nicht alle Standards des EU-Biosiegels (siehe Seite 150) und tritt zwar gegen den Einsatz von Pestiziden und für nachhaltige Energie- und Wassernutzung sowie Müllvermeidung ein, erlaubt aber beispielsweise gewisse Herbizide. Wo du Fairtrade-Produkte bekommst, erfährst du unter: www.fairtrade-deutschland.de.

Global Organic Textile Standard

Das GOTS-Label bildet ab, dass bei der gesamten Herstellung strenge ökologische Kriterien beachtet wurden. Es zielt darauf ab, einen weltweit einheitlichen sozialen und ökologischen Standard zu schaffen, der kontrollierbar ist und die gesamte Produktionskette einer Textilie betrachtet. In GOTS-zertifizierten Klamotten müssen mindestens 70 Prozent ökologisch erzeugte Naturfasern sein und sie dürfen keine gefährlichen Chemikalien enthalten. GOTS ist das Siegel, das am nächsten am IVN Best liegt, also die höchsten Ansprüche an die Kleidung stellt (siehe Seite 162).

Grüner Knopf

Dieses Siegel wurde 2019 von der Bundesregierung als Reaktion auf den Einsturz der Textilfabrik Rana Plaza in Bangladesch ins Leben gerufen. Rana Plaza produzierte für Unternehmen wie Primark, Benetton, Mango, C&A und auch deutsche Unternehmen wie KiK oder Adler beziehungsweise deren Zulieferer. Damals starben 1136 Menschen, über 2000 wurden verletzt. Viele standen ohne das Einkommen aus der Fabrik unvermittelt ohne Geld da. Das Unglück machte die unmenschlichen Produktionsbedingungen sichtbar.

Der Grüne Knopf ist ein Metasiegel. Er steht nicht für einen wirklichen Wandel in der Textilindustrie, sondern beschränkt den Blick auf bestimmte Arbeitsschritte und nimmt andere Siegel wie Fairtrade, Global Organic Textile Standard, Naturtextil oder Oeko-Tex zur Grundlage, schaut auf das Endprodukt, aber nicht auf die Herstellung der Materialien. Der Grüne Knopf ist wiederholt wegen mangelnder Kontrolle in die Kritik geraten und weil die Mindestlöhne, die Menschen in der Herstellung verdienen, zu gering angesetzt waren.

IVN Best

Wird vom Internationalen Verband der Naturtextilwirtschaft e. V. (IVN) herausgegeben und ist ökologisch betrachtet das Siegel mit den höchsten Standards – es hat sogar von Greenpeace ein Lob bekommen. Dieses Siegel betrachtet die gesamte Wertschöpfungskette vom Anbau bis zum fertigen Produkt, das keine synthetischen Bestandteile enthalten darf, zudem auf giftige Stoffe getestet wird und durch seine Naturbelassenheit für Kreislaufwirtschaft geeignet ist.

Oeko-Tex

Das Siegel bedeutet, dass die Kleider auf Schadstoffe geprüft worden sind. Alle Bestandteile der Kleidung werden getestet, auch Reißverschlüsse. Allerdings werden beim einfachen Textiles-Vertrauen-Label nur die Produkte untersucht, nicht die ökologischen Bedingungen bei der Herstellung. Erst der Oeko-Tex Standard 100 plus betrachtet auch die Produktionsstätten, das »Made in Green«-Label die gesamte Wertschöpfungskette. Also unbedingt noch auf andere Siegel achten!

Unterwäsche

Welche faire und schöne Unterwäsche es gibt, findest du im Kapitel *Bettgeschichten* (siehe Seite 24).

Wolle

Da für Schafwolle logischerweise Tiere gehalten werden, entstehen bei der Produktion doppelt so viele Emissionen wie beim Erzeugen der Kunstfaser – ein CO_2-Fußabdruck von rund 11 Kilogramm. Günstige Schafwollprodukte stammen oft aus China oder Australien, wo die Schafe vielfach unter grausamen Bedingungen gehalten werden. Bei Merinoschafen etwa ist das »Mulesing« eine gängige Praxis. Dabei wird den Lämmern ohne Betäubung die Haut am Hinterteil entfernt, da sich in der vernarbten Fläche keine Fliegenlarven einnisten können.

Alternative 1: Schafwolle **aus tierfreundlicherer Haltung**, die als solche ausgezeichnet ist, oder Biobaumwolle kann eine Alternative sein. Beides ist nicht wirklich grün, da der CO_2-Fußabdruck immer noch recht hoch ist und viel Wasser und Fläche verbraucht wird, aber es ist schon besser als konventionelle Schafwolle.

Alternative 2: Kleidung **aus natürlichem Leinen oder Hanf** sowie aus **Lyocellfasern**, die aus nachhaltig bewirtschafteten Wäldern stammen, kann Wolle ebenfalls ersetzen. Doch auch dafür werden neue Rohstoffe verbraucht. Am besten Naturfaserkleidung verwenden, die schon da ist – secondhand.

Alternative 3: Wähle **recycelte Baumwolle**, die aus Baumwollfasern aus ehemaligen Produktionsabfällen besteht oder bei deren Produktion Altkleidungsstücke sowie Textilreste verwendet werden.

Alternative 4: Was da ist, möglichst lange nutzen: Ribbel einfach einen **alten Pullover**, der dir zu klein geworden ist, wieder auf und stricke dir einen neuen draus. Das ist die beste Form des Recyclings!

Zalando & Co.

Rund 46 Prozent aller im Netz gekauften Kleider werden laut der Forschungsgruppe Retourenmanagement an der Uni Bamberg zurückgeschickt – jedes zweite Paket. Was das bewirkt und wie du besser online einkaufst, findest du auf Seite 39.

wie Nein

Unsere Welt ist komplex. 20 000 Entscheidungen triffst du täglich. Mindestens. Das beginnt schon, wenn du morgens auf die Schlummertaste des Weckers haust, geht weiter, wenn du dich entscheidest, ob du lieber Brot oder lieber Müsli isst. Welchen Schuh du zuerst anziehst. Und welchen Weg du zur Arbeit nimmst. Viele dieser Entscheidungen triffst du, ohne es zu merken. Über einige grübelst du sicher während des Tages nach.

Dieses Buch ist ein großes Ja zu den Möglichkeiten, die wir besitzen, um die Welt jeden Tag ein wenig besser zu machen. Es soll dich inspirieren, anders zu handeln, und dir ermöglichen, ohne Zusatzrecherche zur umweltfreundlicheren Alternative zu greifen.

Aber manchmal gilt es auch einfach nein zu sagen, weil du sonst ein System unterstützt, das für das Leben auf diesem Planeten schädlich ist. Das klar abzulehnen, kann sehr befreiend sein.

Wie geht's dir mit dem Neinsagen? Kannst du es gut oder würdest es gern besser können? Hier ist die Gelegenheit, das auszuprobieren!

Sag nein zu Convenience-Produkten

Nahezu alles, was lange haltbar und hochverarbeitet ist, enthält viele ungesunde Zusatzstoffe wie Geschmacksverstärker und Konservierungsstoffe. Und es ist fast immer in Plastik oder Alu-

minium verpackt, was für Rückstände im Lebensmittel sorgt. Selbst kochen oder zum Imbiss zu gehen, ist leckerer und gesünder. Wenn es dich zu einem Take-away zieht, bring dein eigenes Behältnis mit – die meisten Restaurants füllen dir das Essen gerne ab!

Sag nein zu Einwegkulis

Spätestens, wenn wieder eine Wahl ansteht, verschenken Parteien Buttons und Kugelschreiber mit ihrem Logo. Die psychologische Wirkung eines Geschenks lässt uns dazu neigen, es einfach anzunehmen – wäre ja unhöflich, wenn nicht. Und jemanden, der uns was schenken will, nehmen wir grundsätzlich erst mal als positiv wahr. Bevor du den 50. Kuli annimmst, denk nach, ob du ihn wirklich benutzen wirst. Nimm stattdessen lieber die Möglichkeit wahr, ein politisches Gespräch zu führen (siehe Seite 187, Tipp 4)!

Sag nein zu Fertigsalat in Tüten oder Schalen

Tütensalat ist nicht nur Plastikwahnsinn, sondern auch mit Keimen belastet, ebenso wie geschälte Babykarotten. Wenn du kein Handicap hast, das es dir unmöglich macht, Karotten selbst zu schälen oder Salat zu waschen, dann solltest du auf beides tunlichst verzichten.

Sag nein zu Flyern

Die meisten Menschen werfen Flyer vermutlich noch am selben Tag weg. Besser abfotografieren statt mitnehmen!

Sag nein zu Gratisproben

Produktproben und Promogeschenke sind oft nicht hochwertig und in Plastik verpackt. Wenn man zu Hause ist, liegen sie nur in der Sammelschale oder auf dem Flurtisch herum.

Sag nein zu Imprägnierspray

Normale Kleidung muss nicht imprägniert werden. Kauf auch möglichst keine mit PFC (per- oder polyfluorierte Chemikalien) vorbehandelte Kleidung, Tischdecken, Sitzbezüge oder Arbeitsschutzkleidung: PFC ist giftig und kann krebserregend sein, laut Umweltbundesamt mindert es auch die Fruchtbarkeit. Wenn es also nicht unbedingt sein muss, verzichte auf Imprägnierspray.

Sag nein zu Katalogen

Einmal abonniert, schon fliegen die Kataloge zu dir nach Haus. Meist vergisst man im Alltagsstress, sie abzubestellen. Sobald ein unerwünschter Katalog ankommt, suche die Mailadresse der Firma raus und bestell ihn ab, damit du es nicht (wieder) vergisst, bis der nächste durch den Briefschlitz rutscht.

Sag nein zu (sinnlosem) Konsum

Um herauszufinden, ob es wirklich der Gegenstand ist, den du willst, oder ob du nur unzufrieden bist, stell dir Fragen: Brauchst du dieses Smartphone, diese neue Lampe, diesen rosa Porzellan-Hirsch mit samtbeflockten Geweihspitzen für den Eingangsbereich wirklich? Wie lange wird dir dieser Gegenstand gefallen? Hast du schon etwas, was den gleichen Zweck erfüllt oder ähnlich aussieht? Musst du den Gegenstand wirklich besitzen oder kannst du ihn leihen – vom Kleiderverleih oder von der besten Freundin? Gibt es das, was du haben willst, gebraucht auf einem Kleinanzeigenportal, in der Secondhandboutique oder auf dem Flohmarkt? Stimmt die Produktion mit deinen Werten (siehe Textilsiegel, Seite 161) überein oder kannst du es ökologischer oder fairer bekommen?

Besonders am letzten Freitag im November kannst du nein zum Konsum sagen – denn da ist »Black Friday«, ein Tag des überbordenden Konsums. Umweltverbände rufen an diesem Tag zum Kauf-nix-Tag auf, du bist also mit einem Nein in guter Gesellschaft.

Sag nein zu Kreuzfahrten

Für viele ein Traum – eine Weltreise mit dem Kreuzfahrtschiff. Auch wenn die Kreuzfahrtindustrie sich mit einer Senkung der Emissionen um 10 Prozent brüstet, ist eine Kreuzfahrt noch immer eine der umweltschädlichsten

Reisen, die du unternehmen kannst, vor allem, wenn du zuvor mit dem Flugzeug zum Hafen gelangst.

Während die Zahl der Mitfahrenden wachsen, werden die Urlaubstanker immer größer. Der aktuell größte Riese ist die *Symphony of the Seas* der US-Reederei Royal Caribbean. Sie ist 62 Meter lang, 66 Meter breit und so hoch wie ein 19-stöckiges Haus; bis zu 6780 Passagierinnen finden auf ihr Platz. Bewegt wird sie laut dem Portal Seetours mit rund 250 000 Litern Diesel – pro Tag. Das entspricht dem Energieverbrauch einer Kleinstadt. Wie der NABU untersuchte, ist die Kreuzfahrt trotz einzelner Unternehmen wie Ponant, AIDA und MSC, die begonnen haben, etwas umweltfreundlichere Antriebe zu entwickeln, weit davon entfernt, die Ziele des Pariser Klimaschutzabkommens für sich umzusetzen. Die meisten Schiffe fahren noch immer mit giftigem Schweröl und verpesten mit ihren Abgasen sogar die Kinderdisco auf dem Hinterdeck. In den wenigsten Häfen gibt es bisher die ausreichende Infrastruktur für Landstrom – was auch nichts nützt, wenn der Strom aus schmutzigen Quellen wie Kohlekraft stammt. Abgesehen davon sind die Arbeitsbedingungen für die Crew und die Auswirkungen auf die Bevölkerung rund um die Häfen nicht zu vertreten.

Sag nein zu Light-Produkten

Diätprodukte enthalten viele Zusatzstoffe, außerdem sind sie meistens in Plastik verpackt. Lieber ein wenig verarbeitetes Lebensmittel essen oder Wasser trinken statt eine Diätlimonade.

Sag nein zu Proteinriegeln

Sie sind meist in Plastik verpackt und enthalten viele Zusatzstoffe – und eine Menge Kalorien, die du dir sparen kannst, wenn du dich ausgewogen ernährst und proteinreiche Kost zu dir nimmst wie Brunnenkresse, Spinat, Hülsenfrüchte oder Brokkoli. Energieriegel kannst du auch gut selbst herstellen, ganz ohne Pastikfolie und nur mit gesunden Zutaten, siehe Seite 208.

Sag nein zu Schnickschnack

Dekogegenstände mögen für den Moment schön sein, aber sie haben eine geringe Halbwertszeit. Das Gleiche gilt für die meisten Souvenirs, die wir aus dem Urlaub mitbringen – sie können meistens nichts außer Herumstehen. Besser sind Gebrauchsgegenstände oder Dinge, die zum Verzehr geeignet sind: Ein Tee aus dem Urlaubsland, regionale Gewürze aus einer Kooperative, ein schönes und möglichst nachhaltig hergestelltes Tuch oder eine bunte Schale vom lokalen Markt holt die Erinnerungen an die Reise besser hervor als jeder bemalte Miniaturleuchtturm.

Sag nein zu Sonderangeboten

Drei zum Preis von zwei? Angebote verführen dich dazu, mehr zu kaufen, als du willst.

Ein Test des WDR ergab, wie anfällig wir für geringere Preise von Großpackungen sind. Die meisten Menschen kauften dabei das Netz mit vielen Mandarinen, obwohl sie in Wahrheit nur eine oder zwei Früchte essen wollten. Und sie gaben zu, dass der Rest wahrscheinlich herumliegen und dann in den Müll wandern würde.

Kauf also nur so viel, wie du brauchst und verzehrst, und verzichte auf die 20 Cent Ersparnis für die größere Packung – denn das kommt letztlich nicht nur dich, sondern die Natur teuer zu stehen.

Sag nein zu Tiefkühlpommes

Fritten aus dem Eisschrank sind nicht nur oft in Plastik verpackt, sie sind durch die Verarbeitung – Trocknen, Einfrieren, Tiefkühlen – emissionsreich: 5,7 Kilo CO_2 bringen sie auf die Klima-Waage. Gleiches gilt für andere verarbeitete Kartoffelprodukte wie Instant-Klöße und Kartoffelbrei, die etwa 3,8 Kilo CO_2 erzeugen.

Sag nein zu Tierquälerei

Zu Pelz, Billigfleisch, gefärbten Küken, die dir auf dem Markt angeboten werden. Sag einfach nein, möglichst laut und deutlich.

Sag nein zu Weichspüler

Die meisten Weichspüler enthalten Duftstoffe, die Allergien auslösen können, und Farbstoffe, die schädlich für die Umwelt und aufwendig aus dem Abwasser zu filtern sind. Außerdem bedeutet eine weitere Verpackung wieder mehr Plastik. 2 bis 3 Esslöffel Essig oder 2 Teelöffel Natron oder Waschsoda, die du in Wasser gelöst hast, im Weichspülerfach sind genauso wirksam. Wenn du gern etwas Duft haben möchtest, kannst du ein, zwei Tropfen ätherisches Öl dazugeben.

Sag nein zu Werbung

Die Deutsche Umwelthilfe schätzt, dass jährlich über 1 Million Tonnen CO_2 durch unerbetene Werbepost entstehen – dafür werden jedes Jahr 1,1 Millionen Bäume gefällt.

Mit einem einfachen Schild »Bitte keine Werbung einwerfen« am Briefkasten bist du die Prospekte und Werbeblättchen los, die meist nur dein Altpapier verstopfen.

Sag nein zu Zoo und Tierzirkus

In den meisten Zoos werden Tiere nicht artgerecht gehalten. Tiere zu Kunststückchen zu bringen und sie vor johlender Menge vorzuführen, ist kein nachhaltiges und freundliches Freizeitvergnügen. Vor allem Riesenvergnügungsparks wie *Sea World* sind Tierquälerei für Orcas und Co. Und es ist unmöglich, sie umweltgerecht zu betreiben.

wie Om

Keine Sorge, dieses Kapitel ist nicht dem Thema Selbstoptimierung gewidmet. Tipps dazu gibt es nämlich schon genug. Der Markt ist voller Ratgeber, wie du einen strafferen Terminplan wuppst, wie du schöner, schlauer oder fitter wirst – oder am besten alles gleichzeitig.

Allein schon der Begriff Selbstoptimierung – der sich vom lateinischen Wort *optimus/-a/-um* ableitet (zu Deutsch: der/die/das Beste) – impliziert, dass wir uns in einem Mangelzustand befinden, den wir selbst beheben könnten. Gerade so, als wären wir ein Wirtschaftsunternehmen, das seine Prozesse optimiert oder sein Bild nach außen aufpoliert, bis es das Beste aus sich herausgeholt hat und an der Börse mehr wert ist. Dadurch wird der einzelne Mensch zu einem weiteren Teilchen in unserem ökonomischen System, das auf stetes Wachstum ausgelegt ist. Aber Menschen sind keine Maschinen, uns sind natürliche Grenzen gesetzt. Das gilt übrigens auch für die planetaren Grenzen, die unser Wirtschaftssystem missachtet. Und deswegen erleben wir den Erdüberlastungstag – also den Tag, an dem wir Menschen beginnen, mehr zu verbrauchen, als die Erde innerhalb eines Jahres natürlich erneuern kann – jedes Jahr ein bisschen früher. (Jedenfalls dann, wenn die Wirtschaft nicht durch eine Pandemie ausgebremst wird, denn das hat den Erdüberlastungstag zumindest vorübergehend wieder etwas ausgebremst.) Und so wie dem Planeten geht auch uns Menschen die Puste aus, wenn wir immer mehr Leistung bringen sollen, ohne dass wir uns regenerieren.

Leider werden auch viele Mittel, die uns wieder mit unserem Inneren verbinden sollen, zweckentfremdet und als Tools für Selbstoptimierung eingesetzt. Und so beginnen Topmanagerinnen zu meditieren, damit sie ihren anstrengenden Arbeitstag physisch überhaupt durchstehen. Unterbezahlte Krankenpflegerinnen üben jeden Abend Yoga, damit sie mit 30 Jahren nicht mit einem Bandscheibenvorfall beim Arzt sitzen, und gestresste Erzieherinnen versuchen sich im täglichen Journaling – im Grunde nichts anderes als ein schickes neues Wort fürs schnöde Tagebuchschreiben.

So werden Werkzeuge wie Yoga, Meditation und Achtsamkeit, die inneres Wachstum und menschlichen Wandel bewirken sollen, zu Rettungsankern, um ein produktives Rädchen im wirtschaftlichen Getriebe zu bleiben. Gleichzeitig ist gerade Yoga zu einer regelrechten Disziplin geworden. Die Asanas werden durchgeturnt, als müssten wir uns und der Welt beweisen, dass wir uns richtig entspannen können.

Viele Menschen verdrehen darum allein bei dem Wort Yoga mittlerweile die Augen. Anstatt an innere Zufriedenheit und Gelassenheit denken sie dabei an gertenschlanke Yoginis, die am Strand von Bali vor einem spektakulären Sonnenuntergang in einer Haltung posieren, mit der sie auch gut im Chinesischen Staatszirkus auftreten könnten. Diese Art der Selbstinszenierung ist in zweifacher Hinsicht mit einem yogischen Lebensstil nicht vereinbar. Erstens achten echte Yoginis den Planeten und fliegen nicht für ein paar Tage nach Bali, weil sie ihm damit ganz gehörig schaden. Zweitens ist es für jemanden, der die yogische Lebensweise ernst nimmt, abwegig, anderen mit einem photogeshopten Bild unter die Nase zu reiben, wie beweglich und toll man ist. Leistungsgedanke und Lifestyle, die hinter einem solchen Bild stehen, haben nichts mit dem gemein, was Achtsamkeit, Yoga und Meditation wirklich wollen und können. Denn es widerspricht den yogischen Lebensregeln, die der indische Gelehrte Patanjali, der oft als »Vater des Yoga« bezeichnet wird, im Yogasutra für uns festgehalten hat. Die Regeln des Yogasutra sollen uns helfen, im Einklang mit unseren Mitmenschen und dem Planeten ein nachhaltiges und glückliches Leben zu führen.

Damit du siehst, wie großartig Yoga, Meditation und Achtsamkeit wirklich wirken, haben wir hier einige Tipps und Tricks zusammengestellt, die dir dabei helfen können, ein innerlich nachhaltiges Leben zu führen: So brauchst du keine CO_2-intensive Reise nach Bali und auch keine Stressmedikamente, die übers Abwasser in die Umwelt gelangen (siehe Seite 266). Und letztendlich rettet sich die Welt am besten aus einer stabilen Mitte.

Bettina erzählt: Ich bin über meine Schwangerschaft zum Yoga gekommen. In dieser Zeit war ich sehr unruhig und habe mir viele Gedanken darüber gemacht, wie ein Leben mit Kind wohl aussehen wird und ob ich das alles – Arbeit, Kind, Freundschaften – unter einen Hut bekommen werde. Gleich in meiner ersten Yogastunde habe ich gespürt, wie mich die Fokussierung auf den Atem und die Gegenwart erdet und mich wieder zu meiner inneren Kraft zurückkommen lässt. Davon war ich so begeistert, dass ich direkt nach der Schwangerschaft eine Yogalehrerinnenausbildung angefangen habe. Das ist nun 15 Jahre her. Seitdem kann ich mir ein Leben ohne Yoga nicht mehr vorstellen.

Ablenkung

E-Mails, Smartphone, Netflix: Sich für eine längere Zeit zu konzentrieren, ist noch nie schwieriger gewesen als heute. Immer gibt es etwas zu beantworten, zu kommentieren oder anzuschauen. Und am Ende des Tages liegen wir im Bett und wissen gar nicht mehr, was wir den ganzen Tag über getan haben und wie wir auf eine Handyzeit von sechs Stunden gekommen sind. Du willst das ändern? Dann schließe für einen Moment die Augen, ganz gleich, wo du gerade bist. Leg deine Hände in den Schoß, sodass deine aktive Hand – die Hand, mit der du schreibst – in deiner passiven Hand liegt. Bewege deinen Kiefer nach rechts und links. Löse die Lippen voneinander. Löse die Zunge vom Gaumen und entspanne dein Gesicht. Lenke deine Gedanken auf den Punkt zwischen den Augenbrauen, der im Yoga das Dritte Auge genannt wird. Es ist der Punkt, wo unsere Intuition sitzt. Hier verbinden sich Geist und Körper, und das brauchen wir, um uns rundum wohlzufühlen. Ruf dir nun ein Thema, ein Problem ins Gedächtnis, das dich nicht loslässt und dich davon abhält, deine Gedanken zu bündeln. Atme einmal durch die Nase tief ein und durch den Mund tief aus. Wiederhole das drei Mal. Atme ruhig durch die Nase ein und aus. Sage dabei zu dir selbst mit jeder Einatmung »Lass«, mit jeder Ausatmung »los«. Wiederhole diese Übung 2 bis 3 Minuten. Öffne die Augen. Wirkt garantiert und dauert nur 5 Minuten!

Kopfschmerzen

Eines sei vorweg gesagt: Bei Migräne kann auch diese Übung nicht sonderlich viel ausrichten. Aber wenn du zu den Menschen gehörst, die gelegentlich von einem ganz normalen nervigen Kopfschmerz geplagt werden, können wir dir diese Übung empfehlen: Bring deine beiden Zeigefinger etwa zwei Fingerbreit von deinen Augenbrauen entfernt zur Seite, dorthin, wo du eine leichte Vertiefung spürst. Massiere nun mit sanften Druck in kreisender Bewegung die beiden Punkte. Du wirst sehen: Nach einer Weile lässt die Spannung im Kopf nach.

Panikattacken

Viele Menschen leiden unter Panikattacken. Auch wenn sie nicht gefährlich sind, weiß jeder, der schon einmal von einer heimgesucht wurde, wie beängstigend sie sind. Geist und Körper geraten in diesem Moment aus der Balance, körperliche Symptome wie Herzrasen, Atemnot und Schwindel führen dazu, dass man Todesangst verspürt und anfängt zu hyperventilieren. Es mag dir in einem solchen Moment wahnsinnig schwerfallen, doch das Beste, was du in dieser Situation tun kannst, ist langsam durch die Nase ein- und auszuatmen. Beim Hyperventilieren entzieht der hechelnde Atem dem Blut Kohlenstoffdioxid, dabei steigt der PH-Wert im Blut, es wird basischer. Dies stört das Atemzentrum und führt dazu, dass du nicht automatisch atmest, sondern dass deine Atmung sich weiter beschleunigt und vertieft. Wenn du durch die Nase ein- und ausatmest, unterbrichst du das Hecheln und somit auch den Kreislauf der Hyperventilation. Gleichzeitig werden dein Geist und deine Angst heruntergefahren. Falls dir das schwerfällt, kannst du auch in eine Papiertüte ein- und ausatmen. Durch das Kohlenstoffdioxid, das du in die Tüte aus- und wieder einatmest, normalisiert sich der CO_2-Gehalt deines Blutes, und das Taubheitsgefühl, das häufig mit einer Panikattacke einhergeht, lässt langsam nach. Eine dritte Möglichkeit ist es, die Hand auf den Bauch zu legen, bewusst einzuatmen und die Luft mit der Hand anschließend wieder rauszudrücken.

Solastalgie

Der Moment, in dem dir klar wird, dass die drohende ökologische Katastrophe kein Szenario aus einem Science-Fiction-Film ist, kann einem im wahrsten Sinne des Wortes in den Körper fahren. Viele Menschen, die sich in der Klimagerechtigkeitsbewegung engagieren, berichten von dem Augenblick, in dem sie nicht nur von der Klimakatastrophe wussten, sondern auch körperlich zu spüren begonnen haben, was sie für uns Menschen bedeutet. Und das kann einem ordentliche Angst einjagen. Die Übungen, die du unter dem folgenden Punkt *Stress* findest, helfen dir, mit dieser Umweltangst (siehe auch Seite 99) besser umzugehen.

Aber auch Selbstwirksamkeit ist ein wirksames Mittel gegen Umweltangst: Engagiere dich in einer Umweltorganisation oder in der Klimagerechtigkeitsbewegung, um deine Angst zu bewältigen, siehe dazu auch Seite 180. Anstatt passiv in deiner Angst zu verharren, handelst du und regst durch deine Aktivität die Produktion von Glückshormonen an.

Stress

In jedem Leben gibt es ruhigere und stressigere Phasen. Doch dauerhafter Stress macht krank. Deshalb ist es natürlich am besten, wenn du es erst gar nicht so weit kommen lässt, sondern in deinem Alltag darauf achtest, deine Grenzen nicht zu überschreiten. Manchmal sind wir jedoch so begeistert von einem Arbeitsprojekt, dass wir erst danach spüren, dass wir über unsere Grenzen gegangen sind. Viele leiden in Folge dessen unter **Nervosität, Schlafstörungen** oder **Verdauungsproblemen** und greifen, weil sie am Ende ihrer Kräfte sind, zu Medikamenten. Bei einem wirklichen Burn-out, also einer Erschöpfungsdepression, kann dies nach einer gründlichen medizinischen Untersuchung durchaus notwendig sein.

Ist der Stress nur temporär, können dir die folgenden drei Übungen helfen, dich wieder in die Balance zu bringen.

UND SO GEHT'S:

Du brauchst: eine Decke, ein Kissen oder ein Buch, eine Yogamatte oder ein dünnes Handtuch.

1. **Nadi Shodana** (die Wechselatmung): Setz dich im Schneidersitz auf ein Kissen oder eine gefaltete Decke. Schließ die Augen und entspann dein Gesicht. Atme einmal tief durch die Nase ein und vollständig durch den Mund aus. Beuge den Zeige- und Mittelfinger deiner aktiven Hand (das ist die Hand, mit der du schreibst) in Richtung Handinnenfläche. Führe die Hand vor dein Gesicht und führe deinen ausgestreckten Daumen und Ringfinger an den Nasenflügel. Atme durch beide Nasenlöcher ein, verschließe das rechte Nasenloch mit dem Daumen und atme durch das linke Nasenloch aus. Halte das rechte Nasenloch geschlossen und atme durch das linke Nasenloch ein. Verschließe das linke Nasenloch mit dem Mittelfinger und atme durch das rechte Nasenloch wieder aus. Wiederhole diese Abfolge mindestens fünf Mal, sie hilft vor allem gegen Nervosität.
2. **Nadi Shodana** ist auch gut gegen Schlafstörungen. Gerade dann, wenn dir zu viele Gedanken im Kopf herumschwirren und du ins Grübeln gerätst, wirkt es Wunder, wenn du mit jeder Einatmung »Lass« und mit jeder Ausatmung »los« sagst.

Für einen ruhigen Schlaf sorgt auch der unterstützte Schulterstand. Leg dich dafür auf den Rücken vor eine Wand, sodass du deine Beine bequem gegen die Wand lehnen kannst. Leg dir eine gefaltete Decke oder ein Kissen unter das Gesäß. Schließe die Augen und bewege deinen Unterkiefer nach rechts und links. Löse die Lippen voneinander und die Zunge vom Gaumen. Lass deine Gesichtszüge ruhen und öffne den Mund leicht, sodass du deinen Kiefer wirklich entspannst. Breite die Arme zur Seite aus, die Handflächen zeigen nach oben. Atme einmal tief durch die Nase ein und durch den Mund vollständig aus. Bleibe 5 bis 10 Minuten in dieser Haltung, so lange, bis sich dein Geist beruhigt hat. Löse die Haltung langsam auf, schlüpfe ins Bett und genieße die Ruhe, die du durch die Übung gewonnen hast.

3. **Ardha Matsyendrasana** (der Drehsitz) regt die Verdauung an und hilft gegen Verstopfung. Eine sehr simple Yogaübung, die den Darm anregt, ist der Drehsitz. Setze dich dafür im Schneidersitz auf deine Yogamatte oder ein dünnes Handtuch. Stelle den linken Fuß neben den rechten Oberschenkel. Du kannst gern mit der Hand nachhelfen. Strecke den rechten Arm nach oben. Drehe dich nach links, beuge den rechten Arm und drücke den rechten Ellbogen gegen das linke Knie. Stelle die linke Hand dort ab, wo sie hinter dir natürlich Platz findet. Der Blick ist nach vorne gerichtet. Strecke dich mit der Einatmung in die Länge, als ob dein Kopf und Rücken von einem unsichtbaren Faden gezogen würden, gehe mit der Ausatmung tiefer in die Drehung. Wiederhole das zwei Mal und verweile noch weitere drei tiefe Atemzüge in der Übung. Wechsele die Seite und wiederhole die Übung umgekehrt.

P wie Politik

Über das Thema Politik und Nachhaltigkeit könnten wir ein ganzes Buch schreiben. Leider haben die Regierenden es in den letzten Jahren verpasst, die notwendigen Maßnahmen einzuleiten, die uns vor der ökologischen Katastrophe bewahren. Doch darum soll es an dieser Stelle nicht gehen.

Vielmehr wollen wir dir in diesem Kapitel erzählen, wie du selbst aktiv werden kannst – und wie vielfältig politische Handlungen sind. Denn jeder Mensch, der sich aktiv in unsere Demokratie einbringt und versucht, die ökologische Katastrophe aufzuhalten, kann etwas bewirken. Ganz gleich, wie klein oder wie groß der Beitrag ist.

Deshalb möchten wir dich an dieser Stelle dazu motivieren, selbst etwas zu bewegen und dich aktiv in die Gesellschaft einzubringen. Schon Aristoteles befand, jeder von uns sei ein *zoon politikon,* ein politisches und soziales Wesen, dessen Ziel es ist, in einer für alle gut funktionierenden Gemeinschaft zu leben. Das ist nicht nur gut für alle, denen dein Engagement zugutekommt, sondern auch für dein eigenes Wohlbefinden. So hat eine Studie der Organisation für wirtschaftliche Zusammenarbeit und Entwicklung (OECD) nachgewiesen, dass ein Ehrenamt die Lebenszufriedenheit steigert. Grund genug, um dich zu engagieren.

Viele von uns haben keine Zeit, jede Woche in der Suppenküche auszuhelfen, und sind im Alltag so eingespannt, dass ein festes Ehrenamt sie nur noch mehr unter Druck setzen würde. Doch auch für diese Menschen gibt es die Möglichkeit, die Welt ein Stückchen besser zu machen, ohne dabei die eigenen Grenzen zu sprengen.

Andere sind schon in einer Partei, in einem Verein oder einer Organisation politisch aktiv. Wenn du dazugehörst: Das ist toll und dafür möchten wir dir an dieser Stelle ganz herzlich danken! Wie diese Arbeit noch nachhaltiger gestaltet werden kann und wie du bei deinem Engagement noch umweltfreundlicher handelst, auch darum soll es in diesem Kapitel gehen.

Bettina erzählt: Als ich 2014 angefangen habe, Yoga in einem Heim für Geflüchtete zu unterrichten, hätte ich niemals damit gerechnet, dass ich eines Tages eine eigene gemeinnützige Organisation gründen würde. Gründen, das verband ich damals mit hohen Investitionen, Wissen über Buchhaltung und Steuerrecht. Dass man sich das alles auch aneignen kann und man meistens nur wissen muss, wen man fragt oder wo man nachschlägt, das habe ich erst durch die Gründung von Citizen2be erfahren. Citizen2be ist eine gemeinnützige Unternehmergesellschaft, die es sich zum Ziel gesetzt hat, traumatisierten Frauen die Möglichkeit zu geben, die Kraft des Yoga für sich zu nutzen. Denn ein Trauma setzt sich nicht nur im Kopf, sondern auch im Körper der Betroffenen fest und kann dort durch bestimmte Gerüche, Berührungen, Geräusche oder Ähnliches – die sogenannten Triggerpunkte – jederzeit wieder ausgelöst werden. Genau da setzen Trauma-informierte Yogastunden an. Sie sollen den Betroffenen dabei helfen, sich wieder mit ihrem Körper zu verbinden, und im Idealfall die Triggerpunkte lösen.

Ehrenamt

Ein Ehrenamt ist eine feine Sache, die zudem noch glücklich macht. Viele wissen nur einfach nicht, wo und wie sie sich engagieren könnten.

Gehörst auch zu dieser Gruppe von Menschen? Dann lies dir unsere Tipps zu diesem Thema durch. Vielleicht helfen sie dir dabei, das richtige Ehrenamt für dich zu finden. Wir haben dir hier eine kurze Anleitung erstellt, die dich Schritt für Schritt zum passenden Ehrenamt navigiert:

Schritt 1: Bevor du loslegst, überleg dir ganz genau, wie viel Zeit du aufbringen kannst, um dich ehrenamtlich zu engagieren und dich dabei nicht aufzureiben. Viele Menschen begehen den Fehler, dass sie die eigenen Kapazitäten überschätzen und nach einiger Zeit so gestresst vom Ehrenamt sind, dass sie es wieder aufgeben. Das ist schade und es wäre in vielen Fällen nicht geschehen, wenn sie sich vorher genau überlegt hätten, wie viel Zeit sie tatsächlich investieren können.

Gerade wenn du mit Menschen arbeiten willst, ist es wichtig, dich für einen längeren Zeitraum zu engagieren. Denn es dauert eine Weile, bis diese Menschen Vertrauen zu dir gefasst haben. Hinzu kommt, dass viele Obdachlose, Geflüchtete oder andere sozial benachteiligte Menschen in ihrem Leben schon sehr oft von anderen enttäuscht und verlassen worden sind. Wenn du, nachdem sie endlich Vertrauen zu dir gewonnen haben, wieder aus ihrem Leben verschwindest, fügt ihnen das weiteren Schmerz zu.

Schritt 2: Überleg dir genau, was deine Qualitäten sind. Du bist Lehrkraft? Vielleicht kannst du ehrenamtlich sozial benachteiligten Kindern Nachhilfe geben oder in einem Heim für Geflüchtete einen Sprachkurs anbieten. Du bist eher der sportliche Typ? Super, dann biete einen Sportkurs für Kinder in einer Sammelunterkunft an. Oder du hast nichts mit Unterrichten und Lernen am Hut, kannst dafür aber prima Haare schneiden? Das ist großartig! Es gibt sehr viele sozial benachteiligte Menschen, die sich keinen professionellen Haarschnitt leisten können.

Schritt 3: Die ersten Schritte sind geschafft. Du weißt, wie viel Zeit du investieren kannst und was deine Qualitäten sind. Doch wie findest du nun das passende Ehrenamt für dich? Das ist ganz leicht, denn es gibt zahlreiche Seiten, die ein Ehrenamt vermitteln. Die Aktion Mensch etwa schreibt ihren Bedarf an ehrenamtlichen Kräften unter aktion-mensch.de/was-du-tun-kannst/deine-moeglichkeiten/ehrenamt-finden aus. Auf solchen Seiten kannst du gezielt nach Posten suchen, die dich ansprechen und schauen, ob sie zeitlich und räumlich für dich infrage kommen.

Unter www.youvo.org werden Kreative, die sich ehrenamtlich einbringen wollen, fündig. Hier kannst du dich einbringen, wenn du Visitenkarten gestalten, einen Imagefilm oder eine Website gestalten kannst. Gut für alle, die nur bei einem begrenzten Projekt helfen können, und für Menschen, die gern ein direktes Ergebnis ihrer Arbeit sehen. Für die Organisationen ist es ebenfalls großartig, denn Werbematerial, eine gut aufgebaute Seite und ein guter Social-Media-Auftritt sind für den Erfolg und die Verbreitung einer Organisation immens wichtig, auch wenn es in den wenigsten Fällen ein Budget dafür gibt. So gewinnen alle etwas dabei. Bettina kann die Plattform in jedem Fall nur wärmstens empfehlen: Sie hat über Youvo die Grafikerin für ihre Organisation Citizen2be gefunden.

Einmischen

Sich einzumischen fällt vielen von uns schwer, insbesondere im privaten Rahmen. Gerade sitzen wir noch bei einem schönen Essen zusammen, da lässt jemand einen rassistischen Kommentar fallen. Alle schauen betreten auf ihre Teller oder versuchen das Gespräch schnell auf ein anderes Thema zu lenken, um sich nicht den schönen Abend zu vermiesen.

Doch halt!

Genau in diesem Moment fängt Engagement an!

Natürlich ist es anstrengend, sich mit einer solchen Äußerung auseinanderzusetzen, und wir alle können uns wohl etwas Schöneres vorstellen, als beim Essen einen Streit über Rassismus vom Zaun zu brechen. Aber, und jetzt kommt das große Aber: Auf die Menschen in unserem persönlichen Umfeld haben wir einen viel größeren Einfluss als auf alle anderen. Deshalb sollten wir nicht um des lieben Friedens willen schweigen, sondern unsere Stimme erheben und unsere Bekannten zur Rede stellen, sobald rassistische, sexistische oder antisemitische Sprüche fallen.

Wie schwierig Zivilcourage mitunter ist, haben viele von uns während der Coronapandemie erfahren. Fast jeder Mensch, den wir kennen, kennt eine Person, die Verschwörungsideologien für bare Münze hält, und musste sich mit ihr auseinandersetzen.

Wie du dich konkret einmischst, erfährst du in diesem Abschnitt.

Tipp 1: Bezieh Stellung - egal, ob im beruflichen oder privaten Umfeld. Häufig ist das unbequem und du eckst mit dieser Einstellung an. Doch nur, wenn du klar Stellung beziehst und gegen Rassismus, Antisemitismus und Klimaleugnerei das Wort erhebst, wird diese Gesellschaft so, wie wir es uns wünschen.

Tipp 2: Das Wohl der Rotkehlchen liegt dir ganz besonders am Herzen? Gründe einen gemeinnützigen Verein, der sich dem Wohl deines Lieblingstieres widmet.

UND SO GEHT'S:

Du brauchst: Jede Menge Zeit und gute Nerven, einen funktionierenden Computer und WLAN-Empfang.

1. Für einen nicht eingetragenen Verein musst du mindestens zwei, für einen eingetragenen Verein sieben Gründungsmitglieder finden, die deine Leidenschaft teilen und mit dir für das Wohl des Rotkehlchens kämpfen wollen.
2. Erarbeitet gemeinsam eine Satzung. Sie ist das Herzstück eures Vereins. Berate dich vorab am besten mit einer Notarin, damit ihr alle Eventualitäten abgedeckt habt und es später keine bösen Überraschungen gibt. Am günstigsten ist es, wenn ihr mit einer gut ausgearbeiteten Vorlage dorthin geht und gegebenfalls Änderungen nach dem Rat der Notarin noch einarbeitet. So seid ihr auf der sicheren Seite.
3. Lade zur Gründungsversammlung ein. Dort muss die Satzung verabschiedet werden und ihr wählt den Vorstand und alle weiteren Vereinsorgane, die in der Satzung vorgesehen sind. Wie bei allen folgenden Versammlungen müsst ihr Protokoll führen.
4. Die Person, die ihr in den Vorstand gewählt habt, meldet den Verein beim Vereinsregister an. Um das zu tun, muss die Unterschrift dieser Person vorher notariell beglaubigt werden.
5. Du bekommst vom Vereinsregister einen Registerauszug zugeschickt. Den reichst du beim Finanzamt ein und schon kannst du loslegen.

Was in einer Satzung und in den Protokollen stehen sollte und worauf es noch zu achten gilt, kannst du unter www.deutsches-ehrenamt.de/verein-gruenden/die-vereinsgruendung/ nachschauen.

Lass dich auf keinen Fall von deinem Vorhaben abhalten, weil es eine Menge Papierkram bedeutet. Sobald du die bürokratischen Hürden genommen hast, kannst du dich ganz deiner Sache widmen.

Tipp 3: Du hast richtig Lust, dich politisch einzumischen? Tritt einer Partei bei. Gerade auf kommunalpolitischer Ebene kannst du schneller etwas ändern, als du vielleicht denkst. Das zeigen kleinere und frisch gegründete lokale Parteien wie die Klima Freunde in Köln, die gleich nach ihrer Gründung 2009 mit einem Sitz in den Stadtrat einzogen, 2020 zwei Sitze gewannen und dazu in drei Bezirksvertretungen einzogen.

Tipp 4: Du findest dich und deine Werte in keinem Parteiprogramm wieder? Gründe selbst eine Partei! Aber Obacht! Das ist sehr viel Arbeit und bedeutet jede Menge Papierkram. Das Parteiengesetz schreibt zwar keine konkrete Anzahl an Mitgliedern vor, dennoch sollte es mehr Mitglieder geben als die drei Vorstandsmitglieder. Falls du mit deiner Partei bei einer Bundestagswahl antreten willst, müssen die Mitglieder sich zudem in Landesverbänden organisieren. Sobald du eine erfolgreiche Landesliste zusammengestellt hast, heißt es Klinken putzen! Denn jede Partei, die nicht mit einer eigenen Liste im Bundestag vertreten ist oder fünf Abgeordnete im Landesparlament hat, muss in dem Bundesland, in dem sie antreten will, 0,1 Prozent Unterschriften von Menschen, die sie unterstützen, sammeln. Was es noch alles zu beachten gilt, erfährst du auf der Seite der Bundeswahlleitung (www.bundeswahlleiter.de).

Politische Teilhabe

Wir haben das große Glück, in einer Demokratie zu leben, in der wir jederzeit und überall unsere Meinung frei äußern können. Und das sollten wir viel häufiger nutzen. Nicht erst seit den Bürgerrechtsbewegungen, die im ganzen Ostblock die Öffnung der Grenzen und das Ende des Sozialismus herbeigeführt haben, wissen wir, welche Kraft von der Bevölkerung ausgeht und dass wir als Zivilgesellschaft durchaus das Zeug dazu haben, Gesellschaft und Politik zu verändern.

Grundsätzlich kann jeder Mensch eine Demonstration anmelden. Es ist ganz einfach – in den meisten Bundesländern kannst du dir das Formular auf der Website des Ordnungsamts, der Polizei oder der Stadt herunterladen, es ausfüllen und per Mail spätestens 48 Stunden vor dem Start und der Bekanntgabe an die entsprechende Adresse zurücksenden.

Ausnahme gelten für Spontan- und Eilversammlungen:

Für Eilversammlungen ist die Anmeldepflicht teilweise außer Kraft gesetzt. Eilversammlungen sind Demonstrationen, bei denen es den Veranstaltenden nicht möglich ist, die 48-Stunden-Frist einzuhalten, weil sich der Anlass für die Versammlung erst kurzfristig ergeben hat. In diesem Fall gilt es, die entsprechende Stelle einfach nur so schnell wie möglich zu kontaktieren.

Für eine Spontanversammlung gibt es gar keine Anmeldepflicht, sonst wäre sie kaum spontan: Der Anlass für die Versammlung entwickelt sich aus dem Moment heraus. Die Demonstration kann allenfalls von der Polizei aufgelöst werden, wenn sie die öffentliche Ordnung behindert.

Für eine reguläre Demonstration und eine Eilversammlung brauchst du immer eine Versammlungsleiterin. Sie ist dafür zuständig, dass die Versammlung ordnungsgemäß abläuft. Geschieht das nicht und eine oder mehrere Personen stören den Verlauf, kann die Versammlungsleiterin die Polizei bitten, die betroffenen Personen auszuschließen. Wenn du als Versammlungsleiterin zuständig bist, die Auflagen missachtet werden und es zu massiven Ausschreitungen kommt, solltest du die Demonstration beenden. Ansonsten machst du dich strafbar.

Im Eifer des Gefechts vergessen viele Organisationen, dass eine gut gemeinte Sache schnell einen schalen Beigeschmack bekommen kann, wenn beispielsweise nach der Demonstration überall auf der Straße leere Plastikflaschen, Zigarettenstummel und Kaffeebecher herumliegen. Worauf du sonst noch achten solltest, damit deine Demonstration auf ein positives Echo stößt und im Einklang mit der Umwelt vonstattengeht, das verraten wir dir hier.

Tipp 1: Bestimme vorab je nach Größe der Demonstration eine Gruppe von Menschen, die nach der Beendigung der Versammlung dafür sorgt, dass der Platz gesäubert wird. Gerade Menschen, die sich aktiv für die Umwelt einsetzen, wird immer wieder vorgeworfen, dass sie zwar für Naturschutz auf die Straße gehen, aber dann die öffentlichen Flächen, die sie für ihre Veranstaltungen nutzen, vermüllen. Diesen Vorwurf gilt es zu entkräften. Denn ein Müllberg schadet nicht nur der Natur, sondern auch deinem Anliegen.

Tipp 2: Ruf die Teilnehmenden schon während der Demo immer wieder dazu auf, ihren Müll und ihre Zigarettenstummel nicht auf die Straße zu schmeißen. So begrenzt du die Aufräumarbeiten.

Tipp 3: Gehe achtsam und freundlich mit deinen Mitmenschen um. Lass dich nicht provozieren von Menschen, die am Rand stehen und dich mit beleidigenden Kommentaren aus der Reserve locken wollen. Ein nachhaltiges Leben bedeutet auch, mit anderen gut umzugehen. Lebe ihnen vor, wie das aussieht! Das ist die beste Methode, sie für dich und dein Anliegen zu gewinnen.

Wählen

Es ist ein Privileg, wählen gehen zu dürfen. Es gibt noch immer zahlreiche Länder, in denen selbst Staatsangehörige nicht wählen dürfen. Inhaftierte Personen werden etwa in fast allen Bundesstaaten der USA von der Wahl ausgeschlossen. In manchen Bundesstaaten wie zum Beispiel Iowa darf den Ex-Inhaftierten das Wahlrecht sogar dauerhaft entzogen werden.

In Deutschland darf jedes Staatsmitglied ab 18 Jahren an Wahlen teilnehmen. In Brandenburg, Bremen, Hamburg und Schleswig-Holstein darfst du bei den Landtagswahlen sogar bereits ab 16 Jahren deine Stimme abgeben. Einige Parteien sprechen sich dafür aus, das allgemeine Wahlalter auf 16 Jahre abzusenken, unter anderem, weil die älteren Menschen in unserer Gesellschaft überproportional vertreten sind.

Ganz gleich, ob du für mehr Fahrradwege in der Stadt oder für die freie Benutzung der öffentlichen Verkehrsmittel bist: Deine Stimme zählt! Gerade wenn dir so wie Anne und Bettina die Zukunft unseres Planeten am Herzen liegt und du dir wünschst, dass die ökologische Katastrophe aufgehalten wird. Und wer weiß, vielleicht ist es deine eine Stimme, die die Wahl entscheidet?

Natürlich ist es sehr schwierig, eine Partei zu finden, die all deine Ansprüche erfüllt. Doch nicht wählen darf keine Option für dich sein! Rechtsextrem eingestellte Menschen gehen immer wählen. Allein schon, damit sie keinen Raum und Einfluss in unserem Land gewinnen, solltest du deine Stimme abgeben.

Tipp 1: Du weißt nicht, wen du wählen sollst? Anstatt dir alle Programme auszudrucken oder am Stand der jeweiligen Partei einzustecken, kannst du sie auch online durchlesen. Das ist praktisch und spart Papier. Etliche Interessenverbände und Medien fassen die Programme zusammen – hier lohnt ein Blick auf die Stelle, die den Überblick verfasst hat, um zu erkennen, wie neutral er ist. Auch die Parteien selbst bieten auf ihrer Website meist eine Zusammenfassung an. Die Bundeszentrale für politische Bildung erstellt vor Wahlen außerdem einen Wahl-O-Mat, der die wichtigsten Standpunkte vergleicht und dich schneller zum Ergebnis bringt.

Tipp 2: Sprich mit den Menschen an den Wahlkampfständen. Dort hast du ganz direkt die Möglichkeit, Fragen zu stellen. Gerade komplizierte politische Sachverhalte lassen sich persönlich besser besprechen.

Tipp 3: Dir sind Wahlen und der Erhalt der Demokratie ein wichtiges Anliegen? Dann melde dich, um im Wahllokal und bei der Stimmauszählung zu helfen! Wende dich dafür an deine betreffende Gemeinde. Damit die Mitglieder des Wahlvorstandes während ihrer ehrenamtlichen Arbeit vor Hunger nicht aus den Latschen kippen, bekommen sie übrigens 25 Euro Erfrischungsgeld. Eine Wahlvorsteherin, die nach der Auszählung als Letzte die Tür schließt, bekommt sogar 35 Euro.

Tipp 4: Sprich mit den anderen Menschen über deine Sorgen und bitte sie, zur Wahl zu gehen. Sehr vielen Menschen ist noch immer nicht bewusst, wie sehr die Zeit drängt und dass wir jetzt handeln müssen, um das Artensterben und die Klimakrise zu verlangsamen. Bleib bei allen Argumenten ruhig und sachlich, auch wenn dir das Thema am Herzen liegt. Vielen Menschen fällt es schwer, sich von vertrauten Gedankenmustern zu verabschieden. Ganz besonders, wenn es um die kommende Klimakatastrophe geht. Einerseits haben sie Angst davor, sich von ihrem bisherigen Leben verabschieden zu müssen. Andererseits sind sie in einem Gewissenskonflikt, weil sie nicht so handeln, dass es der Krise entspricht. Gerade älteren Menschen fällt es schwer, sich einzugestehen, dass ihre Lebensleistung entwertet werden könnte, weil sie im fossilen System zum aktuellen Zustand unseres Planeten beigetragen haben. Bleib ihnen gegenüber respektvoll, denn wir können nur gemeinsam etwas verändern und nicht, wenn wir uns voneinander abwenden. Zeig Verständnis. Höre zu. Lass dein Gegenüber ausreden. Das Konzept der gewaltfreien Kommunikation bietet dabei eine sehr gute Orientierungshilfe. Der Klassiker, den wir dir dazu ans Herz legen können, ist das Buch *Gewaltfreie Kommunikation: Eine Sprache des Lebens* des Psychologen Marshall B. Rosenberg, der dieses Handlungskonzept entwickelt hat.

Wahlwerbegeschenke

Sobald der Wahlkampf losgeht, stehen die Parteistände auf Marktplätzen oder vor Einkaufszentren und die Mitglieder versuchen Wahlstimmen für sich zu gewinnen. Und weil sie wissen, dass sich viele Menschen von Gratisgaben magisch angezogen fühlen, haben sie immer etwas dabei, was sie den Vorbeilaufenden in die Hand drücken können: Sonnenblumen, Gummibärchen, mit dem Parteilogo bedruckte Einkaufswagenchips, Luftballons, Feuerzeuge oder Kulis. Wer sich während der Wahlkampfphase an einem Samstagnachmittag an einer zentralen Stelle in seiner Stadt herumtreibt, kann sich die Taschen mit unnötigem Kram füllen, der am Ende mit 99-prozentiger Wahrscheinlichkeit doch im Müll landet. Wer die Werbegeschenke mitnimmt, macht sich leider keine Gedanken darüber, welche Auswirkungen das für unsere Umwelt hat. Denn die Blumen, Luftballons und Kulis, die verschenkt werden, sind alles andere als umweltfreundlich. Dabei gibt es genug Ersatz, der Interessierte zu unserem Stand lockt.

Alternative 1: Obst ist eine gute Alternative zu qualitativ minderwertigen Plastikkugelschreibern. Gerade Äpfel eignen sich hervorragend zum Verteilen: Die Menschen, die sich am Stand informieren, können sie sich in die Tasche stecken und später essen. Der große Pluspunkt, gerade wenn deine Partei oder Initiative auf Biofrüchte setzt: Es ist gesund, und ihr lockt damit auch Mütter mit ihren Kindern an.

Alternative 2: Stelle eine große Thermoskanne mit Kaffee, Tassen und selbst gebackenem Kuchen auf deinen Infotisch. Der Duft allein wird die Vorübergehenden anlocken und sie dazu verleiten, einen Blick in deine Broschüren zu werfen.

Alternative 3: Du willst den Menschen, die dich wählen sollen, eine blumige Freude machen? Dann schenk ihnen statt Blumen eine Samenbombe (siehe auch Seite 79).

Q wie Quickies

Das müsste man jetzt wissen ... Im Alltag stehst du immer wieder vor dem Problem, dich sekundenschnell zwischen zwei oder mehr Produkten entscheiden zu müssen – manchmal ist es schwierig, weil dir für die richtige Wahl die Gründe fehlen.

Kein Grübeln mehr vor dem Gemüseregal, ob du lieber die eingeschweißte Biogurke oder die nicht eingeschweißte konventionell produzierte kaufen sollst!

Wir stellen dir die häufigsten Entweder-oder-Fragen in diesem Kapitel vor, damit dir die Entscheidung künftig leichter fällt.

Disclaimer: Natürlich kommt es immer darauf an, woher genau ein Produkt stammt, wie es hergestellt wurde und wie weit der Transportweg im Einzelfall war. Aber der Vergleichscheck ist eine gute Richtschnur für dich, um im Einzelfall schnell eine Entscheidung zu treffen.

Los geht's!

Benziner zu Ende fahren oder lieber neues E-Auto anschaffen?

Studien der Universität Stockholm und Eindhoven wiesen nach: Auch wenn die Batterie aufwendig herzustellen ist, sieht die Ökobilanz eines E-Autos auf den gesamten Lebenszyklus hin betrachtet deutlich besser aus als die eines Benziners. Ein VW Golf etwa habe einen 80 Prozent höheren Klimagas-Ausstoß als ein E-Auto und benötige etwa 16 Prozent mehr Energie. Ein E-Auto überhole schon nach 17 000 Kilometern den Ökovorteil des Benziners, der keine umweltschädliche Batterie hat – schneller noch den Diesel. Wichtig sei, dass das E-Auto als Hauptfahrzeug genutzt werde und nicht nur als Zweitwagen. Dennoch gilt: Nicht vorschnell wechseln und schon gar nicht einfach so abwracken, nur weil du ein neues Auto willst. Der ökologische Rucksack des alten Wagens ist nämlich oft noch nicht abgebaut, sagt auch das IFEU. Die Frage ist, wie lange dein alter Wagen noch fährt, wie viel Benzin er frisst und wie groß die Hoffnung auf einen Technologiesprung in der nächsten Zeit ist. Denn dann lohnt es sich vielleicht, noch kurz zu warten. Und natürlich ist – wenn der öffentliche Nahverkehr und die Radrouten es zulassen – kein Auto ist immer besser als eins, was weniger Dreck macht.

Bioapfel aus Übersee oder heimischer Apfel im Frühjahr?

Überraschenderweise ist der Bioapfel aus Neuseeland oder Chile in diesem Beispiel die bessere Variante. Der Grund: Wenn der Bioapfel nicht noch zwischengelagert wurde, dann schlägt der Einsatz von Pestiziden und die Lagerung mit Kühlung und Sauerstoffentzug beim heimischen Apfel ordentlich auf die CO_2-Bilanz. Richtig gut schmeckt aber ein heimischer Bioapfel im Herbst. Und den solltest du in jedem Fall mit dem Fahrrad einkaufen fahren und nicht mit dem Auto: Denn wie du den Weg zum Verkaufsstand zurücklegst, beeinflusst die Ökobilanz maßgeblich.

Eingeschweißte Biogurken oder konventionelle ohne Plastik?

Auch wenn es absurd erscheint, ist es besser, die eingeschweißte Biogurke zu kaufen, wenn du das Plastik korrekt entsorgst, denn die Pestizide sind das größere Übel, weil sie die Artenvielfalt auf dem Feld killen.

Warum Biogurken überhaupt so oft eingeschweißt sind? Sie müssen laut EU-Verordnung klar von den konventionellen unterschieden sein und sollen nicht mit ihrem Pestizidpendant in Berührung kommen. Das geht am besten, wenn eins von beidem einschweißt ist.

Und warum ist nicht die konventionelle Gurke in Plastik verpackt? Was wie ein Paradox klingt, ergibt bei näherem Hinsehen durchaus Sinn: Leider gibt es viel mehr konventionell erzeugte Gurken als Biogurken. Nur 5 bis 8 Prozent der deutschen Anbaufläche in Gewächshäusern wird für die Anzucht von Biogurken genutzt. Würde man jetzt alle industriell erzeugten Gurken einschweißen, wäre das viel mehr Plastikmüll.

Besser ist natürlich trotzdem die unverpackte Biogurke. Die bekommst du im Biosupermarkt oder auf dem Wochenmarkt.

Gas, Holz oder Öl zum Heizen?

Gas ist nur unwesentlich weniger klimaschädlich als Öl. Es emittiert zum Beispiel im klassischen Einfamilienhäuschen pro Jahr je nach Heizung etwa 5720 Kilo CO_2, während Öl 7435 Kilo jährlich auf die Waage bringt. Ein Pelletkessel stößt zwar auf Anhieb nur rund ein Zehntel der Emissionen aus, aber er ist nicht automatisch eine einwandfreie Wahl: Wie das Umweltbundesamt schreibt, stehen Wälder unter immer größerem Nutzungsdruck. Wir brauchen sie eher als Kohlenstoffspeicher oder für langlebige Produkte als in unserem Kamin. Also: Weniger heizen, besser dämmen, und wenn möglich, eher über ein Niedrigenergiehaus nachdenken!

Haferdrink oder Sojadrink?

Beide sind besser als Kuhmilch – Soja etwa benötigt rund 60 Prozent weniger Land, Haferdrink etwa 80 Prozent. Haferdrink setzt zwar etwas mehr Treibhausgas frei, aber er trägt weniger als halb so viel zur Versauerung der Ozeane bei und braucht weniger als die Hälfte der Energie für die Herstellung. Damit ist Haferdrink die beste Wahl – und er gibt deinem Kaffee ein leckeres Landaroma.

Stoffbeutel oder Papiertüte?

Seit Januar 2021 sind die meisten Plastiktüten verboten – bis auf Kühltüten und Hemdchenbeutel fürs Gemüse, die du aber dennoch vermeiden solltest, weil sie am häufigsten in der Natur landen (siehe auch Seite 236). Papiertüten sind natürlich ökologisch besser abbaubar als Plastik und gehören ohne Beschichtung ins Altpapier, können also recycelt werden. Aber sie werden – auch wenn sie durch die bräunliche Farbe nach wiederaufbereitetem Papier aussehen – meist aus Frischfaser hergestellt, die aus Industrieforsten kommt, der Energieaufwand und Wasserverbrauch ist daher unverhältnismäßig hoch. Am besten nutzt du einen Stoffbeutel – der braucht zwar relativ viel Wasser zur Herstellung, ab der 100. Benutzung ist er jedoch neutral. Oder du nähst dir einen aus alten Stoffen selbst – dann ist er ab der ersten Benutzung absolut einwandfrei ökologisch.

Reis oder Kartoffeln?

Natürlich hängt die Antwort rein geschmacklich auch vom Gericht ab – aber klimatechnisch ist klar: Kartoffeln sind mit 0,62 Kilogramm CO_2 wesentlich klimafreundlicher als Reis, der über 6 Kilo emittiert. Zum einen, weil das Getreide lange Wege zurücklegen muss, da die Anbaugebiete eher in Asien liegen. Zum anderen, weil im Reisanbau die Felder geflutet werden und Fasern im Untergrund verfaulen. Dabei wird Methan freigesetzt, das als Klimagas um ein Vielfaches stärker wirkt als CO_2. Schätzungsweise gehen 2,5 Prozent aller menschengemachten Klimaemissionen auf das Konto von Reis.

Sanierung oder Abriss?

Die Sanierung hat die eindeutig bessere Ökobilanz. Wenn beim Abriss und Neubau bereits vorhandene Materialien eingesetzt würden, ließen sich die Emissionen dabei aber um 70 Prozent senken.

Tee oder Kaffee?

Die Ökobilanz von Tee ist drei bis vier Mal besser als die von Kaffee. Für 1 Kilo Ernte braucht er nur die Hälfte der Fläche und rund ein Zehntel so viel Wasser. Das Produkt verliert im deutlich weniger aufwendigen Herstellungsprozess auch nicht so viel Gewicht wie Kaffeebohnen und du musst weniger Tee aufbrühen, um zu einem vollmundigen Ergebnis zu kommen.

Loser Tee ist besser als Tee in Teebeuteln. Eine noch bessere Variante ist regionaler Biokräutertee.

Tiefkühlpizza oder selbstgemachte?

Wenn die Zutaten gleich sind und du beides am selben Ort gekauft hast, unterscheiden sich die beiden Auswahlmöglichkeiten nicht arg voneinander, wie das Ökoinstitut in Freiburg in einer Klimabilanzstudie ermittelte: Die Tiefkühlpizza schlägt – mit Salami belegt – pro 100 Gramm mit 556 bis 610 Gramm CO_2 zu Buche, bei einer handelsüblichen Fertigpizza von 350 Gramm sind das insgesamt rund 2 Kilo CO_2. Eine vergleichbare frische Pizza bringt fast ebenso viel auf die Waage, da du sie länger in den Ofen schieben musst, und die Zubereitung damit mehr CO_2 verursacht.

Im Normalfall kommen aber die Zutaten für Tiefkühlpizza eher von weiter her und wir lagern sie oft über längere Zeit im Tiefkühlfach. All das verschlechtert ihre Bilanz. Aber du kannst durchaus an beiden Varianten etwas drehen: Und zwar an den Zutaten und beim Erhitzen. Hol die Fertigpizza schon ein paar Stunden vor dem Backen aus dem Kühlfach und lass die Salami weg – Pizza Margharita oder Vegetariana sind die klimafreundlichere Wahl, am besten bio. Auch die Klimabilanz deiner selbstgemachten Pizza kannst du verbessern, indem du pflanzliche, saisonal-regional und ökologisch erzeugte Produkte verwendest. Und indem du nicht nur eine Pizza im Ofen erwärmst, sondern die Hitze gleich für mehrere Dinge nutzt: weitere Pizzen, ein Brot, einen Kuchen – oder wonach auch immer es dich gelüstet.

R wie Reisen

Wer in einem wohlhabenden Land wie Deutschland wohnt, ist so mobil wie nie zuvor. Laut Statista und der BAT-Stiftung für Zukunftsfragen reisten wir Deutschen 2019 so viel und auch so kurz wie nie zuvor: 55 Millionen Menschen unternahmen eine Reise von fünf oder mehr Tagen und gaben 73,1 Milliarden Euro dafür aus – absoluter Rekord. Wegen der Pandemie sank das Reiseaufkommen im Folgejahr bedeutend, aber es deutet nichts darauf hin, dass sich grundsätzlich etwas an der Art verändern wird, wie und wo wir Urlaub machen, sobald es wieder uneingeschränkt möglich ist.

Reisen ist toll, keine Frage. Aber unser Urlaub belastet das Klima und die Umwelt stark: Der Tourismus ist für 5 bis 8 Prozent aller weltweiten Emissionen verantwortlich. Da wir nur rund 34 Prozent des Urlaubs im eigenen Land verbringen, bedeutet der überwiegende Teil der Reisen eine weitere Strecke, die oft im Flieger zurückgelegt wird. Zudem verbrauchen wir Energie und Ressourcen vor Ort: Wir wollen im Skiurlaub die Piste hinunterrasen und zertreten beim Anfängertauchkurs schon mal die Korallen, die in Jahrzehnten oder sogar Jahrhunderten gewachsen sind und die als Kinderstube des Meeres und Küstenschutzanlage ungeheuer wichtig sind.

Also einmal noch auf die Malediven, bevor sie untergehen? Was für ein Gedanke. Aber ganz aufs Reisen verzichten musst du nicht, denn es gibt Wege, die Welt zu sehen, ohne sie zu zerstören.

Abreise

Wenn du deine Wohnung für die Abreise vorbereitest, sind nicht nur die Zeitschaltenergiesparlampen wichtig. Zieh alle Stecker heraus oder schalte die Steckleisten aus, damit deine Geräte nicht im Stand-by weiter Strom verbrauchen.

Bei längeren Reisen lohnt es sich, den Kühlschrank abzustellen – Kühlschranktür unbedingt offen stehenlassen! – und auch darauf zu achten, dass alles Verderbliche rechtzeitig aufgegessen ist. Nachbarinnen oder die örtliche Tafel freuen sich sicher über Lebensmittel, die du nicht mehr verbrauchen kannst.

Gefrierkombis kannst du am besten auf mittlere Temperatur einstellen – oder den Urlaub nutzen, um das Eisfach mal abzutauen. Das solltest du ohnehin ab und an machen, denn ein vereistes Gefrierfach verbraucht mehr Energie.

Anreise

Mit dem Flieger zum Kreuzfahrtschiff? Das verursacht schon vor dem Ablegen jede Menge Klimagase.

Alternative 1: **Bahn und Bus** sparen im Vergleich zum Auto oder Flugzeug viele Emissionen ein – und sie sind oft das günstigste Reisemittel, gerade für Kurztrips (siehe Seite 205). Frühbucherinnen sparen dabei immer am meisten, es gibt Nachtzüge zu fairen Preisen innerhalb Europas und manchmal im Discounter günstige Gutscheine für die Bahn.

Alternative 2: Je **näher** dein Reiseziel liegt, umso weniger Klimagase entstehen bei deiner Anreise. Warum nicht mal eine Radtour an der Oder-Neiße-Route oder entlang der Elbe planen? Reisetempo, frische Luft und Bewegung sorgen für maximale Entspannung. Und du hast nach dem Urlaub viel zu erzählen.

Autofahrten

Autoverkehr erzeugt Lärm, Feinstaub und Abgase wie Stickoxide, er verstärkt den Klimawandel, birgt Unfallgefahr und hat einen hohen Flächenbedarf. Und Autos haben einen starken Reifenabrieb: 330 000 Tonnen Mikroplastikpartikel entstehen dadurch in Deutschland jährlich, das sind 4 Kilo für jeden Menschen, der hier wohnt!

Das Auto ist billiger als die Bahn? Willst du realistisch wissen, was dein Auto dich im Monat kostet, bezieh alle Kosten ein: von den Anschaffungskosten über den Kraftstoff, die Kfz-Versicherung, die Steuern, Inspektionen und Reparaturen, Wäsche und Scheibenwischerflüssigkeit, Öl, Parkplatzkosten, gegebenenfalls das ein oder andere Knöllchen und in der Stadt den monatlichen Stellplatz. Bezieh auch mit ein, dass dein Auto stetig an Wert verliert. Dazu kommt, dass ein PKW, der mit Benzin oder Diesel betrieben wird, die Umwelt und das Klima schädigt: Das Umweltbundesamt ermittelte, dass ein Auto pro gefahrenen Personenkilometer 2020 im Durchschnitt 152 Gramm CO_2 ausstößt – im Gegensatz dazu erzeugen Schienennahverkehr 86 Gramm, Straßen-, Stadt-, U-Bahn 75 Gramm und Fernbus 27 Gramm pro Personenkilometer.

Bei Radfahrenden fallen Emissionen durch die Infrastruktur und die Produktion des Fahrrads an, allerdings sind das weniger als 10 Gramm CO_2 pro Kilometer. Dazu kommt bei E-Bikes noch ein Anteil, der durch den elektrischen Antrieb mit der Strombereitstellung entsteht, laut Umweltbundesamt »eine relevante, aber vergleichsweise geringe Emissionsmenge«.

Es gibt immer mehr Bündnisse bundesweit, die für die Verkehrswende eintreten und zeigen, wie viel Platz die Blechlawine frisst und wie flächenungerecht dies gegenüber allen anderen Verkehrsteilnehmenden ist, die per pedes oder auf dem Rad unterwegs sind. Stadtviertelinitiativen setzen sich für autofreie Zonen und bessere Rad- und Fußwegsinfrastruktur ein, und während der Internationalen Automobil-Ausstellung (IAA) in Frankfurt laufen bundesweit viele Proteste gegen die immer schwereren, größeren Automobile der Industrie.

Alternative 1: Mit einem **Ökofahrtraining** lernst du, wie du Benzin sparend fährst: Lass überflüssiges Gepäck zu Haus, achte aufs Tempolimit, fahre mit gleichmäßiger Geschwindigkeit, stell den Motor im Stand oder im Stau ab, lass deinen Wagen warten, wechsele den Luftfilter regelmäßig und achte darauf, dass alle Reifen immer den richtigen Druck haben. Sinnvoll ist es auch, den Autogepäckträger abzubauen, wenn du ihn nicht verwendest, weil das Fahren bei Luftwiderstand zusätzliches Benzin verbraucht.

Alternative 2: Falls du in der Stadt wohnst und dich über die ständige Parkplatzsuche und die Staus ärgerst: Überschlag mal die Kosten und überlege, wie oft du dein Auto wirklich nutzt und was dich die einzelne Fahrt oder das monatliche Halten des Autos kostet. Lohnt sich nicht? Wie wäre es, nur dann ein Auto zu haben, wenn du es wirklich brauchst? Auf einmal ist Budget frei, um sich für den Urlaub ein Auto zu mieten oder für kurze Strecken und Transporte Carsharing oder ein Taxi in Anspruch zu nehmen. Inzwischen gibt es auch abgasarme Elektro- und Hybridfahrzeuge, die du leihen kannst. Ein weiteres Plus am **Carsharing** ist, dass die Autos immer top ausgestattet sind und über eine astreine Musikanlage verfügen.

Alternative 3: Schaffe dir ein **Lastenrad** an oder leihe dir eins. Das Fahren macht eine Menge Spaß: Es fühlt sich ein wenig so an, als wäre man mit dem Schiff oder im Bus unterwegs, weil der Wendekreis etwas größer ist, aber auf dem Land wie in der Stadt ist das mit ein klein wenig Übung kein Problem. Und die Auswahl ist groß: mit zwei Rädern, drei Rädern, mit E-Motor und ohne, Kiste hinten oder vorn: Für jeden ist das richtige Modell dabei. Einer Studie des europäischen Cyclelogistics-Projekts zufolge benötigt ein Lastenrad nur rund 5 Prozent der Materialien und Energie, die ein Auto in Anspruch nimmt. Und es könnten etwa die Hälfte der innerstädtischen Transporte statt durch Autos gut mit dem Lastenrad erledigt werden. 2 Prozent der Parkfläche in einer Stadt wie Berlin könnte Platz für über 300 000 Fahrräder schaffen.

Für einen Ausflug mit Kindern sind Lastenräder perfekt. Es gibt in großen Städten sogar Initiativen, bei denen du **kostenlos Lastenräder leihen** kannst: »fLotte Berlin« (https://flotte-berlin.de), »Klara« (www.klara.bike) in Hamburg – und auch in München, Hannover und Köln gibt es ähnliche Angebote.

Camping

Auf https://ecocamping.de, einer Initiative von Umweltorganisationen und Campingverbänden, findest du Tipps für naturgerechte Campingplätze.

Für jede Reise, aber vor allem für Camping und Glamping, die etwas luxuriösere Variante mitten in der Natur, gilt noch mehr als sonst: Hinterlasse nur Fußabdrücke, nimm nur Erinnerungen mit – oder den Müll von anderen: Beim Plogging, einem Trend auf Social Media, sammeln Freiwillige bei jeder Tour durchs Grüne Plastiktüten, Zigarettenkippen, Lollistiele oder Coladosen. Am besten, du nimmst immer einen alten Beutel dafür mit.

E-Bike

E-Bikes machen Spaß – umwelttechnisch lohnen sie sich vor allem dann, wenn du sie anstelle eines Autos und mit Ökostrom verwendest.

Rund 80 Prozent des CO_2-Ausstoßes, den das E-Bike verursacht, liegen in der Produktion. Rahmen und Teile kommen oft aus China, und vor allem die Rohstoffe für den Akku können nicht umweltfreundlich und fair gewonnen werden. Ihr Abbau zerstört die Umwelt und oft auch die Lebensgrundlage von Menschen. Die Arbeitsbedingungen sind in der Mehrzahl der Fälle menschenunwürdig.

Ein vollkommen nachhaltiges E-Bike gibt es wegen der vielen Einzelteile und der langen Lieferkette nicht. Aber es gibt einige Firmen, die versuchen umweltschonender und fairer zu produzieren.

Alternative 1: Achte beim Kauf darauf, dass das Fahrrad **gut zu reparieren** ist **und aus hochwertigen Einzelteilen** besteht. Je länger du ein Produkt benutzt und je besser du es pflegst, umso umweltschonender ist es. Es gibt übrigens auch umweltschonende Schmiermittel für die Kette.

Alternative 2: My Boo ist ein Unternehmen, das **sozial und fair** in Ghana produziert – der Rahmen der Fahrräder ist zum großen Teil aus Bambus gefertigt. Besser als Carbon oder Aluminium, die beide energieintensiv und umweltschädlich gewonnen werden. Auch die Marken Urwahn Bikes und Utopia Velo produzieren fair und größtenteils in Deutschland.

Erlebnisfaktor

Nachhaltig reisen bedeutet auch, Land und Leute zu erleben, denn so nimmst du vielfältige Erinnerungen mit. Bereite dich auf die Reise vor, lerne ein paar Worte der Landessprache, überlege, was du dort aktiv unternehmen kannst, statt nur am Strand zu liegen.

Tipp 1: Erkundige dich bei Futouris, einer Nachhaltigkeitsinitiative der Touristikbranche nach Events.

Tipp 2: Anbieter wie Ecoventurecamps vermitteln Aktivurlaub mit Klettern und Reiten in Spanien, bei dem sparsam mit den Ressourcen und schonend mit der Natur umgegangen wird.

Tipp 3: Auch der Deutsche Alpenverein bietet nachhaltige Wandertouren an, und etliche Kirchengemeinden organisieren günstige und umweltfreundliche Touren.

Besuch einen **Ökobauernhof**, wo Kinder Tiere beobachten können und viel an der frischen Luft sind. Unter www.bauernhofurlaub.de kannst du gezielt nach Biohöfen mit Freizeitangebot suchen.

Wow

Warum nicht im Urlaub **eine Wanderung mit Aktivismus** verbinden? 2021 wanderten über 100 Menschen als Friedenszeichen in mehreren Etappen von Hannover bis zum Bodensee. Mehr unter: www.frieden-in-bewegung.de. Veranstaltet wird die Wanderung von Naturfreunde e. V., die auch viele Stadtführungen, Radtouren und Reisen in verschiedene Länder anbieten, oft in eigene Unterkünfte.

Flugreisen

Fliegen ist schädlich, denn Emissionen, die in großer Höhe entstehen, wirken sich besonders auf die Atmosphäre aus. Neben Kohlenstoffdioxid werden dabei auch Rußpartikel, Wasserdampf und Stickoxide Treiber der globalen Erwärmung. Sie wirken in der Flughöhe drei bis fünf Mal so stark wie das CO_2. Beim Flug von Berlin nach Gran Canaria und zurück entstehen pro Passagierin rund 1,9 Tonnen CO_2. Manche Urlaubsorte liegen aber nun mal ein bisschen weiter weg und bisher sind Solarlangstreckenflieger noch ein wildes Träumchen.

Alternative 1: Wenn du Zeit hast, kannst du auch auf ungewöhnlichere Weise klimaschonend ans Ziel kommen, zum Beispiel **mit dem Zug**; www.tralvelling.de bietet Zugreisen in entlegene Ecken dieser Erde an – du musst dann nicht selbst mühsam planen, welcher Zug dich durch die Weiten des russischen Hinterlandes bis nach China bringt.

Alternative 2: **Ändere dein Ziel**! Mal ehrlich, wie viele Städte und Landschaften hast du in Europa noch nicht gesehen? Viele kannst du mit dem Zug erreichen – das Elbsandsteingebirge oder die Böhmische Schweiz können locker mit den Steinformationen des Zhangjiajie Nationalparks oder des Grand Canyons mithalten. Und wenn du schon mal in Sachsen bist, lockt außerdem ein Abstecher ins wunderschöne Prag.

Du kannst deinen Flug mit Atmosfair, Klimakollekte, Primaklima oder myclimate kompensieren – dies sind laut *Finanztest* die besten Anbieter. Mit einem praktischen Rechner auf dem Onlineportal der Organisationen erfährst du, wie viel CO_2 dein Flug verursacht und mit welcher Spende an ein Klimaschutzprojekt du das ausgleichen kannst.

Kompensationen sind zwar besser als gar nichts, aber sie sind auch keine Lösung und bringen mitunter Leid über Indigene. Menschenrechts- und Naturschutzorganisationen kritisieren, dass es sich bei Kompensationszahlungen um Greenwashing handelt. Denn sie verhindern, dass sich etwas am Lebensstil der Industriegesellschaften ändert.

Manche Projekte fördern zwar nebenbei die Entwicklung eines Dorfes, wenn dort Solarlampen installiert werden, aber viele Projekte sind in Übersee, und für die Einrichtung der Naturschutzgebiete werden Indigene mitunter von ihrem Land vertrieben.

Eine wirkungsvollere Kompensation wäre es sicher, in die Wiedervernässung eines Moores in Deutschland zu investieren, denn die klimaerhaltende Wirkung von Mooren ist zwar erforscht, aber immer noch zu wenig bekannt. Mehr über Moorschutz erfährst du über die Michael-Succow-Stiftung: www.succow-stiftung.de.,

Gepäck

Packe möglichst wenig und platzsparend, denn mehr Gewicht bedeutet im Regelfall mehr Emissionen. Wenn du wenig mitnimmst, dann wasche unterwegs im Zweifelsfall so ökologisch wie möglich – die Reinigung im Hotel bedeutet üblicherweise, dass billiges Waschmittel und ein energieintensiver Trockner zum Einsatz kommen.

Auch Koffer und Rucksäcke kannst du nach ökologischen Kriterien kaufen – am besten secondhand oder aus Ökokollektionen wie Green Shape von Vaude oder diversen Marken bei Avocadostore. Je hochwertiger und besser hergestellt, umso länger bleibt das gute Stück bei dir – und das ist dann nicht nur nachhaltig, sondern erspart dir auch weitere Käufe.

Hotel

Wenn du zu Hause auf Klimafreundlichkeit und Umweltschutz achtest, ist dir das im Urlaub auch wichtig. Von der Lage des Hotels bis zu den Zutaten fürs Frühstück kann dein Urlaub richtig grün werden!

Tipp 1: Wähl deine **Unterkunft nach nachhaltigen Kriterien** aus, frag im Reisebüro oder im Internet gezielt nach Ökohotels und achte auf den Hinweis »CSR-tourism-certified«, was Sozialstandards und Umweltfreundlichkeit belegt. Schau, ob die Bauweise deines Hotels oder Hostels zur Umgebung passt: Also lieber kein protziges Fünfstockhotel mitten am Naturschutzgebiet, sondern lieber kleine, landestypische Häuschen.

Geprüfte Biohotels mit Essen aus ökologischem Landbau findest du unter: www.biohotels.info. Viele umweltfreundliche Unterkünfte locken auf Websites wie https://bookitgreen.com, https://gutbuerger.reisen, www.viabono.de, https://forumandersreisen.de, www.wirsindanderswo.de und https://goodtravel.de.

Tipp 2: Warum nicht mal WWOOFen? **»World-Wide Opportunities on Organic Farms«** ist eine Möglichkeit, auf Biofarmen auszuhelfen und dafür untergebracht und verpflegt zu werden. Nicht nur weltweit, sondern auch klimafreundlich in Deutschland und Europa: www.wwoofinternational.org.

Tipp 3: Die gute alte **Jugendherberge** hat zwar ein etwas verstaubtes Image, ist aber eine gute, günstige und nachhaltige Alternative zum Hotel – und der Deutsche Jugendherbergsverband hat sich zum Erhalt einer intakten und vielfältigen Natur und Kultur verpflichtet.

Umweltfreundliche Reiseangebote für Familien findest du bei www.renatour.de. Eisenbahnflair zum Mitmachen und tolle Unterkünfte in ausrangierten Waggons gibt's in der Nähe des Naturschutzgebiets Lauenburger Seenplatte: www.erlebnisbahn-ratzeburg.de – den Strom macht der alternative Betrieb mit Windkraft und Solar selbst, die Touren mit Fahrrädern und Draisinen erfordern Muskelkraft, und du kannst das Wohnen im Tiny House ausprobieren. Ähnlich fantasievoll ist die Kulturinsel Einsiedel bei Görlitz www.turisede.com, naturbelassen und erlebnisreich sind Arche-Höfe wie dieser in Bayern: www.archehof-schlickenrieder.de.

Tipp 4: Wenn es doch mal ein konventionelles Hotel ist, bring am besten deine eigene Haarseife und Creme mit, denn oft sind die Shampoos und Bodylotions vor Ort von minderer Qualität und die kleinen Proben sind in Plastik verpackt. Nicht jeden Tag das Zimmer reinigen zu lassen, spart Abwasser und Reinigungsmittel und als Bonus macht es den meist geringbezahlten Reinigungskräften ihren Knochenjob etwas leichter. Und wenn der Müll im Zimmer nicht getrennt wird, frag an der Rezeption danach.

Kurztrips

Die Deutschen unternehmen jährlich rund 70 Millionen Kurzreisen und Tagesausflüge, die Umweltbelastung ist nicht gerade gering. Du musst nicht unbedingt übers Wochenende nach Barcelona gurken, denn je kürzer der Aufenthalt, umso weniger lohnt sich eine lange Anreise. Der Bayerische Verbraucherservice rät als Faustformel für Kurzreisen: ein Tag Aufenthalt je 100 Kilometer Entfernung.

Auch vor der Haustür lockt das Abenteuer – das ist die umweltfreundlichste Variante. Veranstalte ein Picknick im eigenen Garten oder im Park. Tu einen Tag lang so, als wärst du Touristin in der eigenen Stadt und schau dir dazu auch einen Reiseblog über deine Heimat an. Erlebe deine Gegend bei einer Kajakfahrt aus einem anderen Blickwinkel. Plan eine Schnitzeljagd oder einen Wandertrip fürs Wochenende, besuche die nächstgelegene Touristeninfo. Oder frag eine Bekannte aus einer anderen Stadt, was sie sich an deinem Heimatort ansehen würde. Meist führt das zu überraschenden Ergebnissen!

Mietwagen

Wenn du vorhast, dir allein einen Mietwagen zu nehmen, kannst du bei https://www.blablacar.de/ jemanden suchen, der zufällig zum selben Zeitpunkt dein Ziel ansteuert. Dadurch wird die Reise nicht nur günstiger – am umweltfreundlichsten ist eine Fahrt im Auto, wenn alle Plätze besetzt sind, vor allem, wenn du von vornherein ein Auto gemietet hast, das einen geringen Spritverbrauch hat.

Outdoorkleidung

Wetterfeste Kleidung fürs Wandern oder Campen ist in den meisten Fällen aus Plastik und enthält sogar das schädliche PFC. Du kannst aber neben Secondhand- auch auf recycelte und recycelbare Stoffe zurückgreifen und auf Marken, die nachhaltige Kleidung produzieren, wie Pyua, Vaude, Klättermusen oder Elkline. Zum Teil bestehen die Sportsachen sogar aus Naturfasern und sind ungefärbt. Achte auf Siegel wie Bluesign und Fair Wear, damit umweltfreundliche und soziale Standards eingehalten sind (siehe ab Seite 161).

Tipp: Wanderschuhe kannst du, wenn sie trocken sind, gut in einem Einkaufsbeutel aus Stoff transportieren – diesen wäschst du bei deiner Rückkehr mit den übrigen Kleidern. Auch für Schmutzwäsche und als Verpackung für alles, was nicht mehr in den Kulturbeutel passt – Kosmetika, Fön, Bürste –, eignet sich eine Stofftragetasche.

Proviant

Gerade für Reisen und Kurztrips sind eine gute Wasserflasche und eine Box fürs mitgebrachte Schnittchen wichtige Utensilien, da du an unbekannten Orten vielleicht nur Essen in Plastikverpackungen zu kaufen bekommst. Gerade in der Deutschen Bahn sind Brote, Salate und aufgewärmte Gerichte stets in Plastik verpackt und erzeugen Müll, selbst wenn du diesen im Zugrestaurant nicht immer siehst.

WICHTIG: Wenn du ein Picknick auf einer Bergwandertour planst, solltest du alles, was an Müll anfällt – auch das Kerngehäuse deines Apfels, die grüne Spitze der Karotte oder Eierschalen – wieder mit nach unten nehmen. Im Gebirge ist es kühler als im Tal – und so hält sich dort alles länger. Drei bis fünf Jahre dauere es, bis eine Banane verrottet sei, so der Alpenverein. Und so ist es zumindest bei ungespritztem Obst zwar nicht ganz so schlimm für die Natur, aber nicht schön für alle, die nach dir die Bergwelt genießen wollen und dort noch jahrelang auf deinen Abfall stoßen.

Sonnencreme

Eine herkömmliche Sonnencreme enthält Mikroplastik wie sehr viele Kosmetikprodukte (siehe Seite 113), und sie stresst die Korallen im Meer zusätzlich zur Klimaerwärmung, die das Wasser aufheizt. Die Inhaltsstoffe – vor allem Oxybenzon, Octinoxat und Octocrylen sowie die Nanoformen von Titandioxid und Zinkoxid – können die Koralle und ihre Larven schädigen. Wenn dein Hotel kein gutes Abwassersystem hat oder du auf einem Boot Urlaub machst, gelangen schädliche Rückstände der Creme auch ins Meer, wenn du duschst. Daher besser immer eine ungefährliche Creme verwenden.

Alternative 1: Falls es nur herkömmliche Creme gibt, verwende lieber **wasserfeste**, da sich diese nicht so einfach abwäscht und daher weniger anrichtet. Höhere Schutzfilter enthalten mehr Schadstoffe, also eher einen niedrigen wählen.

Alternative 2: **Mineralische Sonnencreme** gibt es fast überall. Verwende eine, auf der das Siegel »reef safe« und »Ecocert« steht.

Tipp: Im Schatten zu bleiben oder einen Hut aufzusetzen ist der einfachste Schutz gegen Sonnenbrand!

S wie Sport

Sport ist eine großartige Sache, denn er ist nicht nur gesund, sondern macht auch jede Menge Spaß, wenn du die richtige Sportart für dich findest. Und es gibt herrlich viele Möglichkeiten, um den Bewegungsdrang auszuleben. Leider wirken sich viele Sportarten mitunter nachteilig auf die Umwelt aus. Skifahren zum Beispiel beeinträchtigt oft die Lebensräume von Flora und Fauna, Schneekanonen, Skilifte und Hotels verändern die Landschaft. Oder Tauchen, weil es immer mehr zum Massensport geworden ist, der das Meer genau wie Seen verändert und mitunter jahrzehntelang gewachsene Korallen mit einem unbedachten Flossenschlag vernichtet. Und auch andere Sportarten wie Klettern oder Mountainbiking können, wenn du dich nicht an die Regeln hält, große Umweltschäden anrichten. Ganz zu schweigen von den ganzen Nebenprodukten, die wir meinen für unseren Sport zu brauchen wie Outdoorkleidung, Fitnessriegel und Eiweißdrinks.

Energieriegel, Eiweißpräparate und Fitnessdrinks

In jedem Drogeriemarkt gibt es mehrere Regale, die mit Drinks, Riegeln und Pulvern vollgestellt sind, die uns mehr Energie und Kraft beim Sport versprechen. Dabei steckt in den »Super Power Energizer Bars«, und wie sie alle heißen, zumeist vor allem eines: sehr viel Fett. Da der überwiegende Teil der Menschen sich schon im Alltag viel zu fettig ernährt, benötigen die wenigsten, selbst wenn sie regelmäßig Sport treiben, noch eine Extraportion davon als Energyriegel. Doch der Glaube daran, dass wir mit einem Biss kraftvoller und gesünder werden, ist einfach zu verführerisch – und so greifen wir zu. Auch die überall angepriesenen Eiweißdrinks sind laut Stiftung Warentest für die meisten von uns überflüssig. In einigen von ihnen wurden im Test sogar Schadstoffe gefunden. Zudem produzieren die Dosen und Folienverpackungen jede Menge Verpackungsmüll.

Alternative 1: Anstatt viel Geld für süße Drinks oder kalorienreiche Riegel auszugeben, kannst du auf Obst zurückgreifen, möglichst saisonal und bio natürlich: **Erdbeeren,** Äpfel**, Aprikosen und Rosinen, aber auch Südfrüchte wie Bananen und Ananas enthalten reichlich Kalium, Vitamin C, Antioxidantien, Eisen und viele andere Nährstoffe.** So steigern sie deine Leistung und sorgen dafür, dass dein Körper sich nach dem Training regeneriert. Auch ungesalzene Nüsse sind ein echtes Sport-Superfood!

Alternative 2: Anstatt in ein Vitamingetränk oder Energyball zu investieren, stell ihn lieber selbst her. Damit weißt du, welche Nährstoffe du dir zuführst, und sparst zudem Geld.

Und so stellst du deinen hauseigenen Energiedrink her:

Du brauchst: 500 ml Apfelsaft, 500 ml Wasser (wenn du es sprudelig magst, kannst du Sprudelwasser nehmen), **1 TL Salz, 2 EL Traubenzucker**

1. Gib den Saft in eine Karaffe.
2. Füge Salz und Traubenzucker hinzu.
3. Gieß das Ganze mit Wasser auf. Achtung: Bei Sprudel darauf achten, dass es nicht überschäumt. Voilà, fertig ist dein ganz eigener Energiedrink!

Ebenso leicht kannst du Energyballs selbst fabrizieren. Und natürlich haben wir auch dafür ein Rezept für dich:

Du brauchst: 200 Gramm entkernte Datteln (Aprikosen oder Feigen gehen auch!), **100 Gramm getrocknete Gojibeeren** (oder getrocknete heimische Superfood-Beeren, siehe Seite 151) und, wenn du magst, noch **50 Gramm Kokosflocken.**

1. Hacke die Gojibeeren im Mixer klein, schütte sie aus dem Mixer in eine Schüssel.
2. Zerkleinere die Datteln im Mixer. Das kann je nach Stärke des Mixers eine Weile dauern. Wenn dein Mixer nicht der stärkste ist, wirf am besten nicht alle Datteln auf einmal hinein, sondern mehrere kleine Portionen nacheinander.
3. Gib die Datteln in die Schüssel mit den Beeren, vermenge alles miteinander, bis eine feste Masse entsteht.
4. Forme kleine oder größere Kugeln, so wie du sie am liebsten isst.
5. Gib die Kokosflocken in eine Schüssel und wälze die Kugeln darin, wenn du das magst.
6. Fülle die Energyballs in ein Mehrwegglas – fertig ist dein kleiner Energizer.

Fitnessstudio

Viele von uns sind mit Arbeit, Familie und den alltäglichen Anforderungen des Lebens so sehr beschäftigt, dass sie nur sehr wenig Zeit für sportliche Betätigung haben. Wer schnell etwas fürs sportliche Gewissen tun will, meldet sich im Fitnessstudio an beim Zumba, Krafttraining oder Rudern an der Maschine, sobald sich im Alltag eine Lücke auftut. Gerade für Menschen, die viel Zeit am Schreibtisch verbringen und deren Rückenmuskulatur dringend aufgepeppt werden muss, kann das durchaus gesundheitsfördernd sein. Viele vergessen jedoch, dass es gar keines Fitnessstudios bedarf: In der Natur und in der Stadt gibt es zahlreiche kostenfreie Möglichkeiten, um sich fit zu halten.

Alternative 1: Du hast keine Lust, Geld für ein Fitnessstudio auszugeben? Dann nutze die Outdoor-Fitnessanlagen, die viele Städte inzwischen in Parks und Grünanlagen anbieten. Sie sind kostenfrei und an der frischen Luft. Ebenfalls eine gute Idee: die klassischen Trimm-dich-Pfade. Ob Tischtennisplatten, Fußballplätze oder Basketballkörbe im Park: Es gibt draußen auch zahlreiche kostenlose Fitnessmöglichkeiten für Teams. Warum nicht jede Woche eine regelmäßige Sporteinheit mit netten Men-

schen dort einplanen? So bewegst du dich und verbringst Zeit im Freundeskreis. Eine klasse Sache finden wir.

Alternative 2: Anstatt den Bus oder das Auto zu nehmen, erledige kleine Besorgungen lieber mit dem Fahrrad. So bist du nicht nur schneller und bewegst dich, sondern lernst auch ganz neue Seiten deiner Stadt kennen.

Alternative 3: Plane auch am Arbeitsplatz kleine Workouts ein, ganz ohne Fitnessgeräte: Stretching, eine Runde ums Bürogebäude in der Mittagspause – Bewegung kannst du dir überall verschaffen. Fortgeschrittene können in einen Steharbeitsplatz mit Stepper oder Laufband investieren.

Tipp: Wer mit dem Fahrrad zur Arbeit fährt, treibt jeden Tag Sport, ohne dafür viel Geld auszugeben oder Zeit zu verlieren. Ganz im Gegenteil: Oft bist du mit dem Rad viel schneller als mit dem Auto oder den öffentlichen Verkehrsmitteln. Das Geld, das du dabei sparst, kannst du jede Woche in eine kleine Dose legen. Wetten, am Ende des Jahres hast du genug Geld zusammen, um dir ein schickes neues Rad zu kaufen oder dein altes aufzupimpen? Wer einen langen Arbeitsweg hat, kann sich auch ein Faltrad kaufen (am besten secondhand!) oder ein Fahrrad am Bahnhof mieten. So legst du den Löwenanteil der Strecke mit dem Zug zurück, ohne zuzuzahlen. Und die letzte Meile fährst du bequem mit dem Rad.

Mountainbiking

Die Leidenschaft für raue Untergründe und steile Hügel lässt viele Mountainbike-Fans die Grenzen der Natur missachten. Durch illegale Trails werden oft Tiere in ihrer Ruhezone bedrängt und Waldböden zerstört. Das ständige Befahren der Trails verdichtet den Waldboden so stark, dass Regenwasser nicht mehr richtig aufgenommen werden kann. Und dann fehlt den Bäumen gerade im Sommer, wenn es trocken wird, das nötige Wasser. Besser ist es, im Einklang mit der Natur mit dem Bike durch den Wald zu düsen.

Tipp 1: Bleib immer auf dem vorgesehenen Weg. Es mag auf den ersten Blick nicht so aussehen, aber es gibt einen Grund dafür, dass er genau dort verläuft.

Tipp 2: Nimm Rücksicht auf Tiere! Fahr nie so schnell, dass du Tieren, die deinen Weg kreuzen, nicht mehr ausweichen kannst. Du bist nur Gast in dem Wald, in dem sie leben.

Tipp 3: Reiß keine Äste ab. Ein Baum ist kein Abreißkalender, sondern ein lebendiger Teil der Natur.

Skifahren

Dass Skifahren per se keine besonders gute Sache für die Umwelt ist, wissen alle, die einmal in einem Skigebiet gewesen sind: Allein der Transport auf die Piste und die Verpflegung auf dem Berg verbrauchen Ressourcen und produzieren jede Menge CO_2. Das größte Problem am Skifahren ist jedoch nicht der Sport an sich, sondern die Anreise: Ganze 75 Prozent des CO_2-Abdruckes, den der Winterurlaub produziert, entsteht durch die Anreise. Dazu kommt die Luftverschmutzung durch die Anfahrt im Auto. (Und auch der Ausbau der Verkehrsinfrastruktur muss mitgerechnet werden, denn er bedeutet einen großen Eingriff in die Natur und das Landschaftsbild.)

Tipp 1: Reise mit dem Zug an statt mit dem Auto, dann sparst du schon ordentlich CO_2 ein. Außerdem kannst du während der Fahrt, statt auf die Straße zu starren, in einem Buch schmökern.

Tipp 2: Miete Skier und Ausrüstung vor Ort. Das erspart dir nicht nur die Schlepperei, sondern auch Transportkosten.

Tipp 3: Such dir eine nachhaltige Unterkunft, in der regenerative Energie verwendet, auf regionale Zutaten in der Küche gesetzt und Rücksicht auf die Natur genommen wird.

Sportkleidung

Ob Yoga, Laufen oder Fahrradfahren: Heutzutage gibt es für jede Sportart einen eigenen Gang oder Ständer im Kaufhaus. Natürlich ist das auch komfortabel, doch leider ist diese Spezialkleidung in den seltensten Fällen umweltfreundlich. Der Großteil besteht aus synthetischen Fasern, deren Basis Erdöl ist und die bei jedem Waschgang Mikroplastik absondern (siehe Seite 157, unten), viel ist mit schädlichem PFC und anderen Stoffen imprägniert.

Bettina erzählt: Ich kann mich noch sehr gut daran erinnern, wie meine Mutter mir am Abend vor der Abreise zur ersten Skifreizeit einen Satz langer Unterhosen und Rollkragenpullover in die Hand gedrückt hat. Statt einer speziellen Skijacke habe ich zwei Pullover übereinander angezogen. Gefroren habe ich trotzdem nicht. Und wenn es in der Hütte warm wurde, konnte ich mir nach dem Zwiebelprinzip ganz einfach einen der Pullis ausziehen.

Alternative 1: Zum Yoga, Laufen oder Wandern brauchst du keine spezielle Sportkleidung. Eine bequeme Leggins, Jogginghose sowie eine dicke Jacke plus Pullover reichen völlig aus. Deshalb: Lass dir von der Werbung nicht einreden, dass du ohne die neuste superatmungsaktive Jacke nicht wandern gehen und ohne das wunderweiche Wickelshirt nicht den nach unten schauenden Hund üben kannst. Das haben Menschen vor dir jahrhundertelang in ganz simpler Montur getan. Gleiches gilt für viele andere Sportarten wie Skifahren oder Radeln. Meistens merkst du nach einer Probierphase ganz von selbst, welche Kleidung für dich die passende ist.

Alternative 2: Achte beim Kauf deiner Sportkleidung darauf, wie sie hergestellt wurde. Es gibt mittlerweile zahlreiche Firmen, die sich auf nachhaltige Fitnesskleidung spezialisiert haben. Zum Beispiel Vaude oder Besonnen Fashion.

Alternative 3: Für Sportarten wie Tauchen oder Skifahren, die du selten im Jahr ausübst, kannst du dir die Ausrüstung vor Ort oder von jemandem im Bekanntenkreis leihen. Falls du niemanden kennst, der Tauchen oder Skifahren geht, kannst du auch auf Nachbarschaftsforen inserieren. Vielleicht kannst du jemandem im Tausch gegen eine Skihose dein Fahrrad zum Mountainbiken leihen?

Alternative 4: Kauf dein Skioutfit secondhand. So häufig, dass du nigelnagelneue Kleidung brauchst, weil sie sich sehr abnutzt, wirst du es ohnehin nicht benötigen.

Tauchen

Möchtest du unbedingt einmal einen Delfin aus der Nähe sehen? Oder mit einer Seekuh schwimmen? Das können wir sehr gut verstehen. Damit dein Erlebnis in Natur und Tierwelt keine bleibenden Schäden hinterlässt, solltest du einige Regeln beachten.

Tipp 1: Auch wenn die Muschel noch so schön glitzert und glänzt: Bitte nimm keine Souvenirs aus dem Meer mit und brich niemals, wirklich niemals Korallen willentlich ab. Auch Tiere solltest du niemals berühren oder bedrängen, nicht zuletzt, weil sie sich verteidigen und einige von ihnen giftig sind und dich verletzen können. Also hänge dich niemals an eine Wasserschildkröte, streichel keine Seekühe und komm einem Zackenbarsch nicht ins Gehege. Besser für die Tiere – und für dich!

Tipp 2: Auch im Tauchanzug bist du ein Fremdkörper im Meer. Deshalb sollte dein oberstes Ziel sein, so wenig wie möglich zu stören und keine Spuren zu hinterlassen. Bewege dich achtsam. Wirbel keinen Sand auf, stell oder setze dich niemals auf ein Korallenriff und halte dich an Hartkorallen auch nicht fest, um nicht abgetrieben zu werden. Damit kannst du Tiere – und auch dich selbst! – verletzen und das Ökosystem ungewollt zerstören. Und im Fall der Korallen (die auch Tiere sind!) besteht die Gefahr, dass du dich an ihrem scharfen Kalkskelett schneidest.

Tipp 3: Du tauchst oft und bemerkst Veränderungen im Gewässer? Melde sie umgehend der Umweltschutzbehörde. Damit leistest du einen aktiven Beitrag zum Umweltschutz.

Tipp 4: Achte unbedingt darauf, dass du eine korallenverträgliche Sonnencreme benutzt (siehe Seite 207).

Tipp 5: Ein Flug setzt sehr viele Emissionen frei, schon von Deutschland nach Mallorca rund eine Tonne CO_2 – bis nach Ägypten, zugegeben eine der schönsten Tauchregionen der Welt, sind es fast doppelt so viele. Wusstest du, dass es sehr aufregend ist, in einem See zu tauchen, oder dass es auch eine Tauchbasis auf Rügen gibt? (In Sellin gibt es übrigens auch eine Tauchgondel, mit der du trockenen Fußes unter Wasser gelangst!)

T wie Tiere

Tiere sind etwas Wunderbares, und es gibt nichts Schöneres, als nach Hause zu kommen und von der Katze begrüßt zu werden, die einem maunzend um die Beine streicht.

Aber, und jetzt kommt die schlechte Nachricht: Leider ist Tierhaltung alles andere als umweltfreundlich. So scheidet ein Durchschnittshund laut einer Studie der Technischen Universität Berlin in über 13 Lebensjahren rund 1 Tonne Kot und knapp 2000 Liter Urin aus. Ein Haushund verursacht damit in etwa 7 Prozent der Klimagase, die eine Person in der EU durchschnittlich verursacht. Bedenkt man, dass die Anzahl an Haushunden allein in Deutschland zwischen 2000 und 2019 von etwa 5 Millionen auf 10,1 Millionen gestiegen ist, wird der Einfluss, den die Tierhaltung auf den Klimawandel hat, noch deutlicher. Das größte Problem dabei sind Tiernahrung und Exkremente. Denn Kot und Urin von Hunden sind Gift für unser Süßwasser.

Heißt das also, dass es das Beste ist, auf Hunde und Katzen ganz zu verzichten?

Jein. Zumindest solltest du darauf achten, wie du deinen Hund ernährst, und dafür sorgen, dass sein Kot bestmöglich entsorgt wird. Außerdem erreichst du schon viel damit, wenn du dir nicht den größten Hund zulegst. Denn ebenso wie bei Auto und Wohnung lautet der Rat der Wissenschaft: Je kleiner, desto besser.

Katzenstreu

Das Praktische an Katzen ist, dass du nicht mit ihnen Gassi gehen musst, damit sie ihre Notdurft verrichten. Nach einer Phase der Eingewöhnung machen sie das von ganz alleine. Manche, wie Bettinas alte Katze, benutzen sogar die Toilette im Badezimmer (leider ohne zu spülen). Die meisten Katzen gehen jedoch aufs Katzenklo. Wenn du eine Katze hast, weißt du bestimmt, wie wählerisch diese Tiere beim Katzenstreu sind und dass ein Wechsel durchaus dazu führen kann, dass am Morgen ein Häufchen vor deinem Bett liegt. Denn Katzen sind Gewohnheitstiere, und auf Veränderung reagieren sie mitunter sehr ungnädig. Wenn du deine Katze so umweltfreundlich wie möglich halten willst, ist es also wichtig, dass du dich von Beginn an darüber informierst, welches die nachhaltigsten Alternativen für herkömmliches Katzenstreu sind.

Alternative: Katzenstreu aus Holzpellets ist komplett kompostierbar und biologisch abbaubar. Ein weiterer Vorteil ist, dass es keine chemischen Zusatzstoffe enthält. Du kannst es fertig kaufen oder in einer Sägerei nach Holzresten fragen.

Kottüten

Jeder, der vor der Jahrtausendwende in einer Großstadt gelebt hat, weiß, was für ein Problem Hundekot war. Ob vor der Haustür, auf der Wiese oder auf dem Spielplatz: Überall trat man in ein Häufchen. Mittlerweile ist das auch aufgrund der hohen Bußgelder, die den Hundebesitzenden je nach Bundesland drohen, wesentlich besser geworden.

Hundekot ist jedoch nicht nur unschön für diejenigen, denen er am Schuh klebt. Er ist auch schädlich für uns, denn er kann Böden und Trinkwasser mit resistenten Darmbakterien und Parasiten verseuchen (siehe Seite 216).

Wie gut, dass die meisten Hundebesitzenden den Kot ihres Tieres aufsammeln. Doch durch das wachsende Einsammeln entsteht ein neues Problem: die Hundekottüten sind eine Menge Müll. Arne Krämer, der Geschäftsführer der Sustainable People GmbH, geht nach einer Befragung von Hundebesitzenden davon aus, dass in Deutschland jährlich etwa 285 Millionen Kotbeutel ausgegeben werden. Die meisten dieser Tüten bestehen aus Plastik, das auf Basis von Erdöl hergestellt wird und dementsprechend schlecht abbaubar ist. So stellt uns die Liebe zu unseren Vierbeinern vor ein riesiges Umweltproblem. Dazu kommt, dass viele die Tütchen samt Exkrementen in der Natur entsorgen – eine langlebige Stinkbombe.

Eine zu 100 Prozent umweltfreundliche Lösung für das Hundekottüten-Problem gibt es leider nicht. Aber wenigstens gibt es Kotbeutel, die ressourcenschonender sind.

Alternative 1: Anstatt neue Plastiktüten zu kaufen, kannst du **Plastikfolie** verwenden, die du im Haushalt sammelst. Zeitschriften, Gurken oder Salat – sehr viele Dinge sind noch immer in Plastik eingepackt. Anstatt die Verpackung in den Müll zu schmeißen, recycele sie beim nächsten Spaziergang als Hundekotbeutel.

Alternative 2: Verwende statt der herkömmlichen Plastiktüten eine **Papiertüte** aus **recyceltem Papier**. Das spart nicht nur Ressourcen, es ist auch besser abbaubar als Plastik. Um deine Tasche nicht zu verdrecken, weil das Papier während des Transports durchweicht, kannst du die Tüte in eine Plastiktüte stecken, die du nach Belieben wiederverwendest. Für Hunde mit einem sehr flüssigen Stuhlgang ist die Variante nicht geeignet. Beachte: Auch mit Kot gefüllte Papiertüten gehören in den Hausmüll, also in die Schwarze Tonne.

Alternative 3: Kauf Hundekotbeutel aus **recyceltem Plastik**. Der Vorteil ist, dass bei der Herstellung altes Plastik verwertet wird, statt neues herzustellen. Damit sparst du also wertvolle Rohstoffe ein und vermeidest überflüssige CO_2-Emissionen.

Alternative 4: Es gibt auch Hundekotbeutel aus **Bioplastik**, die aus nachwachsenden Rohstoffen wie Zuckerrohr oder Mais bestehen. Einige von ihnen sind laut Aufschrift kompostierbar. Das ist in der Theorie eine gute Sache, bringt am Ende aber leider nicht so viel, da diese Plastiktüten in der Kompostieranlage aussortiert werden, schlussendlich im Hausmüll landen und verbrannt werden. Auch auf dem eigenen Kompost ist Hundekot keine gute Idee, weil er Parasiten und Medikamentenrückstände enthalten kann. Und er stinkt!

Spielzeuge

Gerade dann, wenn du einen größeren Hund hast oder eine Katze, die keinen Auslauf hat, ist es wichtig, dass du mit deinem Tier spielst. Sonst wird ihm nicht nur langweilig, es verliert auch seine Lebensenergie. Viele Katzen, die kratzen und beißen, sind nicht wütend oder aggressiv, sondern wollen nur, dass du dich mit ihnen beschäftigst. Viele Spielzeuge, die es in Tierhandlungen gibt, bestehen aber ebenso wie Kinderspielzeug aus Plastik. Da es Schadstoffe enthalten kann, könnte das gesundheitliche Folgen für deinen Liebling haben. Und die Herstellung und lange Haltbarkeit von Plastik ist auch schlecht für die Umwelt (siehe Seite 83). So bleibt der Welt ein Spielzeug erhalten, obwohl der Hund, der es benutzt hat, schon seit 100 Jahren auf dem Friedhof der Kuscheltiere ruht. Zum Glück gibt es genügend Alternativen, die ohne fieses Plastik auskommen. Manche von ihnen findest du sogar auf der Straße oder im Wald.

Alternative 1: Wer eine Katze hat, weiß, dass Katzen nach allem schnappen, was sich bewegt. Das ist auch der Grund, warum sie dich gern in die Zehen beißen, wenn du gemütlich auf dem Sofa liegst und mit den nackten Füßen zur Musik wippst. Sie wollen nur spielen! Ein heißer Tipp, um deine Katze so richtig ins Schwitzen zu bringen, ist eine Taschenlampe. Natürlich, wie es sich für alle gehört, die umweltfreundlich denken, eine, die mit Solarstrom betrieben wird, oder eine Dynamotaschenlampe. Wenn du mit der Taschenlampe auf dem Boden hin- und herwedelst, wird deine Katze dem Licht wie verrückt hinterherrennen.

Du hast noch einen alten Tennisball aus deiner Karriere im Leistungssport? Prima – einfach einpacken und beim Spaziergang durch die Gegend werfen. Dein Hund wird es lieben.

Alternative 2: Warum kaufen, wenn du es selbst machen kannst? Spiel an heißen Sommertagen mit deinem Hund Leckerlifischen: Wirf einfach ein Leckerli in eine mit Wasser gefüllte Wanne, und schon kann es losgehen. Das kühlt den Kopf und macht Spaß. Natürlich nur den Hunden, die nicht wasserscheu sind.

Für Katzen kannst du einen kleinen leeren Behälter wie zum Beispiel eine Überraschungseihülle oder ein Filmdöschen mit etwas Reis oder kleinen Nudeln befüllen. Wickle das befüllte Döschen in eine Socke und binde diese mit einem Band zu. Befestige noch weitere kurze Bänder und einen langen Faden um die Socke. Nimm die Socke am langen Faden in die Hand und lass sie vor der Katze hin- und herpendeln. Sie wird Spaß haben!

Alte Socken sind sowieso der Hit, um daraus tolle Spielzeuge zu basteln. Ebenfalls bei Hunden sehr beliebt ist die Sockenkrake.

UND SO GEHT'S:

Du brauchst: Mehrere alte Socken, ein Band oder einen dicken Faden, einen langen Ast oder Holzstab.

1. Befülle eine Socke mit ein bis zwei anderen Socken, sodass eine dicke Sockenkugel entsteht.
2. Binde die Socke unterhalb der Füllung ab.
3. Schneide den offenen Teil der Socke in mehrere Streifen – fertig ist der Oktopus.

Nimm den Holzstab oder einen langen Ast und befestige die Socke daran so fest, dass dein Hund beim Spielen ordentlich ziehen kann. Bettinas Kater ist übrigens auch ein großer Sockenkraken-Fan.

Tierfutter

Wie groß der ökologische Pfotenabdruck ist, den Hunde produzieren, findest du auf Seite 216. Dabei gibt es so viel mehr Haustiere: Meerschweinchen, Hasen, Mäuse und nicht zu vergessen Deutschlands beliebtestes Haustier, die Katze. Im Jahr 2020 lebten allein in deutschen Haushalten 15,7 Millionen Katzen. Die brauchen, wie alle wissen, die regelmäßig Katzenfutterdosen öffnen, nicht nur jede Menge Aufmerksamkeit, sondern auch jede Menge Futter. Bei Katzen besteht das zu einem großen Teil aus Fleisch, dessen Herstellung wiederum wahnsinnig schlecht für die Umwelt ist (siehe Seite 138). Die schlechte Nachricht ist: Eine Katze muss Fleisch essen. Der Deutsche Tierschutzbund rät von einer veganen Ernährung bei Katzen dringend ab. Und auch vegetarische Ernährung wird bei Katzen kritisch gesehen. Ein Grund dafür ist, dass Katzen auf die Zufuhr von Aminosäuren angewiesen sind, die nur in tierischem Gewebe vorkommen. Grundsätzlich sollte eine lacto-ovo-vegetarische Ernährung nur in Absprache mit der Tierärztin erfolgen, damit gewährleistet ist, dass deine Katze alle notwendigen Nährstoffe erhält.

Bei Hunden sieht es ganz anders aus. Im Gegensatz zu Katzen sind Hunde keine reinen Fleischfresser, sondern Omnivore, also Allesfresser. Eine vegetarische oder vegane Ernährung ist also durchaus möglich. Doch auch hier gilt: Der Energie- und der Nährstoffbedarf deines Hundes muss gewährleistet sein. Deshalb solltest du, wenn du deinen Hund vegan oder vegetarisch ernähren willst, am besten vorab eine tiermedizinische Meinung von jemandem einholen, der auf Ernährung spezialisiert ist, denn der Futtermix sollte auf das Alter, Größe und Gewicht abgestimmt werden.

Hasen, Meerschweinchen und andere Kleintiere kommen hervorragend ohne zusätzliches Industriefutter aus. Du kannst sie sorgenfrei mit Wiesenheu, Gemüse, Obst und Kräutern ernähren.

Alternative 1: Wenn du die Ökobilanz deines Tieres aufbessern willst, solltest du auf Biofutter umsteigen, das du in den meisten Supermärkten erhältst. Die Abfälle, die für das herkömmliche Supermarkt-Tierfutter verwendet werden, stammen zu einem Großteil aus der Massentierhaltung. Und die willst du ganz bestimmt nicht unterstützen.

Alternative 2: Du kannst das Futter für dein Haustier auch selbst herstellen. Viele Menschen, gerade in südlichen Ländern, geben ihren Hunden die Reste vom Familienessen. Schädlich sind allerdings stark gewürzte Speisen und gegarte Knochen, denn die splittern und könnten bei deinem Hund Verletzungen im Magen und Darm verursachen.

Tipp: Achte darauf, dass das Tierfutter unweit deines Wohnortes hergestellt wird. Durch den Transport wird nämlich jede Menge CO_2 freigesetzt. Das deutsche Tierfutterherstellungsunternehmen MERA produziert nicht nur regional, sondern kompensiert auch alle nicht vermeidbaren CO_2-Emissionen. Die Marke Green Petfood setzt beim gesamten Herstellungsprozess auf das Thema Nachhaltigkeit und prüft die Qualität der Zutaten in hauseigenen Laboren. Die Produkte, die sie verarbeiten, beziehen sie vornehmlich von regionalen Lieferantinnen. Die Firma engagiert sich in sozialen und ökologischen Projekten. Sie kompensieren ihre Waren, und so ist ihr Tierfutter zu 125 Prozent klimapositiv. Kompensationen vermeiden natürlich keine Emissionen (siehe Seite 202).

Tierhaltung

Wie Tiere gehalten werden, ist wesentlich für die Nachhaltigkeit (siehe Seite 146). Viele Menschen sind sich leider nicht bewusst darüber, dass ein Tier kein reines Kuscheltier, sondern ein Lebewesen mit ganz eigenen Bedürfnissen ist. Saubermachen, Spielen, Gassigehen – ganz gleich, ob du ein großes oder ein kleines Tier haben möchtest, du solltest dir immer überlegen, wie viel Zeit du in ein Tier investieren willst und kannst.

Es ist ein Trugschluss zu glauben, dass kleine Tiere weniger Arbeit machen. Auch mit einem kleinen Hund musst du mehrmals am Tag Gassi gehen. Und ganz gleich, ob du eine Schlange, ein Meerschweinchen oder eine Katze hast: Irgendjemand muss sich um das Tier kümmern, wenn du in Urlaub fährst.

Erkundige dich deshalb am besten vorab bei tierlieben Menschen oder im Tierheim, welches Tier für dich und deine Lebensumstände geeignet ist. Nur so kannst du sichergehen, dass auf die anfängliche Freude keine böse Überraschung folgt.

Vergiss nicht, dass ein Tier auch Kosten verursacht. Neben den alltäglichen Ausgaben für Nahrung, Futter und Hygiene kommen noch die regelmäßigen tiermedizinischen Kontrolluntersuchungen, Impfungen oder unvorhergesehene Krankheiten hinzu, Kosten, die leicht in die Höhe schnellen können. Bei Hunden musst du außerdem die Hundesteuer mit einkalkulieren. Insgesamt geben wir pro Hund nach Einschätzung des Magazins *Ein Herz für Tiere* im Schnitt rund 1200 Euro für die Anschaffung aus, die laufenden Kosten betragen etwa 1225 Euro im Jahr, was natürlich je nach Größe, Rasse und Alter variiert. Geht man von einem durchschnittlichen Lebensalter von zwölf Jahren aus, kostet ein Hund ohne Zusatzkosten wie Hundeschule, Ferienbetreuung und Operationen insgesamt etwa 15 900 Euro.

Die Haltung einer Katze ist nicht wesentlich günstiger. Bei einem durchschnittlichen Lebensalter von 15 Jahren musst du mit fast 13 000 Euro rechnen.

Auch die Kosten, die bei der Haltung von Kleintieren anfallen, werden in der Regel unterschätzt. Kaninchen, die niemals allein leben sollten, kosten zu zweit bei einer Lebensdauer von zehn Jahren insgesamt durchschnittlich 15 580 Euro. Richtig teuer wird es, wenn du dir eine griechische Landschildkröte zulegst, denn die kann bis zu 80 Jahre alt werden. Und da sie ebenfalls niemals allein gehalten werden sollten, bist du bei zwei Exemplaren am Ende ihrer Lebenszeit leicht bei 46 050 Euro Gesamtkosten. Ganz schön viel Geld.

Das heißt nicht, dass wir dir davon abraten, ein Haustier anzuschaffen. Bettina beispielsweise kann sich an ein Leben ohne eine Katze im Haus überhaupt nicht mehr erinnern. Es ist nur wichtig, dass du weißt, welche Verantwortung du damit übernimmst. Und du solltest dich umfassend informieren, damit du nicht gleich die Flinte ins Korn wirfst, sobald die Kosten und der zeitliche Aufwand dir klarwerden. Doch leider schaffen sich immer noch viele Menschen ein Tier an, ohne sich zuvor darüber Gedanken zu machen, was das für sie und ihr Leben bedeutet. Häufig, weil sie sich einsam fühlen. Das ist ein durchaus nachvollziehbarer Gedanke, der auch während der Coronapandemie viele Menschen dazu bewogen hat, sich ein Haustier zuzulegen. Doch sobald die Bars wieder geöffnet sind, die Abteilungsleitung das Homeoffice für beendet erklärt, eine Liebesbeziehung gefunden oder die Leidenschaft fürs Tangotanzen entdeckt wurde, wird der niedliche kleine Mitbewohner unbequem und landet häufig im Tierheim. Mit dem Abflauen der Coronapandemie im Sommer 2021 und dem Beginn der Sommerferien gaben so viele Menschen ihre Tiere in Heime ab, dass es vielerorts zu einem Aufnahmestopp kam. Deshalb unser Appell: Bitte überlege dir ganz genau, ob du dir ein Tier anschaffen willst. Wie du deine Motive testen kannst, welche anderen Möglichkeiten es gibt und warum du nicht immer gleich einen eigenen Hund haben musst, dass erfährst du hier.

Alternative 1: Deine Freundin hat einen Hund und kaum Zeit, mit ihm Gassi zu gehen? Prima, dann leih dir ihren Hund regelmäßig aus. So merkst du sehr schnell, ob ein Hund das richtige Tier für dich ist und wie viel Zeit du für ihn brauchst. Wenn es dir Spaß macht, kannst du den Hund deiner Freundin auch in den Ferien hüten. So bekommst du noch einen besseren Eindruck, wie das Leben mit einem Tier aussieht.

Alternative 2: Du kennst niemanden, der ein Haustier hat? Biete deine Hilfe auf Nachbarschaftsforen oder im Tierheim an. Und du kannst natürlich auch einen Zettel aufhängen. Viele Menschen sind froh, wenn sie bei der Haltung ihres Tieres unterstützt werden. Das Gleiche gilt für Tierheime. Mit Hundesitting kannst du sogar etwas Geld verdienen, die Betreuungsbörse »Need You« bietet dir beispielsweise an, ein Profil einzustellen. Allerdings solltest du etwas Wissen und Erfahrung mitbringen – dafür reicht es, wenn du dir einiges über Hunde anliest und dich eine Weile um den Hund der Nachbarin gekümmert hast.

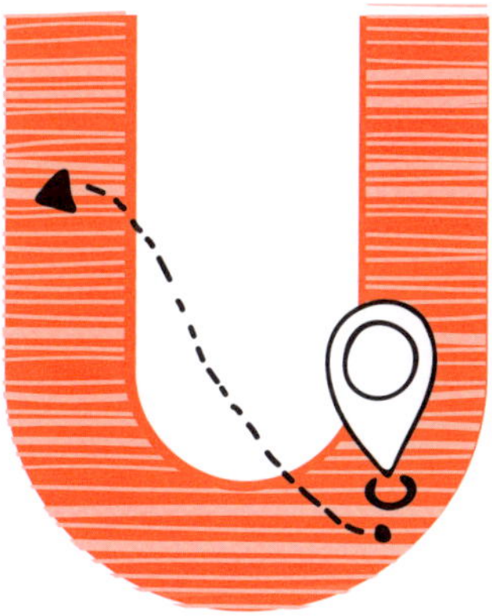

U wie Unternehmungslust

Übers Wochenende spontan nach Lissabon fliegen, mit dem Auto in die neue Therme in die Uckermark fahren oder in Berlin Indoor-Skydiving ausprobieren: Unsere Freizeitgestaltung soll heutzutage so außergewöhnlich wie möglich sein. Im nahegelegenen Park oder Wald spazieren gehen? Langweilig! Lieber bewundern wir unsere Stadt per Hubschrauber aus der Luft. Noch schnell mit dem Handy Fotos schießen, auf Instagram posten und Likes einkassieren – schon haben wir das Gefühl, wir führen ein spannenderes Leben als alle, die wir kennen.

Doch Erlebnisse dieser Art sind weder für die Umwelt noch für uns in letzter Konsequenz ein Gewinn: Denn sobald jemand etwas noch Außergewöhnlicheres erlebt, entsteht bei vielen der Druck, das zu toppen. Und so schwappt der ständige Konkurrenzkampf, den wir aus dem Arbeitsalltag kennen, in unser Privatleben. Und um in der Freizeit möglichst viel zu schaffen, fangen wir an, sie effektiv wie einen Arbeitstag durchzuplanen und auf Social Media lustig Posts und Storys darüber zu hinterlassen. Denn solange unser Instagram-Account Likes generiert, scheinen wir alles richtig gemacht zu haben und ein tolles Leben zu führen …

Doch haben wir das wirklich?

Nein, denn wir haben lediglich unseren Freizeitplan abgearbeitet. Wenn wir uns selbst gegenüber ehrlich sind: Nach einem solchen Wochenende sind wir weder erholt noch zufrieden.

Echte und tiefe Gespräche, Erlebnisse, die uns nachhaltig bewegen, sind in einem so schnellen Takt nicht möglich. Trotzdem sagen wir am nächsten Wochenende erneut zu allen Verabredungen ja und quetschen noch das Telefonat mit Mutti oder ein aufwendiges Kochevent hinein. Ein Grund dafür ist auch, dass wir Angst haben, etwas zu verpassen. Fear Of Missing Out (FOMO) heißt dieses Phänomen. Diese Angst steigt bei allen, die viel auf Social Media unterwegs sind. Denn als es noch kein Internet gab, konnten wir einfach viel weniger von dem sehen, was andere gerade machen.

Durch diese ständige Verfügbarkeit von Informationen und die vielen ununterbrochen bespielten Kommunikationskanäle verlernen wir, im Moment zu sein, und verpulvern in mehrerlei Hinsicht Energie. Das könnten wir uns ganz leicht sparen, wenn wir uns dazu entscheiden, uns wieder auf Situationen einzulassen und nicht mehr nur das eigene Leben zu kuratieren, als wäre es eine Ausstellung.

Hobby

In Annes und Bettinas Kindheit hatte jeder, der was auf sich hielt, einen Hobbykeller. In den wenigsten Fällen wurde dort jedoch einem Hobby gefrönt, sondern Bier getrunken, die Wäsche getrocknet oder das aussortierte Kinderspielzeug aufbewahrt.

Dabei sind Hobbys etwas Feines, denn ein Hobby ist eine Beschäftigung, der wir allein aus Lust und Laune nachgehen. Leider schauen wir lieber fern, als unsere Freizeit aktiv zu gestalten: Vor der Glotze zu sitzen ist, so ergab eine Studie der Stiftung für Zukunftsfragen, die beliebteste Beschäftigung der Deutschen. Besser, wir entdecken wieder, was die Fantasie weckt und uns in der Freizeit wirklich glücklich macht!

Bettina erzählt: Ich kann mich noch sehr gut daran erinnern, wie schwer der Rucksack war, den ich als Kind nach jedem Bibliotheksbesuch mit nach Hause geschleppt habe. Als Erwachsene hatte ich lange Zeit fast vergessen, dass man sich nicht jedes Buch, das man lesen will, kaufen muss. Und erst mit der Geburt meiner Tochter habe ich Bibliotheken wiederent-

deckt. Sie sind eine kostengünstige Möglichkeit, viele Bücher zu lesen, und sind in den meisten Fällen auch für Menschen mit Handicap leicht zugänglich.

Tipp 1: Erinnere dich daran, was du früher gerne getan hast. Gehörtest du zu den Kindern, die stundenlang durch den Wald getigert sind? Dann ist Wandern vielleicht das richtige Hobby für dich! Oder warst du so wie Bettina ein Kind, das niemals still sitzen konnte und entweder mit Rollschuhen unterwegs war oder auf Bäume geklettert ist? Vielleicht leihst du dir bei einer Freundin Inlineskates oder gehst Bouldern? Bevor du ein Handy besessen hast, stecktest du deine Nase immer in ein Buch? Schalte das Mobiltelefon aus, greif dir Lesestoff aus dem Bücherregal und kuschel dich mit einer Tasse Tee und deinem Schmöker auf die Couch. Falls du kein spannendes Buch zu Hause hast, frag eine Freundin, ob sie dir ihr Lieblingsbuch leiht oder geh in die Bücherei. Dort kannst du dir gegen eine geringe Gebühr jeden Bestseller ausleihen. Ein Paradies für Bücherwürmer!

Tipp 2: Deine beste Freundin geht jede Woche zum Beach Volleyball, zum Yoga oder zum Kampfsporttraining? Geh mit! Vielleicht entdeckst du dabei eine ganz neue Seite an dir.

Tipp 3: Die gute, alte Volkshochschule hat günstige und vielfältige Angebote. Um auf Ideen für dein neues Hobby zu kommen, buch einen Basiskurs, der dich interessiert, beispielsweise ein Schreibcoaching, einen Musikkurs oder ein Goldschmiedeseminar. Wichtig: Lass das Handy bewusst zu Hause. Das ist deine Zeit – du lernst am meisten und kannst dich am besten vertiefen, wenn du deine Erlebnisse nicht fotografierst und online stellst!

Neues ausprobieren

Wann hast du das letzte Mal etwas Neues ausprobiert? Das ist bestimmt schon eine Weile her. Dabei gibt es nichts Schöneres für Geist und Körper!

Kosten muss es nicht viel, denn auch vor deiner Haustür gibt es sicher zahlreiche Möglichkeiten, etwas Neues zu erlernen oder zu entdecken. Und wenn du es richtig anstellst, tust du mit deinem Erlebnisdrang der Umwelt sogar etwas Gutes.

Tipp 1: Du wohnst in der Stadt und wolltest schon immer wissen, wie es sich anfühlt, auf dem Land zu leben? Tausche deine Wohnung mit einer Freundin, die gerne mal zwei Wochen das Stadtleben genießen möchte. Falls du niemanden kennst, der mit dir eine Wohnung tauschen will, oder es dich ins Ausland zieht, kannst du auch über eine Wohnungstauschbörse wie www.homelink.de oder www.tauschwohnung.com nach einer geeigneten Tauschpartnerin suchen. Du zögerst noch, ob das die richtige Sache für dich ist? Oder du hast Angst, dass das als Familie zu stressig wird? Dann solltest du das Buch *Stadtnomaden* von Christina Horsten und Felix Zeltner lesen, die ein Jahr lang in New York jeden Monat umgezogen sind – und das mit wenig Gepäck und viel guter Laune.

Tipp 2: Du lebst schon seit 20 Jahren in Bonn, bist aber noch nie auf dem Drachenfels gewesen? Keine Sorge, du bist nicht die Einzige, die ihre Heimatstadt so wenig kennt. Bettina war, obwohl sie schon seit 17 Jahren in Berlin lebt, auch noch nie auf der Goldelse, wie die Berliner Schnauze die Siegessäule nennt. Werde zur Touristin in der eigenen Stadt und entdecke neue Blickwinkel – siehe auch Seite 205.

Tipp 3: Wenn du die Natur liebst, aber keinen Garten oder Balkon hast, übernimm die Patenschaft für eine Grünfläche oder für Baumbeete. Für die bist du dann eine Weile verantwortlich. Als Patin sorgst du dafür, dass im Frühling neue Pflanzen gesetzt und die alten von Unkraut befreit werden, die Grünfläche im Sommer genügend bewässert ist und sie nicht unter Hundedreck und Müll erstickt. Ein Hobby, das je nach Grünfläche weniger oder mehr Zeit einnimmt. Und bei alledem tust du der Natur und deiner Stadt etwas Gutes. Wie und wo du eine Patenschaft beantragen kannst, findest du in den meisten Fällen auf der Seite der Stadtverwaltung heraus.

Tipp 4: Gerade in Großstädten gibt es Guerilla-Gardening-Projekte, die mehr Grün in die Betonlandschaft bringen. Keine Sorge, das ist nicht gefährlich, sondern lediglich ein Überbegriff für das heimliche Pflanzen von Blumen im öffentlichen Raum. Dieses Phänomen hat seinen Ursprung in New York City und wurde mittlerweile in zahlreiche große Städte weltweit exportiert. Ungenutzte Freiflächen sind ein beliebtes Ziel von Guerilla-Gardening-Trupps. In manchen Fällen – so am Moritzplatz in Berlin – entwickeln sich dadurch Gemeinschaftsgärten. Natürlich kannst du auch ganz allein ein Blumenrebell werden und die nächstbeste karge Grünfläche mit deinen Blumen verschönern. Samenbomben eignen sich übrigens perfekt für diese Form der wilden Gärtnerei. Wie du die Samenbomben selbst herstellst, findest du auf Seite 79.

Tipp 5: Geocaching ist eine moderne Form der Schnitzeljagd, bei der anhand von GPS-Daten ein Schatz, der Geocache, gefunden werden kann. Das ist meist ein Logbuch, in dem du dich einträgst, wenn du es gefunden hast, oder ein Gegenstand, den du mitnimmst und gegen ein anderes Objekt tauschst. Das Logbuch legst du schließlich wieder in den Behälter zurück. Du willst ja anderen die Chance geben, sich dort ebenfalls zu verewigen. Es geht bei diesem Spiel einzig und allein um die Freude am Suchen und die Bewegung in der Natur. Unglaublich unterhaltsam, einigermaßen umweltfreundlich (allerdings benötigst du ein GPS-taugliches Gerät mit Internetempfang) und dazu noch gratis. Unter www.geocaching.com findest du eine genaue Anleitung und weltweite Geocachings.

Tipp 6: Du unterrichtest Yoga, hast noch ein Glas selbst gemachte Marmelade zu Hause oder spielst vortrefflich Klavier? Dann tausch deine Fähigkeiten mit anderen. Vielleicht kann dir jemand beibringen, wie du Gitarre spielst, und im Gegenzug verrätst du diesem Menschen, wie man Einrad fährt. Es gibt zahlreiche Dinge, die wir von anderen lernen und die wir anderen beibringen können. Warum also nicht die Chance ergreifen und voneinander lernen? Gute Plattformen dafür sind Nachbarschaftsforen wie www.nebenan.de.

Tipp 7: Joggen um den Platz? Langweilig! Versuche es lieber mit einem Parcours durch die Nachbarschaft. Dabei wird alles, was dir entgegenkommt, zum Hindernis. Du springst über feste Tischtennisplatten, hechtest über Mäuerchen und balancierst über das Treppengeländer, und zwar so lange, bis du dein vorher festgesetztes Ziel erreicht hast. Allein du und die schon vorhandenen Hindernisse bestimmen deinen Weg. Im Idealfall überwindest du sie mit verschiedenen Bewegungen wie Laufen, Springen, Balancieren. Das macht irre viel Spaß und fordert jede Menge Ausdauer und Agilität. Zudem ist es absolut umweltfreundlich. Die einzige Regel: Achte deine Mitmenschen und deine eigenen Grenzen. Denn auch wenn kleine Schrammen bei deinem Parcours unvermeidbar und ganz normal sind, gilt es, heile und sicher ans Ziel zu gelangen und auf dem Weg keine Kollateralschäden zu hinterlassen. Wenn dir die Stadt zu gefährlich ist, kannst du dir natürlich auch einen Parcours durch Wald und Feld vornehmen.

Picknick

Ein Picknick ist nicht nur ein kostengünstiges Vergnügen, sondern auch absolut umweltfreundlich, wenn du es richtig anstellst. Das Beste am Picknicken ist, dass du es überall und zu jeder Zeit machen kannst: Ob am See, im Wald oder nachts unterm Sternenhimmel – es ist immer eine gute Idee!

Für Eltern hat ein Picknick den Vorteil, dass sie in Ruhe essen können, während die Kinder sich in der Nähe austoben. Am besten geht das natürlich an einem verkehrsberuhigten und lauschigen Ort. Herrlich!

Tipp 1: Anstatt Geld für Einweggeschirr auszugeben, pack einfach dein **eigenes Geschirr** ein. Wenn du dich zum Picknicken mit anderen triffst, bitte sie darum, ihr eigenes Geschirr mitzubringen. Dann musst du erstens nicht so viel tragen und zweitens auch keine Angst haben, dass deine Porzellanteller beim Transport kaputtgehen. Nimm auch Besteck, Gläser oder Schalen von zu Hause mit. So sparst du nicht nur Geld, sondern verursachst auch weniger Müll. Wickel das Besteck in ein Tuch ein. Dann fliegt es während des Transports nicht durch die Tasche.

Tipp 2: Transportiere alle Leckereien und Getränke in Schraubgläsern oder Mehrwegflaschen. Statt Alufolie kannst du ein Bienenwachstuch verwenden (wie du es selbst herstellst, verraten wir dir auf Seite 87). Nach dem Picknick kannst du Essensreste im Bienenwachstuch wieder sicher nach Hause transportieren.

Tipp 3: Transportiere warme Getränke in einer Thermosflasche. Viele Flaschen haben mittlerweile zudem eine Kühlfunktion. So kannst du den mitgebrachten Tee selbst bei heißen Temperaturen eiskalt genießen. Du willst eine Flasche Rosé mitnehmen? Wenn du an einen See fährst, stell sie dort einfach ins Wasser und genieße sie später kühl.

Tipp 4: Verzichte auf Milch und Fleisch, dann verdirbt dir weniger und klimafreundlicher ist es auch (siehe Seite 146 und 138). Gerade im Sommer gibt es eine große Auswahl an regionalem Obst und Gemüse, aus denen wir köstliche Salate zaubern können (siehe Seite 137). Bettinas Favorit: Obstsalat. Anne liebt im Sommer Nudelsalat mit Wassermelone. Gegrilltes Gemüse geht ebenfalls sehr schnell und wird mit etwas Hummus und Brot zum nahrhaften Snack. Dazu noch selbst gemachtes Popcorn, wahlweise mit Zucker oder Salz – fertig ist das Drei-Gänge-Menü to go!

V wie Verpackung

Plastikeinwegprodukte bilden den größten Teil des Verpackungsmülls. Sie sind so allgegenwärtig, dass sie vielen schon gar nicht mehr auffallen – höchste Zeit, dass wir etwas dagegen tun.

Kein anderes EU-Land verschifft so viel von seinem Müll ins Ausland wie Deutschland. Seit China sich abgewandt hat, weil ein großer Teil des deutschen Verpackungsmülls zu unsortiert war, landet vieles von dem, was wir hier wegwerfen, in Malaysia. Und wir schmeißen auch vieles einfach auf die Straße, in den Park, in den Kanal: Über 40 Prozent dieses Mülls besteht nach Untersuchungen der Deutschen Umwelthilfe (DUH) aus Einwegprodukten.

Es lohnt sich auch, genau hinzusehen: Sehr oft sind Einwegprodukte nur zu einem gewissen Anteil aus Rezyklat, gerade mit Meeresplastik wird geworben, aber dann besteht nur ein Bruchteil aus am Strand gefundenen Plastikflaschen – reines Greenwashing. Besser also, so oft wie möglich auf Plastik zu verzichten. Viele Produkte sind auch in einer umweltfreundlicheren Verpackung erhältlich – Senf oder Haushaltsessig gibt es etwa auch im Glas.

Lass dein Plastik einfach künftig im Laden. Nimm nur das mit nach Hause, was du wirklich haben möchtest – das Produkt. Wenn kein Extrabehältnis für zurückgelassene Verpackungen da sein sollte, frag höflich an der Kasse danach. Natürlich löst sich kein Gramm Plastik in diesem Moment in Luft auf – aber je mehr Menschen die Verpackungen im Laden lassen, umso mehr Gedanken macht sich die Geschäftsführung, wie sie den ganzen Haufen los wird, und unternimmt schon bei der Bestellung ihrer Produkte etwas dagegen. So erreichst du nachhaltig etwas.

Bäckerei

Wenn du keinen Einspruch einlegst, wird dir alles in der Auslage in Papier – manches Teilchen auch mit einer dünnen Plastikfolie darauf – gereicht.

Alternative 1: Auch in die Bäckerei kannst du **Mehrwegverpackungen** mitnehmen – am besten lässt sich Brot zu Hause ohnehin im Brotbeutel aufbewahren. Näh dir ein paar schicke aus altem Stoff und lass dir das Brot direkt dorthinein verpacken. Teilchen kannst du in einer sauberen Edelstahldose mitnehmen.

Alternative 2: **Back zwei oder drei Brote gleichzeitig** selbst, das ist energiesparender, weil du die Hitze des Ofens ausnutzt. Nach dem Abkühlen kannst du die überzähligen Brote in einem Baumwollbeutel oder in einem sauberen Geschirrtuch für zwei bis drei Wochen einfrieren.

Besteck

Auch wenn Einwegbesteck inzwischen nicht mehr aus Plastik, sondern aus Zuckerrohrfasern, Bambus oder Holz hergestellt wird und zumindest theoretisch kompostierbar ist (praktisch landet es allzu oft im Hausmüll, weil es sich für die Biotonne nicht schnell genug zersetzt), ist es immer noch Wegwerfware. Alles ist besser, als etwas mühsam herzustellen und es dann wegzuwerfen, Mehrweg lohnt also in jedem Fall. Nur wollen wir oft mit kleinem Gepäck reisen. Was also bietet sich da für die Mahlzeit unterwegs an?

Alternative: Es gibt sehr günstige und gute **Campingbestecke**, die sich klein zusammenklappen lassen und oft nicht viel wiegen. Wenn du dir solches in die Handtasche packst, hast du jederzeit einen Löffel, ein Messer oder eine Gabel zur Hand. Oder besorg dir einen platzsparenden »Göffel« oder »Spork«: Ein Esswerkzeug, das an einem Ende Messer und am anderen Gabel ist, mit einer Messerschneide an der Seite der Gabel. Superpraktisch und gut überallhin mitzunehmen.

Brühwürfel

Brühwürfel sind in beschichtetem Papier eingepackt, das nicht recycelt werden kann, sondern in den Restmüll gehört. Außerdem enthalten sie oft Palmfett und Geschmacksverstärker. Das eine ist schlecht für die Umwelt, das andere schlecht für dich.

Gemüsebrühe selbst zu machen, geht supereinfach, zum Beispiel aus Gemüseresten (siehe Seite 141). Suppenpaste machst du je nach Geschmack aus verschiedenen Suppengemüsen und Kräutern wie Tomaten, Oregano, Thymian, Möhren, Sellerie, Lauch und Zwiebeln, die du schälst, putzt, zerkleinerst und danach pürierst. Wiege die Masse dann und füge 1/6 der Menge Salz hinzu, dann fülle sie in ein steriles Einmachglas. Im Kühlschrank hält sich die Paste durch den hohen Salzanteil bis zu einem Jahr.

Butterbrottüten

Auch Butterbrotpapier wird meist aus Holz hergestellt, und für einen Wegwerfartikel Bäume fällen und diesen nach einer Benutzung in die Müllverbrennungsanlage oder auf die Deponie zu schicken – nein danke!

Alternative 1: Kauf dir eine langlebige **Brotbox aus Metall** – für Salate kannst du gut ein gebrauchtes Schraubglas nehmen. Ja, auch der Waschvorgang verbraucht warmes Wasser und Spüli, aber wenig verschmutzte Brotdosen kannst du auswischen, und je länger du die Brotbox benutzt, umso umweltfreundlicher ist diese Alternative.

Alternative 2: Näh dir eine **Pausenbrottasche**, deren Innenseite aus Wachstuch besteht (wie du das herstellst, steht auf Seite 87), sodass du sie besser reinigen und wiederverwenden kannst. Fertige Lunch Bags gibt es in vielen Biomärkten auch zu kaufen.

Chips

Du liebst Kartoffelchips und knusperst gerne was vor dem Fernseher, ärgerst dich aber über die Plastiktüte, die jedes Mal anfällt?

Mach doch einfach Chips selbst, entweder aus Kartoffeln – oder aus Grünkohl, wenn dieser Saison hat!

UND SO GEHT'S:

Das brauchst du:

- **4 große Kartoffeln** oder **5 bis 6 große Blätter frischen Grünkohl,**
- 4 EL Öl
- 1 TL Salz
- 2 EL Gewürze (Paprika, Chili, Pfeffer, Curry, Kräuter, je nach Geschmack)

Die Kartoffeln dünn mit einem Gemüsehobel oder – geht sogar noch besser – mit einem Sparschäler in Scheibchen schneiden. Wenn du Grünkohl nimmst, den Blattstrunk entfernen und nur das Grüne verwenden, die Blätter in maximal daumenlange Stücke zerreißen.

Öl und Gewürze gut in einer Salatschüssel verrühren. Wichtig: Kartoffeln oder Grünkohl von allen Seiten mit der Marinade einreiben und so ausbreiten, dass sie nicht übereinanderlappen.

Anschließend im Backofen bei 110 Grad Umluft für etwa 30 Minuten backen, bis die Chips so knusprig sind, dass sie dir gefallen. Auch andere Gemüsesorten lassen sich so rösten – erlaubt ist, was gefällt, am besten funktionieren nicht zu wässrige Gemüse.

Gelber Sack

Der beste Müll ist natürlich: gar keiner. Aber wenn du etwas zu entsorgen hast, sollte das auf jeden Fall fachgerecht geschehen.

Recycling ist seit 1990 in Deutschland professionell eingeführt, mit dem Grünen Punkt. Merk dir genau, was in den Gelben Sack gehört, oder häng dir einen Zettel mit den Wertstoffen über die Recyclingtonne – wenn du dir unsicher bist, lieber nachschauen.

Achte auf den Aufdruck: Wenn etwas recycelt werden kann, trägt es einen Grünen Punkt, der aus zwei Pfeilen besteht. Für die feinere Sortierung gibt es meist auch noch schwarze Pfeildreiecke mit einer Nummer innen und Buchstaben drunter. Sie verraten der geübten Recyclerin, um welchen Kunststoff es sich handelt, werden aber hierzulande nicht beim Sortieren zu Hause berücksichtigt. In den Gelben Sack gehören: alle Plastikverpackungen mit dem Grünen Punkt, Kronkorken, Tetrapaks (leer machen, Deckel abschrauben und flach zusammenfalten!), Alufolie, Grillschalen, Blumentöpfe aus Kunststoff, Dosen, Frischhaltefolie und vieles mehr, siehe https://abfall-info.de.

Nicht hinein gehören – unter anderem – Papier, Glas, Hausmüll, Ton-, Film- oder Datenträger und Styropor.

Gemüse

Auch schon mal einen der Hemdchenbeutel aus der Gemüseabteilung als Notfall-Tragetasche verwendet? Machen viele Menschen – laut Bundesumweltministerium wurden 2019 fast 3,65 Milliarden der dünnen Plastikbeutel aus Supermärkten mitgenommen. Nach einmaliger Benutzung landen sie meistens im Mülleimer, leicht aber in der Natur. Denn auch wenn deutsche Plastikabfälle seltener als anderswo im Meer landen, weil wir ein relativ gutes Abfallsystem haben: Gerade Hemdchenbeutel werden schneller weggeweht, landen im nächsten Fluss und dadurch im Meer. Laut Verbraucherzentrale wurden in den Jahren 2008 bis 2012 an den Nordseestränden durchschnittlich 1,5 Einwegeinkaufstüten aus Kunststoff und drei Hemdchenbeutel auf je 100 Metern Küstenlinie angespült. Zeit, die Hemdchenbeutel aus dem Programm zu nehmen – denn diese sind trotz des Plastiktütenverbots noch erlaubt.

Und auch wenn Biomärkte inzwischen in der Gemüseabteilung Tütchen aus Maisstärke verwenden und Papiertüten anbieten, ist dies Abfall, den du leicht vermeiden kannst. Papiertüten zersetzen sich zwar, aber sie verbrauchen viel Energie und Zellstoff für die Produktion und ihre Ökobilanz ist erst ab der zweiten Benutzung vertretbar. Und biologisch abbaubare Einwegtüten sind sogar besonderer Quatsch. Sie belasten die Umwelt stark, weil die Herstellung aus Nutzpflanzen aufwendig ist und sie normalerweise weder recycelt noch kompostiert werden. Weil sie sich nicht schnell genug zersetzen, werden sie beim Sortieren des Inhalts der Biomülleimer herausgesammelt und verbrannt.

Alternative 1: Selbst Discounter verkaufen inzwischen **wiederverwendbare Gemüsebeutel aus Stoff.** Du kannst dir auch selbst einen aus Stoffresten nähen. Achte auf ein leichtes Gewicht des Stoffes und verwende am besten einen, der etwas durchsichtig ist, etwa Tüll.

Alternative 2: Hast du einen der **Wäschebeutel** übrig, in denen du delikate Wäsche in die Trommel gibst? Der gibt ein superduper Gemüsenetz ab.

Kaffeebecher

To-go-Kaffeebecher gibt es trotz des Einwegverbots immer noch an jeder Ecke, da nur Styropor verboten wurde. Auf jeden Menschen in Deutschland kommen laut Verbraucherzentrale pro Jahr durchschnittlich 70 Becher. Das sind doppelt so viele wie vor 25 Jahren und insgesamt 55 000 Tonnen Müll im Jahr, wenn wir die Rührstäbchen und Deckel mitzählen. Wie das Umweltbundesamt herausfand, erzeugen Einwegbecher für Heißgetränke in Deutschland die gleiche Umweltbelastung wie 5000 Gesamthaushalte pro Jahr zusammen, denn jeder einzelne Becher verursacht außerdem Emissionen von rund 110 Gramm CO_2 – eine hohe Belastung für ein Produkt, das nur einmal verwendet und dann weggeschmissen wird.

Alternative 1: Wenn es gar nicht anders geht, nimm einen der innen mit Kunststoff beschichteten Pappbecher und **verzichte auf den Deckel**. Einwegbecher aus Plastik und der Plastikdeckel schnitten in der Studie des Umweltbundesamtes (UBA) besonders schlecht ab, was ihre Umweltbilanz betrifft.

Alternative 2: In vielen Bäckereien und Cafés gibt es inzwischen **Mehrwegbecher** wie Recup, FairCup, Vytal, Recircle oder »Dein Becher« von der Klimaschutz-

agentur Mannheim, die auch Mehrwegboxen für Imbisse und Restaurants fördert. Kaufen, befüllen, trinken, bei der nächsten Kaffeetankstelle, die das System unterstützt, abgeben und einen neuen Becher mitnehmen, wenn du wieder Kaffeedurst hast. Das Umweltbundesamt hat 2019 in einer Studie eigene und vom Geschäft ausgegebene Mehrwegbecher mit den Einwegbechern verglichen. Ergebnis: Je öfter die Mehrwegbecher genutzt werden, umso besser die Umweltbilanz. Schon nach zehnmaliger Benutzung rechnen sich Produktion und Reinigung. Wenn es nur noch Mehrwegbecher gäbe, würde dies außerdem die städtischen Mülleimer um 15 Prozent Volumen entlasten.

Alternative 3: Kauf dir einen eigenen **Thermobecher** und nimm ihn immer mit. Am besten einen, der so wenig Plastik wie möglich enthält, da du heiße Flüssigkeiten einfüllen willst, und sich sonst eventuell giftige Stoffe lösen. Ein eigener Becher schnitt im Vergleich mit dem Mehrwegbecher-Pfandsystem am besten ab. Und manche Kaffeetankstellen geben sogar Rabatt, wenn du deinen eigenen Becher mitbringst. Auch in einer Pandemie ist das Befüllen deiner eigenen Kaffeetasse ungefährlich, wenn du und das Café hygienisch damit umgehen – die Kaffeetasse muss gut gespült sein und darf nicht durch den ganzen Betrieb gereicht werden.

Bunte Bambusbecher sehen schick aus, aber wie die Deutsche Umwelthilfe warnt, ist in den Bechern oft ein relativ hoher Plastikanteil mitverarbeitet, der Anteil der Bambusfasern beträgt nur 20 bis 37 Prozent. Die bei Temperaturen ab 70 Grad in größerer Menge austretenden Stoffe können dir schaden, wie das Bundesinstitut für Risikobewertung erklärt.

Mülltüten

Wir werfen nicht nur Plastik weg, wir verpacken es absurderweise vorher noch in Plastiktüten.

Alternative 1: Je später du die Tonne rausbringst, das heißt, je langsamer du sie füllst, umso mehr Mülltüten sparst du. Versuch in deinem Alltag möglichst wenig Müll zu produzieren, indem du **verpackungsfreie Alternativen verwendest.**

Alternative 2: Für den **Biomüll** ist es am besten, wenn du ihn in ein wasserdichtes Gefäß gibst und öfter in die Braune Tonne leerst. Wenn du Flüssigkeit aufsaugen willst, leg ganz unten in die Tonne eine Seite deiner alten Zeitung, die kann sogar mit in die Komposttonne.

Gegen den Geruch haben viele Biomülleimer übrigens einen Kohlefilter oder du kannst etwas Kaffeepulver oder Natron auf den Boden des Mülleimers oder über die Abfälle streuen, denn das killt Gerüche.

Alternative 3: Versuch's beim Mehrwegeimer mal **ohne den Gelben Sack**, da ist ja meist ohnehin nur trockenes Plastik drin: Sollte mal was auslaufen, dann kannst du ihn ausspülen.

Plastikflaschen

Mineralwasser in Mehrwegflaschen aus Glas verursacht im Vergleich zu Einwegplastikflaschen nur etwa halb so viel CO_2. Das Beste, was du für dich tun kannst, ist in den meisten Gegenden jedoch, Wasser aus dem Hahn zu trinken. Es löscht den Durst besser als ein süßer Drink, ist in Deutschland lebensmittelsicher getestet, kostengünstig und du musst keine Flaschen schleppen.

Alternative 1: Wenn du unterwegs bist, nimm deine **eigene Wasserflasche** mit. Empfehlenswert sind alle, die kein oder nur wenig BPA-freies Plastik, möglichst aus Rezyklat, enthalten. Kriterien für die Auswahl deines neuen Lieblingsstücks: Magst du Glas? Dann brauchst du keine teure Designflasche zu kaufen. Kauf einfach ein Getränk in einer Flasche mit Bügelverschluss und wasche diese nach dem Austrinken aus. Wichtig ist auch, dass sie sich gut reinigen lässt: Du solltest eine Glasflasche wegen der Rückstände ab und an mit einer Bürste oder mit etwas Reis oder Salz und Wasser von innen mechanisch reinigen.

Eine Flasche aus Edelstahl musst du mindestens 40 bis 50 Mal benutzen, bevor sie sich ökologisch rentiert. Also auch keine zehn Thermobecher und Flaschen zu Hause horten – und deine schicke Flasche auch zu jeder Gelegenheit ausführen!

Alternative 2: Wenn dir Wasser zu langweilig schmeckt, gib einen Schuss Saft oder selbstgemachten Holunderblütensirup (siehe Seite 153) hinein. Oder **peppe dein Leitungswasser je nach Saison mit Erdbeeren oder Blaubeeren, Gurkenscheiben, Minzblättern, Basilikum oder Rosmarin auf:** In eine Karaffe füllen, Wasser drauf, etwas stehen lassen und dann genießen.

Eine Einwegplastikflasche solltest du nicht über längere Zeit immer wieder mit Leitungswasser oder anderen Getränken befüllen. Mit der Zeit lösen sich aus dem Plastik der Flasche eventuell schädliche Substanzen.

Strohhalme

Du kannst einen Drink natürlich auch ganz ohne Strohhalm trinken, aber wenn es mal einer sein soll, gibt es einige nachhaltige Alternativen:

Alternative 1: Strohhalme aus Pappe gehen noch als Ersatz für einen Plastikstrohhalm durch, sind aber kein richtig tolles Produkt. Zum einen werden sie weich, wenn du sie zu lange im Drink lässt, zum anderen kannst du sie nur ein einziges Mal verwenden.

Für Kinder und Menschen mit Handicap mag das eine Alternative sein, für alle anderen ist es eher eine Notlösung.

Alternative 2: Trinkhalme gibt es inzwischen aus **Stroh, Glas oder Metall.** Wir favorisieren die aus Glas, denn Halme aus Stroh funktionieren zwar, sind aber recht zerbrechlich und man kommt sich immer ein wenig vor, als wäre man acht Jahre alt und auf einem Stoppelfeld. Und Strohhalme aus Metall sind undurchsichtig und man sieht Rückstände nicht, die vom letzten Drink im Halm geblieben sind.

Alternative 3: Inzwischen gibt es Firmen, die **essbare Strohhalme** und Geschirr – etwa aus Getreide und Apfelfaser, sogenanntem Trester – herstellen.

Makkaroni – oder extra dafür hergestellte Nudelstrohhalme, die einen breiteren Durchmesser haben – mögen mehrfach verwendbar sein und man könnte sie theoretisch nach Benutzung kochen. Aber mal ehrlich, wer macht sich wirklich eine Pasta aus den Strohhalmen, an denen vorher eine Partygesellschaft gelutscht hat? Und Essen wegzuwerfen, davon halten wir nun wirklich nichts!

Supermarkt

Wenn man versucht, plastikfrei im Supermarkt einzukaufen, stößt man schnell an seine Grenzen.

In großen Supermärkten und Marktketten fällt generell mehr Verpackungsmüll an als in kleineren. Es lohnt ein Gang in den Unverpacktladen, auf den Markt oder zum Hofladen eines Bauernhofs – da findest du die geringsten Plastikmengen vor.

Tipp 1: In vielen Geschäften ist es inzwischen möglich, **eigene Verpackungen** für Wurst und Käse mitzunehmen, die hygienisch auf ein Tablett gestellt werden und dann vom Personal mit dem befüllt werden, was du haben möchtest. Zur Bilanz von tierischen Produkten siehe ab Seite 132.

Tipp 2: Bestell eine Gemüsekiste von einem lokalen Unternehmen, zum Beispiel: https://bauerntuete.de in Köln, www.lehmannsbio.de/ oder www.biobob.com in Hamburg oder www.amperhof.de in München. Schau im Internet auch nach einer solidarischen Landwirtschaft (Solawi), die bioveganen Anbau oder Permakultur betreibt. Diese kleinbäuerlichen Initiativen liefern manchmal auch aus, wie zum Beispiel www.plantage.farm in Frankfurt an der Oder, die das Gemüse sogar nach Berlin bringen.

Wenn du nicht immer zu Hause bist, teile die Kiste mit einer Nachbarin!

Tetrapaks

Diese Verpackung ist laut Deutscher Umwelthilfe (DUH) aus bis zu sieben Schichten zusammengesetzt, besteht unter anderem aus Polyethylen und Aluminium – und muss erst mal komplett zu Matsche verarbeitet werden, um die Inhaltsstoffe dann wieder zu trennen. Die Industrie behauptet, dass 71 Prozent des Materials recycelt werden, aber die DUH geht davon aus, dass es wegen vieler falsch entsorgter Packungen eher 36 Prozent sind. Schädlich sind auch die Plastikverschlusskappen, die inzwischen jeden Tetrapak zieren, denn sie erzeugen bei der Produktion rund 20 Prozent mehr Treibhausgas.

Alternative 1: Kauf Saft oder Milch in **Mehrwegflaschen**, möglichst welche, die in deiner Gegend abgefüllt wurden, die Auswahl ist groß.

Alternative 2: Ein Getränk wie Hafermilch ist viel leichter und günstiger **selbst herzustellen**, als es im Tetrapak zu kaufen.

UND SO GEHT‘S:

Du nimmst 100 Gramm zarte Haferflocken, 1 Liter Wasser und eine Prise Salz. Wenn du deine Milch gern süß magst, füg noch etwas Zucker oder Agavendicksaft hinzu. (Wenn es im Kaffee nicht flocken soll, gib außerdem 1 Esslöffel Cashewmus dazu.) Mit dem Mixer oder in der Küchenmaschine ordentlich durchquirlen – je feiner das Ganze wird, umso besser. Dann durch ein engmaschiges Sieb, ein sauberes Geschirrtuch oder einen Nussmilchbeutel filtern.

Weckgläser und Glasflaschen

Glas ist immer wieder recycelbar, wenn es richtig sortiert und nicht durch andere Materialien wie Schwermetalle verunreinigt wird – das kann die Produktion unbrauchbar machen. Also kein Bleiglas oder andere fremde Stoffe ins Altglas tun!

Beim Recycling werden Rohstoffe wie Quarzsand, Soda und Kalk sowie 10 Prozent der Energie eingespart – was aber umgekehrt auch bedeutet, dass viel Energie gebraucht wird, um das Glas wieder zu erneuern. Je öfter du also ein Glas verwendest, bevor du es wegwirfst, umso besser.

Tipp: Du kannst Gläser und Flaschen gut für eigene Produkte benutzen – sei es für selbstgemachte Marmelade oder selbstgemachten Apfelsaft, Rhabarbersirup oder Holunderbeersaft (siehe Seite 153), für Kerzen aus Wachsresten (siehe Seite 45), aber auch für selbstgemachte Hygieneartikel wie flüssiges Waschmittel (siehe Seite 91), Kosmetikprodukte wie Mundwasser, Zahnputztabletten oder Hausmittel wie Hustensaft (siehe Seite 272). Und ein ausgewaschenes Schraubglas eignet sich auch gut als Trinkglas für ein Picknick – mit einem Loch im Deckel, durch das ein Metallstrohhalm passt, ist dein Getränk vor Wespen sicher.

Kinder können in kleinen Schraubgläsern wundervoll ihr Taschengeld sammeln und haben so stets einen Überblick über ihr Vermögen. Wenn man in den Deckel einen Schlitz einritzt und die scharfen Kanten abschleift, macht es noch mehr Spaß, das Glas mit Münzen zu füllen. Taschengeldexpertin Kirstin Wulf von bricklebrit.net schwört übrigens auf das Drei-Gläser-Prinzip: So werden drei Gläser unterschiedlich etikettiert, etwa mit »Für jetzt«, »Für später« und »Für dich«. Damit lernen bereits kleinere Kinder ganz spielerisch, mit ihrem Taschengeld weise und nachhaltig umzugehen.

W wie Wohnen

Wohnen ist ein Grundbedürfnis, jeder Mensch braucht ein Dach über dem Kopf. Wir haben es gern warm, gemütlich und trocken, dafür heizen wir unsere Behausungen meist mit fossilen Brennstoffen. Leider sind viele Wohnungen wenig energieeffizient, und so ist unser Zuhause neben unserer Mobilität, der Ernährung und dem Konsum einer der großen Treiber des Klimawandels.

Bauen verbraucht zunächst einmal enorm viel Fläche. Laut Statistischem Bundesamt wurden in Deutschland seit 2010 2 Millionen neue Wohnungen geschaffen – obwohl die Bevölkerung nur um knapp 1,5 Millionen Bürgerinnen wuchs. Dass die Wohnfläche in Deutschland in den vergangenen Jahrzehnten immer weiter gewachsen ist, hat unter anderem mit den Subventionen durch Wohn-Riester, der inzwischen ausgelaufenen Eigenheimzulage und dem Baukindergeld zu tun. Und damit, dass Immobilien immer mehr zum Spekulationsobjekt werden.

Die Flächen, die wir mit Bauten versiegeln, bräuchten wir dringend, um etwa Regenwasser gut abfließen zu lassen; die Bodenlebewesen und Pflanzen, deren Lebensraum für einen Hausbau versiegelt wird, sind für ein gesundes Klima und die Artenvielfalt notwendig.

Ein Hausbau verbraucht Ressourcen, dazu zählt zum Beispiel Zement, Sand, Holz sowie im Regelfall umweltschädliche Dämmstoffe und Energie. Und spätestens ab dem Tag, an dem wir eingezogen sind, heizen und kochen wir, duschen und gehen auf die Toilette, belasten also das Abwasser und produzieren Müll.

Wo auch immer du wohnst – ob in einer Mietwohnung, im Reihenhaus in der Vorstadt oder im Einfamilienhäuschen am Stadtrand: Überall kannst du deinen CO_2-Fußabdruck optimieren. Und spätestens, wenn du überlegst zu bauen, ist es eine gute Idee, sich mit ökologischen Baumaterialien und mit der Energieeffizienz verschiedener Häuser zu beschäftigen, denn hier kannst du als einzelne Person am meisten richtig machen. Schau auf jeden Fall in den interaktiven und multimedialen Umweltatlas *Bauen, Wohnen, Haushalte* des Umweltbundesamtes – da findest du alle neuen Entwicklungen zum Thema. Die Seite ist benutzerfreundlich aufgebaut und wird laufend aktualisiert! Du findest den Umweltatlas, wenn du ins Suchfeld auf der Seite www.umweltbundesamt.de »Bauen, Wohnen, Haushalte« eingibst.

Abfalltonnen

Glas gehört, löffelrein und nach Farben sortiert, in den Altglascontainer – auch mit Schraubdeckel, denn Metall und Plastik können in der Aufbereitungsanlage leicht durch Magnete oder Infrarot aus dem Glasmüll herausgeholt werden.

Andere glasähnliche Stoffe wie Porzellan und Keramik gehören nicht in den Container, sondern in den Restmüll, Fensterglas in den Recyclinghof oder den Flachglascontainer. Mehrwegflaschen solltest du ins Pfandsystem zurückgeben – oder an die nächste Mülltonne stellen, wo Pfandsammlerinnen sie finden. Auch eine gute Idee ist die Initiative Pfandgeben (www.pfandgeben.de) – hier können Privatpersonen und Unternehmen ihr Flaschenpfand ganz einfach an Pfandsammelnde in ihrer Nähe spenden.

Papier kann gut recycelt werden und gehört in die Altpapiertonne, und zwar nicht nur Zeitungen, Papier und Pappe, sondern auch Eierkartons und Geschenkpapier, sofern es nicht zu sehr mit Plastik überzogen ist.
Stark verschmutztes Papier, Durchschlagpapier, Küchenrolle, Taschentücher und beschichtete Kartons gehören nicht in die Blaue Altpapiertonne.

Verpackungsmüll, der mit dem Grünen Punkt gekennzeichnet ist, gehört in den Gelben Sack – mehr dazu auf Seite 235.

Restmüll: In manchen Orten kannst du die Größe deiner Tonne und die Häufigkeit der Leerung wählen – je weniger Müll du verursachst, umso weniger zahlst du. Erkundige dich bei deiner Gemeinde!

Baustoffe

Viele Baustoffe sind giftig und gehören später in die Kategorie Sondermüll. Energieeffizient und schonend baust du mit ökologischen Materialien, die recycelt oder recycelbar, natürlich und energieeffizient sind. Achte auf nachwachsende und ökologische Rohstoffe wie Holz, Lehm, Hanf, Schilf und Stroh, Zellulose, Flachs und Kork.

Fassade

Begrünte Fassaden sorgen für ein besseres Stadtklima, sie kühlen im Sommer und wirken im Winter isolierend. Außerdem können Vögel darin nisten und auch Insekten werden angezogen. Besonders eignen sich Rankpflanzen wie echter Wein oder Clematis und Schlingpflanzen wie Knöterich. Wenn du dich für Winterjasmin oder Rosen entscheidest, solltest du an eine Kletterhilfe denken.

Gas

Erdgas ist ähnlich klimaschädlich wie andere fossile Energieträger. Damit deine Therme und dein Herd umweltfreundlicher betrieben werden können, bestell Ökogas bei Unternehmen wie Polarstern, Greenpeace Energy, BürgerÖkogas oder Enspire. Achte darauf, was der Tarif bietet: Normalerweise ist es eine Mischung aus Erdgas und Biogas, im schlechteren Fall ist es Erdgas, dessen Klimabilanz mit Naturschutzzertifikaten kompensiert wird.

Geräte

Handwerksgeräte herzustellen, kostet Ressourcen und Energie. Wenn du nur vorübergehend eine Schleifmaschine oder einen Bohrer brauchst,

leih dir diese im Baumarkt, von der Nachbarin oder auf Plattformen wie www.nebenan.de oder www.frent.me. Viele Geräte kannst du auf Online-kleinanzeigenportalen gebraucht kaufen, wenn du sie länger brauchst.

Hausbau

Effizienzhaus, Niedrigenergiehaus, Plusenergiehaus oder Passivhaus: Wenn du baust, erkundige dich nach Haustypen, die besonders energiesparend sind. Plusenergiehäuser etwa erzeugen mehr Energie, als sie verbrauchen, und sind damit am klimafreundlichsten.

Anne erzählt: Eine der besten Entscheidungen meines Lebens war es, mich vor einigen Jahren von allem unnötigen Krempel zu trennen. Mit meinen wenigen Sachen zog ich auch eine Weile in ein Tiny House. Es gefiel mir gut, aber ich wohne zu gern mit Menschen zusammen, als dass es längerfristig für mich infrage käme. Wenn du von so einer kleinen Hütte träumst, probier es vorher aus – und überlege gut, wohin du dein Tiny House stellen willst, denn das ist mit dem deutschen Baurecht gar nicht so einfach. Probewohnen kannst du beispielsweise in der Nähe von Ratzeburg in Deutschland: www.lilleby.de oder in Österreich bei www.wohnwagon.at.

Heizen

In Städten wie Berlin kann es im Winter bis zu minus 10 Grad kalt werden. Zudem gibt es dort sehr viele Altbauwohnungen, durch deren alte Fenster die Kälte ins heimische Wohnzimmer kriecht. Der Schock am Ende des Jahres, wenn die Abrechnung eintrudelt, ist dementsprechend hoch. Ebenso wie der Blick auf die Statistik, die sagt, dass 70 Prozent des Energieverbrauches im Bereich Wohnen auf das Heizen zurückzuführen ist.

Grundsätzlich gilt: Je weniger Fläche du in Anspruch nimmst, umso besser, denn dann heizt du weniger. Achte darauf, die Heizung zu entlüften, dann arbeitet sie effektiver. Dreh den Thermostat schon eine halbe Stunde vor dem Zubettgehen herunter.

Tipp 1: Bau **Thermostate** ein, die du programmieren kannst. Sie können den CO_2-Ausstoß um durchschnittlich 425 Kilo pro Jahr senken. Damit kannst du die Raumtemperatur regulieren: Jedes Grad weniger spart 5 bis 7 Prozent Heizkosten. Im Schlafzimmer reichen 18 Grad, in Abstellkammer und Garage 15 Grad. Lieber etwas wärmer anziehen, wenn es kalt ist.

Tipp 2: Wenig und effizient heizen: Statt bei 25 Grad splitterfasernackt durchs Haus zu tanzen, während draußen die Flocken fallen, dreh die Heizung runter und zieh dir einen **dicken Pulli** über.

Zieh keine Vorhänge vor die Heizkörper und stell keine großen Möbel davor. Und nimm lieber eine Wärmflasche mit ins Bett, statt den gesamten Raum zu heizen.

Tipp 3: Lass dir berechnen, was der **Austausch deiner Heizanlage** bringt. Wenn sie schon alt ist und viel Öl frisst, dann ist es Zeit für eine neue, effizientere.

Tipp 4: Stell in einer Kälteperiode die Heizung niemals komplett aus. Selbst dann nicht, wenn du die Wohnung für ein oder zwei Tage verlässt. Ausgekühlte Wände brauchen länger, um sich wieder zu erwärmen. Die Verbraucherzentrale empfiehlt, die Heizung auf mindestens 16 Grad zu stellen. Das beugt zudem Schimmel vor.

Tipp 5: Undichte Fenster und Türen machen es den Heizungen unnötig schwer. Die gute alte Türwurst ist ein einfaches Mittel, um die Wärme in der Wohnung zu halten. Du kannst dir ganz schnell eine basteln: Einfach das Hosenbein einer ausrangierten Jeans oder Leggins abschneiden, mit weichen Stoffresten füllen, an beiden Seiten abbinden – fertig ist die Wurst! Wenn es ganz besonders zugig ist, kannst du auch einen Thermovorhang vor deine Haus- oder Gartentür hängen.

Tipp 6: Rollläden runter und Vorhänge zu, wenn es richtig knackig kalt ist. Durch die Fenster entweicht die meiste Wärme – bis zu 20 Prozent.

Lüften

Die Luft muss ab und an ausgetauscht werden, damit Sauerstoff reinkommt und weil sonst Schimmel droht. Statt das Fenster auf Kipp zu stellen, während die Heizung läuft, lieber 5 bis 10 Minuten Stoßlüften.

Renovierung

Malerarbeiten solltest du mit Umweltfarbe ausführen. Auch Putz gibt es naturbelassen auf Lehmbasis oder aus Kreide.

Alternative 1: Ökodispersionsfarbe ist nicht viel teurer als konventionelle. Sie ist frei von Konservierungsmitteln und sorgt dafür, dass sich nicht so leicht Schimmel bildet.

Alternative 2: Ökologische Kalkfarbe enthält ebenfalls keine Konservierungsstoffe, verhindert Schimmelbildung und kann auf allen Untergründen verwendet werden, die viel Farbe schlucken wie Zementputz oder Kalksandstein.

Alternative 3: Lehmfarbe, die aus Tonmehlen und Pflanzenfarbe besteht, erzeugt eine samtig wirkende Fläche, sie kann überall verwendet werden.

Sanierung

Eine Sanierung kann teuer sein, aber sie ist in vielen Fällen notwendig. Unterstützt wirst du mit zinsgünstigen Krediten und Zuschüssen beispielsweise von der Kreditanstalt für Wiederaufbau (KfW), wenn du energieeffizient bauen oder sanieren willst.

Tapeten

Oft enthalten konventionelle Tapeten Schadstoffe. Wenn sie entfernt werden, gehören sie in die Restmülltonne oder auf den Wertstoffhof.

Tipp 1: Es gibt Tapeten aus Schilf, Hanf, Gras und Bambus, die das Raumklima verbessern, sie kosten allerdings rund 150 Euro pro Rolle.

Tipp 2: Achte beim Kauf von Tapeten auf das FSC-Siegel, das RAL-Gütezeichen für Umweltverträglichkeit und den Hinweis »phthalatfrei«, damit keine Weichmacher in deiner neuen Wandbekleidung sind.

Tipp 3: Wenn es zu deinem Stil passt, kannst du die Wand auch nackig lassen – ohne Tapete und nur mit Farbe. Unebenheiten können vor dem Streichen durch Spachtelmasse ausgeglichen werden – oder sehen vielleicht sogar charmant aus.

Wärmedämmung

Wärmedämmung kann bis zu 3 Tonnen jährlich an Emissionen sparen, denn wir heizen oft für draußen.

Tipp 1: Undichte Fenster und Türen solltest du unbedingt mit **Dichtungsband** und einer Stoffrolle (siehe Seite 248) gegen Luftzug sichern.

Tipp 2: **Hinter den Heizkörpern dämmen**, da die Wärme sonst in die Wand oder nach außen geht. Für diesen Zweck gibt es spezielle Dämmmatten im Baumarkt.

Tipp 3: Wände und Dach kannst du ebenfalls mit **ökologisch unbedenklichen Stoffen** wie Zellulose, Holzfaserdämmplatten oder Flachs dämmen.

Wasserverbrauch

Wasser sparen ist wichtig, nicht nur in dürren Jahren, von denen es auch in Deutschland immer mehr gibt.

Tipp 1: Beim Eigenheim kann sich die Anschaffung einer **Regentonne für den Garten** und einer **Grauwasseranlage** lohnen, die Gebrauchswasser für die Toilettenspülung, die Gartenbewässerung und die Wäsche erzeugt. Eine Grauwasser-Recyclinganlage kostet etwa 5000 Euro, spart aber rund 70 Liter Trinkwasser pro Kopf und Tag.

Tipp 2: Achte auf geringen Wasserverbrauch, zum Beispiel beim Duschen: Beim Einseifen das Wasser abzustellen, spart auch Energie – es ist zudem nicht klug, das Wasser laufen zu lassen, denn dadurch verbrauchst du unnötig viel Seife.

Stell außerdem beim Zähneputzen das Wasser ab, verwende einen wassersparenden Duschkopf und eine Sparspülung in der Toilette.

X wie Generation XYZ

Jede Generation hat heute ihren eigenen Buchstaben. Anne und Bettina gehören zur Generation X, also zu den zwischen den Jahren 1965 und 1980 Geborenen. Es ist eine Generation, die trotz hohen Bildungsstandards in ihrer Jugend einer großen Interesselosigkeit und einem oberflächlichen Konsumverhalten frönte. Allerdings ohne allseits bereiten WLAN-Anschluss. Und hätte es in unserer Jugend schon das Internet gegeben, wir hätten mit unseren neonfarbenen Leggings vor dem Rechner sitzend jeden Tag pinke Stulpen, breite Lackgürtel und billige Zauberwürfelkopien aus China bestellt.

Dabei merkten wir natürlich noch nichts vom Luxus, in eine analoge Welt geboren worden zu sein. Wir mussten nicht befürchten, dass nach einem exzessiven Trinkgelage wenig schmeichelhafte Fotos von uns im Internet auftauchten. Wenn wir verabredet waren, mussten wir hin – kurzfristig einen anderen Treffpunkt auszumachen oder abzusagen, ging nicht. Denn wir hatten kein Handy, mit dem wir unserem Freundeskreis kurzfristig die Abendplanung versauen konnten. Deshalb sind wir, und nun kommen wir zu den guten Eigenschaften unserer Generation, relativ verbindlich, pflegen Freundschaften und sind auch im Job hart im Nehmen. Bevor wir eine Abgabe sausen lassen und die Kolleginnenschaft hängen lassen, machen wir lieber eine Nacht durch. Was im Umkehrschluss nicht heißt, dass wir uns übermäßig stressen lassen: 15 Semester Studium waren in unserer Generation keine Seltenheit. Sorgen um die Zukunft? Pustekuchen. Denn wir waren felsenfest davon überzeugt, dass es jeder Generation besser geht als der vorherigen. Wir erlebten den Fall der Mauer und das Ende des Sozialismus. Und wir überlebten Tschernobyl. Nach dem Schulabschluss lockte die Interrailreise durch Europa und wir riefen per R-Gespräch bei unseren Eltern an, um kein unnötiges Geld auszugeben. Und wenn wir auf der Düne in Cap Ferrat mit der Clique und einigen Flaschen Bier saßen, konnte uns niemand erreichen. Das macht es unserer Generation leichter, im Moment zu leben: Wir wissen, wie sich das anfühlt. Trotzdem geben wir unser Handy ebenso ungern wie alle anderen aus der Hand.

Die Generation Y, auch Millennials genannt, ist die erste Generation, die mit dem Internet und Smartphones aufgewachsen ist. Viele Angehörige dieser Geburtsjahrgänge bekommen Schnappatmung, wenn man sie von ihrem Handy trennt. Ein Urlaub ohne WLAN ist für sie ungefähr so schlimm, wie ins Dschungelcamp zu ziehen. Und gefühlt konnten die meisten von ihnen das Wort Handy vor Mama und Papa sagen. Sie sind die erste Generation, die zum Großteil mit dem Internet und den digitalen Medien aufgewachsen ist, und sie haben im Gegensatz zu unserer Generation durch die Finanz- und Eurokrisen gelernt, mit Ungewissheit umzugehen und das Beste aus der Situation zu machen. Sie achten auf ihre Bedürfnisse und sind schlau genug, sich für einen sinnlosen Job nicht zu Tode zu arbeiten. Das wird ihnen jedoch manchmal als fehlendes Durchhaltevermögen ausgelegt. Im Gegensatz zur Generation X, in der es klare politische Lager gab, die man anhand des Kleidungsstils und der Musik ausmachen konnte, sind sie politisch flexibel. Politik ist für sie weniger eine Frage der politischen Themen denn des Lebensstils. Siehe Veganismus, Minimalismus und Polyamorie. Im Gegensatz zur Generation X lehnen sie sich gegen den Lebensstil und die Gesellschaftsordnung ihrer Eltern nicht auf, sondern versuchen, Arbeitsbedingungen und soziales Zusammenleben auf ihre Bedürfnisse hin abzustimmen. Ein Grund, warum sie fälschlicherweise als egozentrisch und unpolitisch abgestempelt werden. Dabei haben sie mit diesem Begehren viele Umstrukturierungen angestoßen, gerade, was die Emanzipation betrifft.

Mit Verbindlichkeiten scheint sich diese Generation schwerzutun, und das betrifft auch Beziehungen. Der größte Trumpf der Millennials ist die gesunkene Geburtenrate, dank der sie mit weniger Menschen als die vorherigen Generationen konkurrieren müssen – gleichzeitig sorgt dies politisch gesehen auch für ein geringeres Gewicht: Sie werden leicht von den Babyboomern und der Generation X überstimmt. Männer der Generation Y übernehmen in Sachen Kindererziehung mehr Verantwortung als in der vorherigen Generation, in der vor allem diejenigen, die in Westdeutschland aufgewachsen sind, nach der Geburt des ersten Kindes gerne in das klassische Familienmodell zurückgefallen sind. Obwohl der Konflikt zwischen der Generation X und der Generation Y nicht so laut und sichtbar war wie der zwischen vorangegangenen Generationen, tun die beiden Generationen sich miteinander schwer. Das zeigt sich unter anderem in Arbeitszusammenhängen. Denn den Angehörigen der Generation X, die noch mit klaren Hierarchien und der Ellbogenmentalität auf ihrem leitenden Posten gelandet sind, fällt es schwer, das Wort des Nachwuchses ebenso ernst zu nehmen wie das ihrer Beraterin.

Die Generation Z ist komplett im digitalen Zeitalter aufgewachsen. Telefonzellen kennen die Mitglieder dieser Generation meist nur aus Filmen. Streamingdienste sind für sie das neue Fernsehen. Viele von ihnen nennen, seit sie denken können, ein Smartphone ihr Eigen.

Im Gegensatz zu ihren Eltern nutzen sie das Handy aber in den seltensten Fällen zum Telefonieren. Wofür gibt es WhatsApp und andere Nachrichtendienste? Sobald der Akku auf 30 Prozent ist, suchen sie nervös nach der nächsten Steckdose. Armbanduhren, Wecker, Fotokameras, Walkman, das alles brauchen sie nicht. Alles ist in ihrem Smartphone integriert, auf dem sie sich auch politisch informieren. Und sie haben gegenüber den beiden vorherigen Generationen einen großen Nachteil: Ihre Zukunft ist unsicher, und sie wissen das auch. Denn die Generation Z ist die erste Generation, der es zukünftig schlechter gehen wird als ihren Eltern. Und das in jeder Hinsicht: Der Klimawandel, die damit einhergehende wirtschaftliche Instabilität und daraus entstehende politische Konflikte sprechen für eine düstere Zukunft. Die Aussicht hat die Fridays-for-Future-Generation auf die Straße getrieben, wo sie für Klimagerechtigkeit und eine sozialökologische Neugestaltung der Zukunft kämpfen. Notgedrungen ist diese Generation wesentlich politischer als die vorherige, viele von ihnen sind wütend, laut und sehr entschieden.

Verbündete finden sie vor allem in der Generation X, denn aus dieser stammen ihre Eltern, die Angst um die Zukunft ihrer Kinder haben. Und auch Großeltern der Generation Z sind oft sehr engagiert.

Mit der Coronapandemie und angesichts von Extremwetterereignissen wie 2021 in Rheinland-Pfalz und Nordrhein-Westfalen haben heutige Kinder und Jugendliche bereits in jungen Jahren am eigenen Leib erfahren, wohin uns der Klimawandel und die Ausbeutung des Planeten führen. Leider sind sie diejenigen, die ausbaden müssen, was vorangegangene Generationen ihnen eingebrockt haben.

Ob Generation X, Y oder Z, eines eint uns: Wir haben jede Menge Möglichkeiten, an den Gewohnheiten und Glaubenssätzen unserer Generation zu schrauben, um unseren Teil zur Rettung des Planeten beizutragen. Welche das sind, das erfährst du hier.

Handysucht

Das leidige Thema Handysucht betrifft im Grunde alle Generationen. Es gibt auch genügend Angehörige der analog aufgewachsenen Generation X, die ein schlechtes Vorbild für ihre Kinder sind und das Smartphone selbst während des Essens nicht zur Seite legen können. Bei ihnen sind es keine TikTok-Videos, die sie von dem ablenken, was auf ihrem Teller liegt, sondern der neuste *Spiegel*-Artikel oder die E-Mail, die gerade eben per Push-Benachrichtigung ihren Eingang ankündigt. Was auch immer der Grund für die Handysucht ist, das Ergebnis ist dasselbe: Statt das Essen zu genießen und sich aufs Gegenüber zu konzentrieren, lassen wir uns von der Möglichkeit verführen, aktuelle Ereignisse jederzeit verfolgen zu können. Dadurch leben wir die ganze Zeit auf dem Sprung und nie im Moment (siehe dazu Seite 174). Das Gegenüber fühlt sich nicht wahrgenommen und zurückgesetzt, wodurch die Beziehungen leiden. Im Grunde beschäftigen wir uns mit allem und mit nichts. Gerade denjenigen, die viel an ihrem Smartphone hängen, fällt es schwer, die Konzentration für einen längeren Zeitraum zu halten.

Mitglieder der Generation Z erwecken bisweilen den Eindruck, sie würden das Smartphone als Erweiterung ihrer eigenen Person empfinden und es bestünde eine organische Intimität zwischen Gerät und Userin.

In besonders schlimmen Fällen scheint das Gerät fast zu einem Körperteil zu werden – der Verlust kommt dann einer Amputation gleich. Nomophobie, No-Mobile-Phone-Phobie (zu Deutsch etwa: »Angst, kein Mobiltelefon zu haben«), nennt sich diese krankhafte Angst vor dem Verlust des Handys. Typische Symptome sind Panikattacken, Zittern, Schweißausbrüche. Schon ein leerer Akkustand kann Nomophobie auslösen.

Für Kinder und Jugendliche ist die Gefahr einer Sucht enorm. So hat eine Studie der DAK aus dem Jahr 2018 festgestellt, dass Mädchen zwischen 16 und 17 Jahren im Schnitt 3,5 Stunden am Tag in sozialen Medien aktiv sind. Bei Jungen sind es nur 2,75 Stunden. Computerspiele und Internetrecherchen kommen noch obendrauf. Beängstigende Zahlen, die zeigen, wie viel Raum der Gebrauch des Smartphones im Alltag einnimmt. Ein Trend, der durch die Coronapandemie noch verstärkt wurde.

Eine Umfrage von OnePlus, die unter 9000 Userinnen zwischen 18 und 35 Jahren in Deutschland durchgeführt wurde, ergab, dass 95 Prozent der Befragten mit ihrem Handy in einem Raum schlafen. 77 Prozent blicken 15 Minuten nach dem Aufwachen auf ihr Gerät. Das absurdeste Ergebnis der Umfrage war, dass 44 Menschen, die an der Befragung teilgenommen haben, angaben, dass sie lieber eine Niere verlieren würden, als ihr Smartphone wegzugeben.

Wir haben das Handy immer im Gepäck. Und sobald wir an der Haltestelle auf den Bus warten, greifen wir nach dem Gerät. Dadurch stehlen wir uns Momente, in denen wir mit gutem Gewissen Löcher in die Luft starren und unseren Gedanken freien Lauf lassen könnten. Augenblicke, die so wichtig für die Entfaltung von Kreativität, Erholung und Sammlung der Gedanken ist. Stattdessen ballern wir uns mit immer mehr Informationen zu und mutieren von der aktiven Macherin zur Nutzerin. Warum noch in den Supermarkt gehen, wenn es Lieferdienste wie Gorillas gibt, die innerhalb von 10 Minuten alle Konsumbedürfnisse befriedigen? So fördern wir nicht nur die eigene Passivität und den Verlust der Sinnlichkeit – gibt es etwa Schö-

neres, als an frischen Erdbeeren zu riechen? –, sondern auch menschenverachtende Arbeitsbedingungen. Vom Strom, den wir mit täglichen Klicks verbrauchen, ganz zu schweigen (siehe Seite 62). Wie also kannst du deinen Handykonsum im Zaum halten?

Tipp 1: Schalte dein Handy hin und wieder einfach aus. Oder lass es, zum Beispiel, wenn du verabredet bist, gleich zu Hause. So kommst du erst gar nicht in die Versuchung, während des Gespräches schnell deine Nachrichten zu checken. Falls du Bedenken hast, dass ihr euch verpasst oder du vergeblich im Café wartest (in unseren digitalen Zeiten sagt man ja gerne noch 5 Minuten vorher eine Verabredung ab): Gib deiner Freundin vorher Bescheid, dass du dein Mobiltelefon zu Hause lässt. Der Vorteil: Sie wird auf jeden Fall kommen.

Tipp 2: Checke in den Einstellungen regelmäßig deine Bildschirmzeit. Du wirst geschockt sein, wie viel Zeit du an deinem Handy verbringst. Setze dir ein Zeitlimit. Das kannst du, wenn du sehr diszipliniert bist, selbst machen oder dir dafür eine entsprechende App wie »RealizD« herunterladen.

Tipp 3: Schalte deine Signaltöne stumm. Jeder Hinweiston führt dich in Versuchung, aufs Handy zu schauen.

Tipp 4: Deaktiviere den Farbmodus. Wenn das Handy nicht bunt blinkt, hast du automatisch weniger Lust draufzuschauen.

Tipp 5: Reduziere deine Apps. Weniger Apps bedeuten weniger Ablenkung und weniger Energieverbrauch. Das ist gut für dich und den Planeten.

Tipp 6: Erkläre das Bad und das Schlafzimmer zu handyfreien Zonen. So stellst du sicher, dass du nicht zu lange im Bad rumdaddelst und auch der Rest der Familie auf die Toilette gehen kann, und tust im Schlafzimmer, was du tun solltest: schlafen. Ebenfalls eine gute Idee: Das Handy vor dem Essen an einen anderen Ort legen.

Tipp 7: Kauf dir eine Uhr. Ja, das ist mega oldschool. Aber wie oft nutzt du den Blick auf die Uhrzeit dafür, um schnell noch deine E-Mails zu checken? Es ist also durchaus sinnvoll, dir wieder eine Armbanduhr zuzulegen.

Mit Apps wie »FamilyTime« kannst du die Zeiten, die dein Kind am Smartphone und im Internet verbringt, regulieren und dafür sorgen, dass bestimmte Seiten und Suchergebnisse automatisch gesperrt werden. So lernt es einen nachhaltigen Umgang mit diesem Medium.

Konsumzwang

Konsum macht nicht glücklich. Trotzdem fallen wir immer wieder darauf herein und hoffen, dass wir uns nach dem Kauf der neuen Jeans besser fühlen. Für einen Augenblick funktioniert das vielleicht sogar. Ein Kauf aktiviert das Belohnungssystem im Gehirn, unsere Freundinnen machen uns Komplimente, weil wir gut aussehen, und wir fühlen uns gesehen. Doch so funktioniert das mit dem Glück leider nicht auf Dauer. Denn es kann nicht durch Produkte oder andere Menschen erreicht werden, sondern entsteht nur aus uns selbst heraus (siehe ab Seite 99). Eine Studiengruppe des Fachbereichs Wirtschaftspsychologie der Hochschule Darmstadt hat festgestellt, dass Konsum als Selbstzweck bei weitem nicht das Potenzial zum Glücklichsein, hat, wie der allgegenwärtige Eindruck unzähliger Angebote glauben macht. Das ist gut für die Wirtschaft und schlecht für unser Konto und noch viel schlechter für die Umwelt. Denn alles, was wir kaufen, muss mit Energie und den begrenzten Ressourcen produziert werden, die wir der Erde entnehmen. Demzufolge ist natürlich auch der CO_2-Ausstoß unseres Konsums enorm: Mit 39,3 Prozent stellte das, was wir an Bekleidung, Elektronik, Dienstleistungen oder Sportsachen kaufen oder für Bildung, Gesundheit, Freizeit- und Urlaubsaktivitäten ausgeben, im Jahr 2017 den größten Batzen des Treibhausgasausstoßes pro Kopf in Deutschland dar. Weit abgeschlagen auf Platz 2 folgte mit 18,8 Prozent die Mobilität.

Die gute Nachricht ist: Wir haben unseren Konsum selbst in der Hand und können immer wieder aufs Neue bestimmen, ob wir etwas kaufen, und wenn ja, ob es ökologisch und regional hergestellt oder schon gebraucht ist. Wie aber kannst du deinen Konsum eindämmen und dich selbst von überflüssigen Käufen abhalten?

Tipp 1: Stell dir vor, wie es ist, das zu besitzen, was du spontan kaufen willst. Vielleicht reicht dir dieses warme Gefühl bereits. Oder du merkst, dass es gar nicht das Richtige für dich ist, sobald du länger darüber nachdenkst und dir bildlich ausmalst, wie ein sechswöchiger Urlaub in deinem eigenen VW-Bus mit deiner besten Freundin aussieht. Häufig malen wir uns den Besitz eines Gegenstandes wesentlich schöner aus, als er am Ende ist. Falls du dir sicher bist, dass du mit eigenem Camper zum absoluten Campingfreak mutieren wirst, denk daran: Vorfreude ist die schönste Freude. Wenn du lange auf etwas wartest und nicht bei dem ersten Gedanken an einen Camper auf Craigslist suchst, sondern dich nach und nach an deinen Wunsch herantastest, wirst du das Gefährt später noch mehr zu schätzen wissen.

Tipp 2: Geh nur shoppen, wenn du wirklich etwas brauchst. Oft versuchen wir mit dem Einkaufen unsere innere Leere oder Langeweile zu übertünchen. Also spar dein Geld. Schnapp dir lieber ein Buch, mal ein Bild, ruft deine beste Freundin oder deine Großeltern an. Es gibt so viele andere Dinge, die wir tun können – die meisten machen uns zufriedener und lenken uns von den vielen Konsumgelegenheiten ab.

Tipp 3: Geh nicht wahllos einkaufen. Gerade bei reduzierter Ware neigen wir dazu, viel mehr zu kaufen, als wir brauchen.

Das Geld, das du langfristig dabei sparst, kannst du in die Qualität der Ware stecken. Denn Produkte von Firmen, die sich an strenge Umwelt- und Sozialstandards halten, sind meistens teurer als herkömmliche.

Y wie Yuppie

Yuppies, kennst du die noch? Die Abkürzung steht für Young Urban Professionals, junge karriereorientierte Großstädterinnen – und sie kam erstmals in den 1980er-Jahren auf, als wir Autorinnen noch nicht dran dachten, dass wir 40 Jahre später mal ein Buch über Nachhaltigkeit schreiben würden.

Damals dachten wir, es wäre gut, wenn wir möglichst viel in der Welt darstellen würden – Vorbild: Madonna, das singende Material Girl. Yuppies und Popper lebten uns das vor: mit Markenklamotten, backsteingroßem Funktelefon, mit Goldkettchen, mehr Haarspray als Frisur und dem Wunsch, mal eine Ölquelle aufzuspüren und so megareich zu werden wie J. R. in *Dallas*.

Schon im *Spiel des Lebens* lernten wir, worauf es wirklich ankam im Leben: Erst mal mit dem Cabrio beim Standesamt vorbeibrausen und Geschenke einsammeln, dann Statussymbole erwerben, die Luxusvilla als Alterssitz fest im Blick.

Es war klar, worauf das alles hinauslief: Auf einen Topjob, wie ihn Michael J. Fox in *Das Geheimnis meines Erfolges* ergatterte, weil er Krawatte trug und die Nächte zwischen Aktenstapeln durcharbeitete, wofür ihn zunächst mal keiner bezahlte. Aber er bekam die schöne Frau und den Vorstandsposten und durfte fortan die Ansagen machen. Happy End.

Der Lack sprang von diesem Traum erst ab, als wir das x-te unbezahlte Praktikum machten. Gratisfrühstücke in einer Werbeagentur nach einer durchgemachten Nacht waren längst kein goldener Traum mehr, und mit einem Blick auf die Gehaltsabrechnung stellten wir fest, dass wir viel zu wenig Geld für viel zu viele Überstunden bekamen.

30 Jahre nach diesem Berufseinstieg sind viele so müde, dass der einwöchige Meditationsurlaub auf Bali das längst nicht mehr auffängt. Während sich die 90er zurück in unsere Kleiderschränke geschlichen haben, bricht sich ein Freiheitsdrang Bahn, der unseren Hunger auf immer mehr Luxus dämpft und uns dazu bringt, von einem Tiny House zu träumen.

Wir wissen heute, dass das Jetsetleben, nach dem wir uns früher sehnten – heute New York, morgen Rio, übermorgen Tokio, die Dauerparty auf dem Kreuzfahrtschiff, Manolo Blahniks in einem begehbaren Kleiderschrank wie bei Carrie Bradshaw –, dass all das nichts ist gegen ein bisschen freie Zeit und einen Tag in der Natur.

Dazu kommt, dass das Sozialkonzept der Yuppies immer offensichtlicher nicht aufgeht: Die Schere zwischen Arm und Reich spannt sich immer weiter auf, die Mieten steigen nicht nur in den Metropolen und wir ahnen, dass sich unsere Rente als Ente entpuppt. Was also ist echter Wohlstand? Was sollten wir wertschätzen?

In diesem Kapitel beschäftigen wir uns mit allem, was Wohlstand heute sein kann – und wie er nachhaltig ist. Dazu gehören die kleinen Annehmlichkeiten, die unserem Alltag Glanz verleihen. Und das, was unser Leben reich macht.

Accessoires

Vergoldete oder versilberte Ketten und Ringe enthalten oft Nickel, Blei oder Kadmium. In Baden-Württemberg stellte das Umweltministerium bei einzelnen Modeschmuckstücken fest, dass der Grenzwert für Kadmium um das 9500-Fache und für Blei um das 1200-Fache überschritten worden war.

Da diese Stücke von dir meist direkt auf der Haut getragen werden (es sei denn, du bist Michael-Jackson-Fan und trägst grundsätzlich Handschuhe unter den Ringen), können sie Allergien auslösen und deiner Haut schaden.

Außerdem enthält das bunte Bling-Bling vielfach Plastik.

Alternative 1: Dinge **länger zu benutzen**, ist nachhaltig. Wenn du auf Modeschmuck stehst oder auch schon welchen hast, solltest du ihn zumindest gut pflegen, um ihn haltbarer zu machen. Bewahre ihn an einem kühlen, dunklen Ort auf, und achte darauf, dass er möglichst nicht mit Flüssigkeiten wie Wasser, Schweiß, Parfum oder Alkohol in Berührung kommt, da dies die Oberfläche zerstört.

Alternative 2: Materialien wie **Holz und ökologisch abgebauter Kautschuk** aus kleinen Initiativen wird auch verwendet, um damit Accessoires herzustellen. Mit Sicherheit bist du der Blickfang auf jeder Cocktailparty, wenn du mal ein ungewöhnlicheres Stück trägst.

Alternative 3: **Mach deinen Modeschmuck selbst** – aus alten Stücken, Glasperlen und Stoffschnüren vom Markt.

Edelmetalle

Der schöne Schmuck ist oft ein Raubbau an Mensch und Natur: Vielfach werden Gold oder Silber unter unmenschlichen Bedingungen gewonnen, oft werden Kinder zur Arbeit eingesetzt, siehe auch Seite 68.

Alternative 1: Wunderbare Schmuckstücke bekommst du auch **secondhand bei ausgewählten Juwelieren, im Auktionshaus oder auf dem Flohmarkt**, da Menschen durchaus Omas Erbstücke und ungeliebte Stücke dort verkaufen.

Alternative 2: Achte beim Kauf auf das **Fairtrade-Zeichen**, denn auch Gold wird als fair gekennzeichnet, wenn die Arbeitsbedingungen stimmen und auf Umweltstandards geachtet wird. Einfach bei der Juwelierin nachfragen, im Weltladen stöbern oder hier: www.faire-edelsteine.de.

Alternative 3: Besser als Fairtrade ist **recyceltes Silber oder Gold**, also Schmuckstücke aus Altgold oder -silber. Es gibt Juwelierinnen, die sich darauf spezialisiert haben; in nachhaltigen Onlineshops wie Avocadostore findest du ebenfalls umweltfreundlichen Schmuck.

Glitter

Zu Silvester, bei Partys und im Karneval ist Glitter beliebt, um sich das Gesicht, die Arme oder das Dekolletee damit zu verzieren. Normalerweise ist Glitter ein Stanzprodukt aus Kunststofffolien, die aus PET bestehen. Je nach Farbe und Glanzeffekt sind diese auch noch mit Lack, synthetischen Farben oder Aluminium aufgepeppt.

Alternative: Es gibt Firmen wie https://birkenspanner.com, die sich auf **Glitzer natürlichen Ursprungs** spezialisiert haben, der aus Zellulosefolie, Schellack und Mineralien besteht. Schellack ist zwar eine Flüssigkeit, die von Läusen abgesondert wird und ist daher nicht vegan – aber in diesem Fall wird Schellack erst geerntet, wenn keine Laus mehr zu Schaden kommen kann. Auch der Bioglitter von https://natureglitz.com ist vegan, nachhaltig und biologisch abbaubar.

Lurex

Du magst Strumpfhosen mit metallisch wirkendem Glanz? Lurex ist mit Aluminium bedampftes Polyestergarn. Klingt ungesund, ist es auch – für die Umwelt und für dich, wenn du Aluminium direkt auf der Haut trägst.

Alternative: Schau lieber bei Ökoonlineshops nach **schicken nachhaltigen Strumpfhosen**.

Pailletten

Wenn du gerne Karneval feierst, kommst du kaum um Pailletten herum – aber es gibt auch Mützen und Pullis mit Applikationen aus den kleinen Funkelscheibchen oder edel aussehende Paillettenkleider für besondere Anlässe.

So schick sie aussehen – Pailletten bestehen aus Metall, beschichtetem Kunststoff oder Mikroplastik und sind daher schlecht für die Umwelt.

Alternative 1: Ein **festliches Kleid** kannst du **mieten**, statt es gleich zu kaufen.

Alternative 2: Kleider mit **upgecycelten Swarovski-Steinen** gibt es zum Beispiel beim Onlinemarktplatz Etsy. Label wie Rianna + Nina aus Berlin haben sich auf nachhaltige Festmode spezialisiert.

Alternative 3: In vielen Städten gibt es **Reparaturcafés oder Schneidercafés**, dort bekommst du Tipps, wie du deine alten Sachen so aufpeppst, dass sie partytauglich werden.

Perlen

Echte Perlen sind Fremdkörper, die in der Natur unabsichtlich in die Muschel geraten und mit Perlmutt umschlossen werden. Muscheln sind sensible Lebewesen, sie brauchen die richtige Temperatur und Umgebung. Flussperlmuscheln sind fast ausgestorben, weil die Wasserqualität nicht mehr gut genug ist.

In der Zucht werden Muscheln absichtlich mit kleinen Perlmuttkügelchen, oft mit Dutzenden gleichzeitig »geimpft«, zwei bis drei Jahre später sind die Perlen groß genug – und spätestens wenn die Perlen »geerntet« werden, stirbt das Tier, oft aber auch schon davor.

Kunstperlen sind ein reines Synthetikprodukt, ähnlich wie Pailletten – spätestens wenn sie hinüber sind, sind sie bloßes Plastik, das in den Restmüll gehört.

Alternative 1: **Stickereien** sind genauso schön, um ein Kleid oder eine Tasche zu verzieren.

Alternative 2: Verwende als Zier **auch Perlen aus Halbedelsteinen** wie Mondstein oder Quarz, wenn sie aus fairem Handel stammen oder gebraucht gekauft wurden.

Werte

Das letzte Hemd hat bekanntlich keine Taschen – was willst du mit deinem Leben anfangen? Antworten auf deine Fragen findest du indirekt in dem Film *Wer wir waren* von Marc Bauder, der nach dem unvollendeten letzten Buch von Roger Willemsen entstand. Bauder macht sich darin auf die Suche nach der größten Frage der Menschheit: Wer sind wir wirklich – diese Spezies, die kleine Hochleistungscomputer mit sich führt, sie aber nur zum Zocken und zum Teilen von Katzenfotos, Kochrezepten oder Fitnesserfolgen verwendet? Die aktuell so genau wie keine zuvor weiß, was mit unserem Planeten geschieht und dass es unsere Kinder die Zukunft kosten kann! – und die dennoch Parteien wählt und Produkte kauft, die den menschengemachten Klimawandel weiter ankurbeln?

Der Film berührt und zeigt, wie unwichtig Luxusgüter sind – und wie wichtig, sich für das einzusetzen, was uns als Spezies in unserem Bewusstsein voranbringt.

Hast du Kinder oder Enkelkinder, die dir am Herzen liegen? Dann wirst du vermutlich zustimmen, dass sie wichtiger sind als jedes Bling-Bling, das du dir auf dieser Erde kaufen könntest. In diesem Wissen handeln die Aktiven bei den Parents for Future, einer sehr regen Klimaschutzgruppe. Und auch Cordula Weimann, die Gründerin der Omas for Future erklärt, was sie zum umweltfreundlichen Handeln bewegt, so: »Mit jedem Tag, den ich so weiterlebe, zerstöre ich (...) die Zukunft derer, die ich so liebe und die mein Leben reich machen: Meine Kinder und Enkel. (...) Die Frage ist künftig nicht mehr, ob ich mir etwas leisten kann, sondern ob ich meine Konsumentscheidung gegenüber meinen Kindern und der Natur verantworten kann.«

All das fordert auf, darüber nachzudenken, was Wohlstand und Reichtum wirklich ist. Ohne einen bewohnbaren Planeten gibt es keine Wirtschaft, keine Zukunft. **Eine gesunde Erde ist der wahre Luxus.**

Alternative: Frag dich, was du mit deinem Leben anstellen willst. Wie eine aktuelle Studie in der wissenschaftlichen Zeitschrift *Psychological Review* nachwies, ist das Beste, was du für dich tun kannst, ein **psychologisch reiches Leben** zu führen. Eines, in dem du außergewöhnliche Erfahrungen machst, andere Blickwinkel kennenlernst, vielfältige und komplexe Erfahrungen machst. Es lohnt sich eher mal, eine Zeit lang im Ausland zu leben, eine Europareise mit dem Rad zu unternehmen, ein Kunstprojekt zu starten oder sich mit konkreter Poesie zu beschäftigen. Das kann dir keiner mehr wegnehmen – es ist wahrhaft bereichernd.

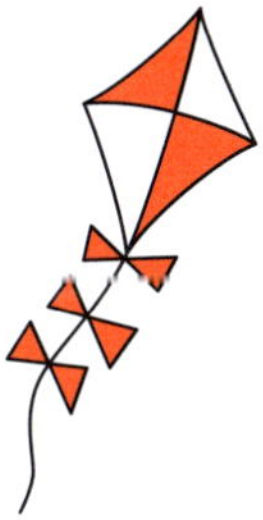

Zipperlein

Nicht nur Plastik ist inzwischen überall in der Natur zu finden: In Industrieländern wie Deutschland werden auch Arzneimittelrückstände in der Natur langsam zum Problem, in Schwellenländern werden sie zunehmend zur Belastung. Zum einen kommen sie aus der industriellen Tierhaltung – über Gülle und Mist landen außer Nitrat auch Medikamentenrückstände auf den Feldern. Dem kannst du entgegenwirken, indem du auf deinem Teller etwas änderst (siehe ab Seite 127), über den Tellerrand hinausschaust und politisch aktiv wirst (siehe ab Seite 179).

Zum anderen landen Medikamente aus der Humanmedizin in der Umwelt: Forschende haben im Auftrag des Umweltbundesamts in deutschen Seen und Flüssen inzwischen über 400 Arzneimittelstoffe nachgewiesen.

Einerseits stammen sie von Ausscheidungen, andererseits gehen etwa 8 bis 10 Prozent der Verunreinigungen auf unsachgemäße Entsorgung durch Verbraucherinnen zurück.

Und das hat schwerwiegende Auswirkungen: Bei Recherchen zur Sendung *Die Tricks mit unserem Wasser* fand der NDR 2020 neben anderen Schadstoffen im Wasser der Elbe und im ablaufenden Wasser eines Klärwerks das Schmerzmittel Diclofenac. Der Arzneistoff wird unter anderem bei Prellungen und Zerrungen eingesetzt, aber auch bei Rheuma sowie Arthritis und kommt in verschiedenen Medikamenten vor. Ein Großteil, etwa 50 bis 70 Prozent, des aufgenommenen Diclofenacs werden vom Menschen wieder ausgeschieden. So gelangen allein in Deutschland jährlich etwa 63 Tonnen des Medikaments ins Abwasser. Und Kläranlagen können eben nicht alles herausfiltern.

Momentan kann zwar noch keine gesundheitliche Gefahr für Menschen belegt werden – aber je älter die Bevölkerung, umso wahrscheinlicher ist es, dass mehr Medikamente ins Wasser gelangen. Das bedeutet, die Werte steigen – und die Gefahr wächst.

Für Tiere, die den Rückständen hautnah – oder eher schuppennah – ausgesetzt sind, kann all dies schon jetzt gefährlich sein. Diclofenac, so eine Studie, führt bei einem halben Mikrogramm pro Liter zu Nierenschäden bei Fischen, außerdem verdicken sich ihre Kiemen, sodass sie schlechter atmen können. Andere Medikamente wirken sich ebenfalls schädlich aus: Der Stoff Ethinylestradiol aus der Antibabypille, der mit dem Urin der Nutzerinnen übers Abwasser in die Natur gelangt, verändert die Befruchtungsraten bestimmter Fische und Schnecken – einige bilden sogar andere Geschlechtsmerkmale aus. Antibiotika könnten dazu führen, dass resistente Keime entstehen und sich ausbreiten. Und britische Forschende beobachteten an Staren, dass das Paarungsverhalten gestört war, wenn sie Würmer fraßen, die mit Fluoxetin, einem Stoff aus Antidepressiva, versetzt waren. Ein bevorzugtes Gebiet für einen Starensnack: die Gegend in der Nähe eines Klärwerks.

Dass wir das nicht wollen, ist klar. Und es ist gar nicht so schwer, Medikamentenrückständen in der Natur entgegenzuwirken: Du kannst Restmedikamente beispielsweise richtig entsorgen. Wenn du gegen jedes Zwicken oder Magengrimmen gleich eine Schmerztablette oder ein Magenmittel schluckst, ist das nicht nur für die Umwelt, sondern auch für dich selbst gefährlich. Vertrau lieber auf Omas schonende Hausmittelchen, statt zur Chemiekeule zu greifen.

Wichtig: In diesem Kapitel geht es um die kleinen Malaisen, um Zipperlein eben, nicht um schwerwiegende Erkrankungen. Dann solltest du in jedem Fall die medizinische Praxis deines Vertrauens aufsuchen.

Anne erzählt: Eine Freundin ließ ihr Kind bei Halsschmerzen mit einem Naturheilmittel behandeln. Das Kind hatte eine Streptokokken-Angina und bekam rheumatisches Fieber, hat bis heute eine Schädigung der Nieren. Also: Bei ernsthaften Erkrankungen ab in die medizinische Praxis – lass dir möglichst spezifisch ein Medikament verschreiben und nimm so viel wie nötig, aber nicht mehr.

Atemschutzmasken

Mit der Coronapandemie haben wir uns daran gewöhnt, Masken zu tragen, anfangs selbstgenähte aus Stoff, inzwischen FFP2-Einwegmasken, die in der Regel aus Kunstfaser bestehen und die Umwelt belasten.

Die schlechte Nachricht: Die Masken solltest du nicht dauerhaft verwenden – das Beste, was du machen kannst, ist, sie nach der maximalen Tragedauer richtig zu entsorgen (in den Restmüll, wegen der möglichen Keimbelastung!) und nicht in die Natur zu schmeißen, wo Wildtiere wie Vögel an den einzelnen Bestandteilen verenden können. Laut der Naturschutzorganisation OceansAsia sind bis dato in der Zeit der Pandemie über 1,5 Milliarden Masken im Meer gelandet, wo sie großen Schaden anrichten.

WICHTIG: Einwegmasken sollten laut Hamburger Umweltinstitut vor Gebrauch einige Stunden auslüften oder bei 50 Grad im Backofen aufgewärmt werden, um Schadstoffe loszuwerden, die wir sonst einatmen.

Alternative 1: **Einwegmasken kannst du bedingt reinigen**, um die Tragedauer zu verlängern. Die Fachhochschule Münster und die Westfälische Wilhelms-Universität Münster haben untersucht, dass es zwei mögliche Wege gibt, um die Masken zu reinigen. Zum einen kannst du sie bei 80 Grad eine Stunde lang im Backofen lassen, um die Erreger abzutöten. Trotzdem solltest du die Maske danach nicht an jemand anderen weitergeben, da Erreger der Nasen-, Rachen- und Hautflora noch auf der Maske sein können. Und ganz sicher ist die Methode nicht, da es im Backofen zu Temperaturschwankungen kommen kann. Heize das Gerät vor und lege die Maske auf den mittleren, mit Backpapier bedeckten Rost. Diesen Vorgang kannst du maximal fünf Mal wiederholen.

Zum anderen kannst du die Maske sieben Tage bei Raumtemperatur trocknen lassen – sie sollte in dieser Zeit an einem Ort hängen, wo es nicht zu feucht ist. Dann kannst du sie maximal fünf Wochen lang verwenden. Am besten, du machst dir eine Holzleiste mit sieben Nägeln und schreibst die Wochentage über den jeweiligen Nagel – dann kannst du die Masken dort aufhängen und kommst nicht durcheinander.

Alternative 2: **CE-zertifizierte FFP2-Nanomembranmasken** von Casada, Livinguard oder Maskengrün kannst du je nach Modell bis zu 20 oder 30 Mal per Hand waschen oder mit Desinfektionsmittel einsprühen. Damit kannst du 50 bis 200 Einwegmasken ersetzen. Weniger Müll durch längeres Tragen!

Alternative 3: Cradle-to-Cradle-Erfinder Michael Braungart hat eine zu **100 Prozent abbaubare Maske** entwickelt, die bei 95 Grad bis zu 50 Mal gewaschen werden kann. Die Vivamask kann über das Hamburger Umweltinstitut bestellt werden, sie ist zertifiziert und schadstofffrei.

Augenbrennen

Mach dir ein Augenbad aus Kamillentee oder Augentrost, den du auch mit etwas Fencheltee mischen kannst. Den Tee lauwarm abkühlen lassen und die Augen damit spülen. Es gibt Augenbadewannen (auch aus Glas) in der Apotheke, aber du kannst auch ein sauberes Stofftaschentuch mit der Flüssigkeit tränken und dieses etwa 10 Minuten sanft aufs geschlossene Auge pressen. Drei Mal täglich wiederholen.

Blähungen

Lästig, aber kein Grund, zur Chemiekeule zu greifen. Nur wenn die Blähungen anhalten, solltest du in die Praxis gehen – es könnte eine Unverträglichkeit oder Allergie sein.

Tipp 1: Rühre 1 Teelöffel **Heilerde** (als Pulver in der Drogerie erhältlich) in lauwarmes Wasser ein und trinke die Mischung. Hilft auch bei leichtem Durchfall, Magenschmerzen, Völlegefühl und Sodbrennen.

Tipp 2: **Fenchel-Anis-Kümmel-Tee** gibt es in der Drogerie, in der Apotheke und sogar im Supermarkt. Am besten, du wählst ein Bioprodukt.

Tipp 3: Kram die bewährte **Wärmflasche** aus dem Schrank, leg dich gemütlich damit aufs Sofa und lies ein Buch. Das entspannt den Bauch und die Seele.

Tipp 4: Hol dir **Verdauungstropfen** aus der Apotheke, die aus Kräutern hergestellt sind. Sie schmecken wie Schnaps, machen aber nicht betrunken.

Tipp 5: Das gute alte **Bullrich-Salz** hilft bei säurebedingten Magenbeschwerden und Sodbrennen. Du bekommst es als Pulver oder in Tablettenform in Apotheken und Drogerien.

Durchfall

Vielleicht erinnerst du dich, dass Mutti immer **Aktivkohletabletten** in ihrer Hausapotheke hatte? Diese sind ein schonendes Mittel gegen Durchfall, der von Bakterien oder Giftstoffen ausgelöst wurde – und sie sind günstig in jeder Drogerie oder Apotheke erhältlich. Erwachsene nehmen bei Durchfall drei bis vier Mal täglich zwei bis vier Tabletten ein, Kinder die Hälfte.

Entzündungen

Hier ein aufgeschlagenes Knie, ein eingewachsener Nagel, eine raue Stelle oder ein Pickelchen, das nicht abheilen will: Versuch's mit Natur!

Tipp 1: Stelle deine eigene **Calendula-Salbe** selbst her.

Die Calendula, auch Ringelblume genannt, ist ein wahrer Schatz im Garten, sie wirkt entzündungshemmend, desinfizierend und adstringierend und wird bei Hautproblemen, Wunden und Akne eingesetzt. Einfach bei Bedarf mehrmals täglich auf die Wunde cremen.

UND SO GEHT'S:

Einige Ringelblumenblüten abpflücken, waschen und in einen Topf mit erwärmtem flüssigem Bienenwachs oder Karnauba legen, das du in der Apotheke oder im Biomarkt bekommst. Die Blüten sollten bedeckt sein und im Wachs etwas ziehen, bis es eine gelbe Farbe angenommen hat, mindestens aber eine halbe Stunde. Zwischendurch umrühren und etwas Öl (beispielsweise Kokos, Sesam, Sonnenblume oder Olive) hinzugeben, damit die Salbe geschmeidig wird. Die Blütenblätter herausfiltern, die Salbe in sterile kleine Weckgläser füllen und erkalten lassen.

Die Salbe hält etwa ein Jahr, du kannst sie am besten an einem dunklen, kühlen Ort oder gleich im Kühlschrank aufbewahren.

Tipp 2: **Arnika-Tinktur** aus der Apotheke solltest du immer im Haus haben, diese Lösung ist durch Alkohol zusätzlich antibakteriell und wirkt Wunder bei kleinen Schnitten oder Pickelchen.

Tipp 3: Bei Juckreiz, Ekzemen und Insektenstichen kannst du mit etwas Leitungswasser eine **Paste aus Heilerde** anrühren, die du auf die betroffene Stelle streichst. Hilft auch bei Gelenkschmerzen.

Erkältung

Statt Wick und Co. verwende lieber Omas Hausmittel:

Tipp 1: Wickle heißen **Kartoffelstampf** in ein Handtuch und leg es gegen Bronchitis auf die Brust. Vorsicht, nicht verbrennen!

Tipp 2: **Dampfbad** wie bei Muttern – füll einen Topf mit heißem Wasser und gib entweder Kamillentinktur, einige Tropfen Pfefferminzöl oder etwas Tigerbalm dazu. Beug dich über den Topf und inhaliere, am besten mit einem Handtuch über dem Kopf, sodass sich die Hitze längere Zeit hält.

Tipp 3: **Pfefferminzöl** auf ein Taschentuch träufeln und einatmen – gut für unterwegs oder wenn du beim Inhalieren ein gutes Buch lesen möchtest.

Harnwegsinfekte

Zu lange auf einem kalten Steinmäuerchen Platz genommen? Wer häufig Blasenentzündung bekommt, kennt vielleicht schon das ein oder andere Rezept: Auf den Cranberrysaft schwört eine gute Freundin von uns. Am wichtigsten: Viel trinken! Welche Hausmittel es statt Mannose-Kapseln aus dem Drogeriemarkt und Antibiotika vom Arzt noch gibt, erfährst du hier. Wenn es zu lange anhält oder sehr schmerzhaft ist, dann solltest du professionelle Hilfe suchen, denn die Bakterien können dem Nierenbeckenraum langfristig schaden.

Tipp 1: Bei Blasenentzündung hilft es, wenn du **viel trinkst**, damit die Bakterien ausgespült werden. Hilfreich kann Cranberrysaft sein oder **Tees aus Brennnessel, Wacholder, Schachtelhalm oder Bärentraubenblättern** – Letzteres am besten kurz vor dem Schlafengehen. Außerdem kann Kapuzinerkresse, die auch viele Vitamine enthält, den Heilungsprozess beschleunigen. Fußbäder und Wärme wirken entspannend auf die verkrampfte Muskulatur.

Tipp 2: **Hagebuttenkerne** haben wir uns als Kinder gegenseitig in den Kragen gesteckt, als Juckpulver. Aber sie haben eine antibakterielle Wirkung und sind harntreibend – 10 Minuten abkochen, dann ist es ein perfekter Tee gegen Blasenentzündung, so der Kräuter-Wastl, ein Heilkräuterpädagoge aus Bayern, der im BR in der Sendung *Gesundheit!* Tipps aus der Natur gibt.

Husten

Solange Husten nicht chronisch ist, kann man ihn gut mit Hausmitteln behandeln. Gerade bei einer Erkältung unterstützt dies den Prozess der Gesundung und lindert Beschwerden.

Tipp 1: **Thymiantee** trinken, am besten frisch aus deinem Kräuterbeet oder getrocknet aus der Apotheke oder Drogerie. Gegen Halsschmerzen hilft auch Salbeitee.

Tipp 2: Einen schmackhaften und wirksamen **Hustensaft** kannst du leicht selbst zubereiten. Verwende im Idealfall frische Kräuter, aber Kräutertees aus der Apotheke funktionieren auch.

UNDSO GEHT'S:

Bringe 300 Milliliter Wasser in einem Topf zum Kochen und füge 2 Esslöffel Fenchelsamen, 2 Esslöffel Salbeitee, 1 Esslöffel Pfefferminze und 1 Esslöffel Kamille hinzu. Lass alles 10 Minuten lang bei geringer Hitze ziehen, dann gieß es durch ein Sieb in einen sauberen Topf, um die Pflanzenbestandteile herauszufiltern.

Rühr 400 Gramm Süßungsmittel (etwa Haushaltszucker, Birkenzucker oder Ahornsirup) hinein und koche die Flüssigkeit kurz auf.

Sobald der Hustensaft abgekühlt ist, kannst du ihn mit einem Trichter in sterile Flaschen füllen.

Kopfschmerzen

Reibe etwas **Pfefferminzöl** auf deine Schläfen, in deinen Nacken und auf die Stirn – und leg dich am besten in ein abgedunkeltes Zimmer.

Krämpfe

Leichte Krämpfe lindert ein **Tee aus Basilikum oder aus Anissamen, Labkraut oder Süßholz**.

Medikamentenentsorgung

Manche Menschen entsorgen Medikamente über die Spüle oder die Toilette, dabei führen diese im häuslichen Abwasser dazu, dass sich die Rückstände in der Natur anreichern (siehe Seite 266). Auch schmerzstillende Salben oder Antibiotikacremes solltest du lieber mit einem Tuch abwischen und dieses im Restmüll entsorgen, statt sie abzuwaschen! Obacht: Manche Bundesländer und Landkreise haben Sonderregeln für die Entsorgung von Arzneimitteln, Föderalismus sei Dank: www.arzneimittelentsorgung.de.

Alternative 1: Wirf **Restmedikamente in die Graue Tonne**, wickel sie allerdings am besten vorher ein, sodass sie von Kindern nicht entdeckt werden können. Bei flüssigen Medikamenten die Kappe gut zudrehen!

Alternative 2: Medikamente kannst du auch sehr gut über den Service der Entsorgungsbetriebe, das **Schadstoffmobil**, abholen lassen, mehr dazu findest du auf Seite 94.

Alternative 3: Du kannst die Medikamente auch beim **Recyclinghof** abgeben. Allerdings haben nicht alle Recyclinghöfe Schadstoffannahmestellen – also vorher die Website der Entsorgungsbetriebe checken!

Alternative 4: In der **Apotheke** abgeben. Hier wird zwar oft auch über den Restmüll entsorgt, aber dafür stehen die Tonnen meist gesichert, sodass keine Gefahr besteht, dass Dritte die Medikamente finden und missbrauchen. Apotheken sind allerdings nicht mehr verpflichtet, deine Medikamentenreste anzunehmen, also vorher nachfragen.

Mückenstiche

Autan und andere Marken mag man kaum auf die eigene Haut sprühen, geschweige denn auf zarte Kinderhaut.

Dennoch musst du nicht darauf verzichten, an einem lauen Sommerabend im Garten zu sitzen, wenn du die Chemiekeule nicht verwenden willst. Wichtig ist auch, die Mücken an der Vermehrung zu hindern, vor allem die Tigermücke – achte also darauf, dass du kein stehendes Wasser im Garten hast und dass deine Wassertonne, Gießkannen stets abgedeckt sind oder regelmäßig ausgeleert werden.

Alternative 1: Eine **Mischung aus ätherischen Ölen – Teebaum, Salbei, Citronella, Minze, Lavendel oder Eukalyptus** – entweder in einem Stövchen erhitzen oder sehr verdünnt auf Haut oder Kleidung.

Alternative 2: Reib dich mit **Kokosöl** ein – es wirkt durch die enthaltene Laurinsäure und dadurch, dass es deinen Körpergeruch überdeckt, gegen Mücken. Und wenn dich doch mal einer der kleinen Blutsauger sticht, hilft es gegen das Jucken.

Müdigkeit

Was tun gegen die morgendliche Müdigkeit, wenn dein Magen gegen Kaffee rebelliert und dir Guarana-Pulver zu weitgereist ist?

Tipp 1: Statt Kaffee tut deinem Magen ein heißes Glas Wasser mit einigen **Rosmarinzweigen** gut, die auch belebend wirken.

Tipp 2: **Gänseblümchentee** wirkt gegen Frühjahrsmüdigkeit und ist auch gut gegen Erkältungen und Magen-Darm-Beschwerden. Am besten ist es, die Gänseblümchen nicht in der Nähe von Straßen oder auf Hundespielplätzen zu sammeln.

Nasenbluten

Oft entstehen Nasenbluten und Reizhusten durch ausgetrocknete Schleimhäute. Darum achte darauf, dass deine Raumluft durch Pflanzen oder im Winter durch ein **Schälchen Wasser auf der Heizung** nie zu trocken ist. Bei Erkältung kannst du ein paar Tropfen Pfefferminzöl dazugeben.

Rückenschmerzen

Dass der Rücken hin und wieder Mucken macht, kennen wohl die meisten von uns. Gegen Hexenschuss und Verspannung helfen Bewegung und Wärme.

Tipp 1: Nachhaltiger als ein ABC-Pflaster, das nur Müll verursacht, kannst du deine Rückenschmerzen mit **Pferdesalbe** oder einem **Kirschkernkissen** kurieren.

Tipp 2: Oft ist der untere Rücken verspannt. Wenn die Schmerzen es nicht verhindern, mach einige **einfache Übungen**:

- Leg dich auf den Rücken, mach ein Bein lang und zieh das andere zum Oberkörper, indem du die Hände darumlegst – auf der anderen Seite wiederholen.
- Stell beide Knie auf, breite die Arme aus, wende deinen Kopf nach links und lass gleichzeitig deine Knie zur rechten Seite sinken.

Wenn es im unteren Rücken leicht knackt, ist das ein gutes Zeichen. Mit der anderen Seite wiederholen.

- Setz dich auf deine Unterschenkel und Füße und beuge dich vor, bis deine Stirn den Boden berührt. Dann leg die Arme rechts und links mit den Handflächen nach oben neben deine Beine, sodass die Hände hinter dich zeigen – die Dehnung im Rücken ist wohltuend für deine Wirbelsäule.

Und: Dreh dich immer über die Seite, wenn du vom Boden oder aus dem Bett aufstehst, das ist schonender für den Rücken.

Tipp 3: Alle, die unter chronischen Rückenschmerzen leiden, können auch in einen Yogakurs gehen. In vielen Yogastudios werden speziell für Menschen mit Rückenproblemen Stunden angeboten. Wer eine normale Yogastunde besuchen will, sollte unbedingt vorher mit der Yogalehrerin sprechen und sie über das Rückenleiden informieren. Ansonsten kann es zu einer ungewollten Verschlechterung kommen.

Prellungen, Verbrennungen

Statt eines Coolpacks, der auch im Restmüll oder in größeren Mengen im Sondermüll entsorgt werden muss, kannst du auch einfach einen **Beutel mit Tiefkühlerbsen** nehmen, um die du ein Küchenhandtuch wickelst. Bei schweren Verbrennungen solltest du auf jeden Fall eine medizinische Praxis aufsuchen.

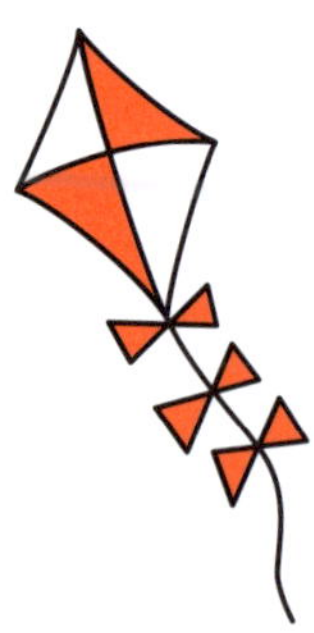

Danksagung

Zuallererst möchten wir allen Menschen danken, die immer wieder nach Möglichkeiten suchen, die Natur zu bewahren, die Arten zu schützen und unsere Welt für kommende Generationen zu erhalten. Wir kennen viele, die dafür Mühen auf sich nehmen – angefangen von Vollzeitaktivistinnen über investigativ arbeitende Redaktionen bis zu Menschen in der Klimagerechtigkeitsbewegung, die laut und kreativ für eine bessere Welt eintreten. Danke, dass ihr uns und anderen immer wieder den Mut gebt, weiterzumachen.

Ein großes Dankeschön geht an unsere großartige Lektorin Elena Grunwald und an Verlagsleiterin Birgit Reiter, die an dieses Buch geglaubt haben. Die Arbeit mit euch war eine Freude, und für uns ist mit der Cradle-to-Cradle-Veröffentlichung ein Wunsch in Erfüllung gegangen. Danke, dass ihr das möglich gemacht habt! Danke für die schöne Satzgestaltung an Ortrud Müller und an die Herstellerin Paula Wächter. Und an alle bei mvg, die sich für unser Buch einsetzen und hoffentlich mit Vergnügen drin schmökern. Ein Dankeschön an Emily Claire Völker für die tolle Cover-Illustration. Und an Silke Panten für die sorgfältige und umsichtige Textredaktion, ihre guten Hinweise und ihr Engagement in Sachen Nachhaltigkeit.

Bettinas größter Dank gilt ihrer Tochter Pola, die sie mit ihrem wachen Geist, kritischen Fragen und bedingungslosen Liebe immer wieder dazu ermutigt, ihren Weg weiterzugehen. Ebenso möchte sie Annett Borg danken, die mit ihrem nachhaltigen Modelabel Besonnen versucht, die Modewelt zu revolutionieren und zu mehr Achtsamkeit im Umgang mit unseren natürlichen Ressourcen zu motivieren.

Anne dankt Ruggero Leò fürs Tassenkuchen-Feedback und seine fabelhaften veganen Polpette al Sugo.

Last but not least danken wir Petra Hermanns und Alfio Furnari, dass sie uns bei diesem Projekt von zwei Literaturagenturen aus gemeinschaftlich so gut vertreten haben.

Wenn dir das Buch gefallen hat, du deine Gedanken oder weitere Anregungen mit uns teilen möchtest, dann schreib uns: hello@weltretter-abc.de

Literatur, Filme, Websites

A wie Arbeitswelt

- Acerini, Luca; Bordat, Sophie et. al: »Homeworking report: An assessment of the impact of teleworking on carbon savings and the longer-term effects on infrastructure services«, Carbon Trust/Vodafone Institute for Society and Communications 06/2021
- Büttner, Lisa; Breitkreuz, Anna: »Arbeiten nach Corona. Warum Homeoffice gut fürs Klima ist«, IZT-Institut für Zukunftsstudien und Technologiebewertung gemeinnützige GmbH, im Auftrag von Greenpeace, 2020
- co2online gemeinnützige Beratungsgesellschaft mbH: »Energiesparen unterwegs: die 15 besten Tipps«, www.co2online.de/klima-schuetzen/mobilitaet/energiesparen-unterwegs-14-tipps/#c27375
- Ducki, Prof. Dr. Antje: https://prof.bht-berlin.de/ducki/forschung/
- Europäisches Umweltbüro (EEB): »Coolproducts don't cost the Earth – Briefing«, Brüssel, September 2019, https://eeb.org/wp-content/uploads/2019/09/Coolproducts-briefing.pdf
- Forschungsinformationssystem (FIS): »Pkw-Besetzungsgrad bei der privaten Autonutzung«, Stand vom 15.11.2019, www.forschungsinformationssystem.de/servlet/is/79638/
- Gimpel, Henner; Bayer, Sarah; Lanzl, Julia; Regal, Christian; Schäfer, Ricarda; Schoch, Manfred: »Digitale Arbeit während der COVID-19-Pandemie. Eine Studie zu den Auswirkungen der Pandemie auf Arbeit und Stress in Deutschland« Augsburg: Projektgruppe Wirtschaftsinformatik des Fraunhofer FIT, 2020, S. 39 ff., http://publica.fraunhofer.de/documents/N-618361.html
- Köder, Lea; Burger, Dr. Andreas: »Umweltschädliche Subventionen in Deutschland«, Umweltbundesamt, aktualisierte Ausgabe 2016, www.umweltbundesamt.de/publikationen/umweltschaedliche-subventionen-in-deutschland-2016
- Newport, Cal: *Konzentriert arbeiten. Regeln für eine Welt voller Ablenkungen*, Redline 2017
- Raanaas, Ruth K.; Horgen Evensen, Katinka; Rich, Debra; Sjøstrøm, Gunn; Patil, Grete: »Benefits of indoor plants on attention capacity in an office setting«, *Journal of Environmental Psychology, Volume 31, Issue 1*, März 2011, S. 99–105, https://doi.org/10.1016/j.jenvp.2010.11.005
- Schweppe-Kraft, B.; Schlegelmilch, K.; Berger, L. et al: »Abbau naturschädigender Subventionen und Kompensationszahlungen auf stoffliche Belastungen. Ökonomische Instrumente zum Schutz der biologischen Vielfalt«, Bundesamt für Naturschutz 2019, www.bfn.de/sites/default/files/2021-06/Abbau_naturschaedigender_Subventionen.pdf

B wie Bettgeschichten

- BUND: »Pestizide: Gefahr in Schnittblumen«, www.bund.net/umweltgifte/gefahren-fuer-die-gesundheit/schnittblumen
- Flatley, Annika: »Diese Kondome sind nachhaltig und fair«, 29.04.2020, www.utopia.de/ratgeber/nachhaltig-fair-vegane-kondome
- Fischer, Jana: »Weshalb der Kunststoff problematisch ist«, https://utopia.de/ratgeber/polyester-weshalb-der-kunststoff-problematisch-ist/

- Global 2000: »Rosen – ein Strauß voller Pestizide«, 14.02.2013, www.global2000.at/news/pestizide-auf-blumen
- Gairing, Sarah: »Leinen: So nachhaltig ist Flachs«, 1.10.2020 www.utopia.de/ratgeber/leinen-so-nachhaltig-ist-flachs/
- Greenpeace: »Erdöl – Gefahr für Umwelt, Klima, Menschen. Die schmutzige Spur des schwarzen Goldes«, https://epub.sub.uni-hamburg.de/epub/volltexte/2014/33020/pdf/erdoel_gefahr_fuer_die_umwelt_0.pdf
- Pro Familia: »Pearl-Index«, www.profamilia.de/themen/verhuetung/pearl-index
- PETA-Team: »Tierquälerei für Seide: Raupen im Kokon lebendig gekocht«, 12.10.2021, www.peta.de/themen/Seide/
- Römer, Jörg: »Umweltkatastrophe im Kongo. Die Giftbrühe, die Tod und Verderben brachte«, *Spiegel Wissenschaft*, 6. September 2021, www.spiegel.de/wissenschaft/weltall/kongo-leidet-unter-umweltkatastrophe-diamanten-rote-fluesse-und-tote-flusspferde-a-1d9da756-ae0c-496b-a989-e6f3e844badf
- Smits, Dion: »Vegan Sex? Das sind die besten Eco-Friendly Sextoys«, Beate Uhse, Magazin, 16. Juni 2021, https://mag.beate-uhse.com/veganer-sex-das-sind-die-besten-eco-friendly-sextoys
- vegan.at: »Verhütungsmittel aus veganer Sicht«, 22.02.2021, www.vegan.at/inhalt/verhutungsmittel-aus-veganer-sicht

C wie Computer und Technik

- Lean ICT: »Towards Digital Sobriety. Report of the working group directed by Hugues Ferreboeuf for the Think Tank The Shift Project, March 2019«, https://theshiftproject.org/wp-content/uploads/2019/03/Lean-ICT-Report_The-Shift-Project_2019.pdf
- Techniker Krankenkasse: »Schalt mal ab, Deutschland!«, TK-Studie zur Digitalkompetenz 2021, www.tk.de/resource/blob/2099616/630d3a2e429edc359f15fd8225dcd45c/studie-schalt-mal-ab-2021-data.pdf
- The Shift Project: »Climate Crises: The unsustainable use of online videos«, Report led by Maxime Efoui-Hess for the Think Tank The Shift Project, https://theshiftproject.org/wp-content/uploads/2019/07/2019-02.pdf
- Umweltbundesamt: »Batterien und Akkus«, 24.09.2020, www.umweltbundesamt.de/umwelttipps-fuer-den-alltag/elektrogeraete/batterien-akkus#gewusst-wie
- Verbraucherzentrale: »Umweltfreundlich im Internet einkaufen – geht das?«, 27.10.2021, www.verbraucherzentrale.de/wissen/umwelt-haushalt/nachhaltigkeit/umweltfreundlich-im-internet-einkaufen-geht-das-26661

D wie Dancing Queen

- Andries, Jan: »5 Fakten zu losgelassenen Luftballons und den schädlichen Folgen für die Natur«, Wageningen University & Research, Den Burg 2015, www.wur.nl/de/Forschung-Ergebnisse/Research-Institutes/marine-research/Research/Dossiers/5-Fakten-zu-losgelassenen-Luftballons-und-den-schadlichen-Folgen-fur-die-Natur.htm
- Deutsche Umwelthilfe: »Coffee-to-go-Einwegbecher. Umweltauswirkungen und Alternativen«, Hintergrundpapier der Deutschen Umwelthilfe, 2019
- Kühnemann, Ursula: *Nie mehr langweilig. 150 Tipps für Regentage*, Frech Verlag, Stuttgart 1975

E wie Energie

- Berners-Lee, Mike: *Es gibt keinen Planeten B*, Midas Management, Zürich 2020
- Borderstep Institut für Innovation und Nachhaltigkeit: »Energie- und Ressourceneinsparungen bei vernetzten Produkten«, März 2018
- BR.de: »Warum Sie auf das Vorheizen verzichten können«, www.br.de/radio/bayern1/ofen-vorheizen-100.html, Stand: 04.01.2021
- BUND: »Energiegewinnung contra Naturerbe. Wie die Braunkohle eine ganze Region zerstört. Das Beispiel des Braunkohletagebaus Hambach«, Dezember 2012, www.bund-nrw.de/fileadmin/nrw/dokumente/braunkohle/2012_12_20_BUNDhintergrund_Tagebau_Hambach_Energiegewinnung_contra_Naturerbe_.pdf
- Carstens, Peter: »Fracking: Das sollten Sie wissen«, www.geo.de/natur/oekologie/2906-rtkl-erdgasfoerderung-fracking-das-sollten-sie-wissen, GEO-Online, Stand: 04.01.2021
- Deutsches Institut für Wirtschaftsforschung: »Kein Grad weiter – Anpassung der Tagebauplanung im Rheinischen Braunkohlerevier zur Einhaltung der 1,5-Grad-Grenze«, Juni 2021, www.diw.de/documents/publikationen/73/diw_01.c.819609.de/diwkompakt_2021-169.pdf
- Deutsche Umwelthilfe: »Coffee-to-go-Einwegbecher. Umweltauswirkungen und Alternativen«, Hintergrundpapier der Deutschen Umwelthilfe, 2019 www.duh.de/uploads/tx_duhdownloads/DUH_Coffee-to-go_Hintergrund_01.pdf
- Deutsche Umwelthilfe: »Licht ins Dunkel. DUH Kerzencheck zu Palmöl«, November 2020, www.duh.de/fileadmin/user_upload/download/Projektinformation/Naturschutz/Palmoel/201106_DUH_Kerzencheck.pdf
- Engel, Katja Maria: »Was Katzenvideos das Klima kosten«, Spektrum 22.12.2019, www.spektrum.de/news/das-internet-verbraucht-so-viel-energie-wie-der-flugverkehr/1693692
- Greenpeace: »Kohleausstieg: Je schneller, desto besser fürs Klima«, November 2019, www.greenpeace.de/themen/energiewende/fossile-energien/kohle
- Harvard Medical School: »The Grant and Glueck Study. Study of Adult Development«, www.adultdevelopmentstudy.org/grantandglueckstudy
- Hintemann, Ralph and Hinterholzer, Simon. »Energy Consumption of Data Centers Worldwide - How will the Internet become Green?«, ICT4S (2019), http://ceur-ws.org/Vol-2382/ICT4S2019_paper_16.pdf
- Jötten, Frederik: »Die Energie zum Tanzen ist unerschöpflich«, Interview mit Gunter Kreutz von der Universität Oldenburg, *Spiegel-Online*, 6.02.2013 www.spiegel.de/gesundheit/ernaehrung/wie-tanzen-als-medizin-wirkt-und-gluecklich-macht-a-881579.html
- Kühnemann, Ursula: *Nie mehr langweilig. 150 Tipps für Regentage*, Stuttgart 1975
- Massoudi, Ruhullah; Hamidi, Amid: »Emission products of petroleum-based candles«, Präsentation auf einer Fachtagung der American Chemical Society, South Carolina State University 2009
- UN Environment: »Single-use Plastics. A Roadmap for Sustainability«, 2018
- Prinz, Johanna: *Einfach nachhaltig. Umweltbewusst einkaufen, haushalten und leben*, Verbraucherzentrale, Düsseldorf 2021
- Sandau, Fabian; Timme , Stephan; Baumgarten, Corinna et. al: »Daten und Fakten zu Braun- und Steinkohlen. Stand und Perspektiven 2021«, Umweltbundesamt, Dessau 2021, www.thru.de/fileadmin/SITE_MASTER/content/Dokumente/Downloads/Sonstige_Downloads/2021-02-22_texte_28-2021_daten_fakten_braun-_und_steinkohle.pdf
- Statistisches Bundesamt: »Stromerzeugung im 1. Quartal 2021. Wieder mehr Strom aus

konventionellen Energieträgern«, www.destatis.de/DE/Presse/Pressemitteilungen/2021/06/PD21_275_43312.html;jsessionid=76C29DAAD7F70E9FF324B9ACAC771132.live732

- Umweltbundesamt: »E-Scooter momentan kein Beitrag zur Verkehrswende«, 27.10.2021, www.umweltbundesamt.de/themen/verkehr-laerm/nachhaltige-mobilitaet/e-scooter
- Umweltbundesamt: »Marktanalyse Ökostrom II. Markanalyse Ökostrom und HKN, Weiterentwicklung des Herkunftsnachweissystems und der Stromkennzeichnung«. Abschlussbericht, August 2019
- Umweltbundesamt: »Ratgeber/Dezember 2014: Ökologisch und gesund durch Winter, Weihnachtszeit und ins neue Jahr«, Dessau-Roßlau 2014, www.umweltbundesamt.de/sites/default/files/medien/378/publikationen/oekologisch_durch_den_winter_2014.pdf
- Umweltbundesamt. »Richtig heizen«, 7. 10.2021, www.umweltbundesamt.de/themen/richtig-heizen
- Utopia: »Ökostromanbieter: Die besten im Vergleich«, https://utopia.de/bestenlisten/die-besten-oekostrom-anbieter/

F wie Finanzen

- Buschmann, Georg: »So investieren Sie in Klimaschutz – aber richtig«, *WirtschaftsWoche*, 17.08.2021, www.wiwo.de/finanzen/geldanlage/gruene-aktien-so-investieren-sie-in-klimaschutz-aber-richtig/27514758.html
- »Bereit für die Zukunft? Nachhaltige Fonds. Ethische-ökologische Fonds liegen im Trend. Unsere neue Nachhaltigkeitsbewertung trennt die Spreu vom Weizen.« In: *Finanztest* 7/2020
- Deato, Angus; Kahneman, Daniel: »High Income Improves Evaluation of Life But Not Emotional Well Being«, September 2010, www.pnas.org/content/pnas/107/38/16489.full.pdf
- Eppler, Erhard; Paech, Niko: *Was Sie vorhaben, wäre ja eine Revolution ... Ein Streitgespräch über Wachstum, Politik und eine Ethik des Genug*, oekom, Stuttgart 2016
- Finanztest: »Nachhaltig anlegen. Rendite mit grünen Geldanlagen.«, 09/2021
- Finanztest: »Mehr als Profit. Nachhaltige Schwellenländerfonds. Längst gibt es auch in Brasilien, China und Indien Unternehmen, die nachhaltig arbeiten.« 11/2020
- Finanztest: »Mit ETF das Klima im Blick. Nachhaltige ETF. Auf das wachsende Interesse am Klima geht die Finanzbranche mit neuen Fonds ein. Wir zeigen, wie die Aktien-ETF mit Klimaidee funktionieren.« 6/2021
- Finanztest: »Wege in die Zukunft. Nachhaltige Geldanlagen. Nachhaltig anlegen liegt im Trend. Viel Geld fließt in Fonds, ETF, grüne Anleihen oder Bürgerbeteiligung. Doch bewirkt das auch etwas?« 1/2021
- Gast, Robert: »Kryptowährungen. Bitcoins als Gefahr für den Klimaschutz«, 9.04.2021, www.digitec.ch/de/page/bitcoins-als-gefahr-fuer-den-klimaschutz-19532
- Greenpeace: »Fünf Jahre nach der Baia Mare-Katastrophe«, 28.04.2013, www.greenpeace.de/engagieren/nachhaltiger-leben/fuenf-jahre-baia-mare-katastrophe
- Jebb, A.T., Tay, L., Diener, E. *et al.*: »Happiness, income satiation and turning points around the world«, Nat Hum Behav 2, 33–38 (2018). https://doi.org/10.1038/s41562-017-0277-0
- Jiang, Shangrong; Li, Yuze; Lu, Quanying et al.: »Policy assessments for the carbon emission flows and sustainability of Bitcoin blockchain operation in China.« *Nat Commun 12*, 1938 (2021), www.nature.com/articles/s41467-021-22256-3
- Konzeptwerk Neue Ökonomie e. V.: *Zeitwohlstand. Wie wir anders arbeiten, nachhaltig wirtschaften und besser Leben*, oekom, München 2014

- Paech, Niko: *Befreiung vom Überfluss: Auf dem Weg in die Postwachstumsökonomie*, oekom, Stuttgart 2012
- Sander, Beate: *Gutes Gewissen und dennoch erfolgreich. Börsenerfolgsformel Nachhaltigkeit – Anlagen in Aktien. ETFs und Fonds*, FBV München 2020
- Stelling, Anke: *Schäfchen im Trockenen*, Verbrecher Verlag, Berlin 2018
- Upgang, Mechthild: *Gewinn mit Sinn. Wie Sie ihr Geld sicher anlegen – mit gutem Gewissen*, oekom, München 2009
- Van Suntum, Ulrich; Prinz, Aloys; Uhde, Nicole: »Lebenszufriedenheit und Wohlbefinden in Deutschland: Studie zur Konstruktion eines Lebenszufriedenheitsindikators«, SOEP*papers* on Multidisciplinary Panel Data Research, No. 259, Deutsches Institut für Wirtschaftsforschung (DIW), Berlin 2010
- WWF: »Gold – alles andere als glänzend für die Umwelt«, 29.09.2020, www.wwf.de/themen-projekte/waelder/mining/gold-mining

G wie Garten

- Berger, Gudrun: *Einführung in die Welt der Permakultur: Ihre ersten Schritte zum Selbstversorger – Das Handbuch für Einsteiger*, Bücherglück 2020
- Eichenberg, David et al.: »Widespread decline in Central European plant diversity across six decades«, 16. Dezember 2020, https://doi.org/10.1111/gcb.15447
- Hoferichter, Andrea: »Bodenversiegelung. Leben und Sterben unter dem Asphalt«, Deutschlandfunk-Reportage 11. Juli 2021 www.deutschlandfunk.de/bodenversiegelung-leben-und-sterben-unter-dem-asphalt.740.de.html?dram:article_id=499859
- Pfützner, Caroline: *Natürlich gärtnern mit Terra Preta: Praxiswissen für Garten, Hochbeet und Balkon*, oekom 2018
- Ranck, Juliane; Setzer, Laura: *Urban Farming*, Löwenzahn Verlag 2021
- Reuter, Wolfgang: »A Toxic Eden: Poisons In Your Garden, An Analysis Of Bee-Harming Pesticides In Ornamental Plants Sold In Europe«, Greenpeace 2014, www.greenpeace.org/static/planet4-italy-stateless-release/2018/11/f7bd2764-f7bd2764-a-toxic-eden.pdf, Stand: 30.12.2021
- Scheub, Ute; Schwarzer, Stefan: *Die Humusrevolution: Wie wir den Boden heilen, das Klima retten und die Ernährungswende schaffen*, oekom 2017
- Umweltbundesamt: »Zu viel Dünger schadet«, Stand: 04.01.2021, www.umweltbundesamt.de/themen/zu-viel-duenger-schadet

H wie Haushalt

- Grüner Punkt: Infos für Verbraucher und Infos für Kunden zum Download auf der Website, www.gruener-punkt.de/de/downloads#c3292
- Industrieverband Körpermittel und Waschmittel e. V.: »Bericht Nachhaltigkeit in der Wasch-, Pflege und Reinigungsmittelbranche in Deutschland«, August 2021
- Könemann, Julia: »Wie viel Klopapier verbraucht ein Mensch in Deutschland im Leben?«, Stand: 26.08.2020, www.swr.de/wissen/1000-antworten/wie-viel-klopapier-verbraucht-ein-mensch-im-leben-in-deutschland-100.html
- Medizinische Universität Wien: »Erstmals Mikroplastik im Menschen nachgewiesen«, 23. Oktober 2018, www.meduniwien.ac.at/web/ueber-uns/news/detailseite/2018/news-im-oktober-2018/erstmals-mikroplastik-im-menschen-nachgewiesen

- NABU: »Das Märchen von der umweltfreundlichen Kaffeekapsel«, 10.07.2018, blogs.nabu.de/umweltfreundliche-kaffeekapsel
- NABU: »Plastikmüll und seine Folgen«, www.nabu.de/natur-und-landschaft/meere/muellkippe-meer/muellkippemeer.html
- Stiftung Warentest: »Waschnüsse und Waschkastanien im Test: Graue Wäsche – kein ökologischer Nutzen«, 23. Juli 2019, www.test.de/Waschnuesse-und-Waschkastanien-im-Test-Graue-Waesche-kein-oekologischer-Nutzen-5496372-0/
- Umweltbundesamt: »Abfälle im Haushalt. Vermeiden, Trennen, Verwerten«, Dezember 2020, www.umweltbundesamt.de/publikationen/ratgeber-abfaelle-im-haushalt
- Umweltbundesamt: »Wäschetrockner«, 11. Februar 2016 www.umweltbundesamt.de/umwelttipps-fuer-den-alltag/elektrogeraete/waeschetrockner#gewusst-wie
- Umweltbundesamt: »Wasch- und Reinigungsmittel«, 3. Februar 2021, www.umweltbundesamt.de/themen/chemikalien/wasch-reinigungsmittel
- Verbraucherzentrale: »Genießen statt wegwerfen: Lebensmittelverschwendung stoppen«, www.verbraucherzentrale.de/geniessen-statt-wegwerfen-lebensmittelverschwendung-stoppen-58985
- Verbraucherzentrale: »Lebensmittel wertschätzen und vor der Tonne bewahren«, Stand: 29.04.2021, www.verbraucherzentrale.de/wissen/lebensmittel/auswaehlen-zubereiten-aufbewahren/lebensmittel-wertschaetzen-und-vor-der-tonne-bewahren-59543
- Verbraucherzentrale: »Müll richtig trennen: Gelber Sack, Restmüll, Papier oder wohnin sonst?«, 6. Februar 2020, www.verbraucherzentrale.de/wissen/umwelt-haushalt/abfall/muell-richtig-trennen-gelber-sack-restmuell-papier-oder-wohin-sonst-10580

I wie Ich

- Aknin, L. B.; Dunn, E. W.; Norton, M. I.: »Happiness Runs in a Circular Motion: Evidence for a Positive Feedback Loop between Prosocial Spending and Happiness«, *J Happiness Stud* 13, S. 347–355 (2012), https://doi.org/10.1007/s10902-011-9267-5
- Albrecht, Glenn; Sartore, Gina-Maree; Connor, Linda et. al: »Solastalgia: The Distress«, 1. Februar 2007, Band 15, Ausgabe 1, S. 95–S9, The Royal Australian and New Zealand College of Psychiatrists (RANZCP) 2007, https://doi.org/10.1080/10398560701701288
- Antonowsky, A.; Franke, A.: *Salutogenese, zur Entmystifizierung der Gesundheit*. Tübingen, Dgvt-Verlag 1997
- Bandura, A.: *Self efficacy: The exercise of control*, Freeman, New York 1997
- Bratman, Gregory N.; Daily, Gretchen C.; Levy, Benjamin J.; Gross, James J.: »The benefits of nature experience: Improved affect and cognition«, *Landscape and Urban Planning*, Band 138, 2015, S. 41–50, ISSN 0169-2046, www.sciencedirect.com/science/article/pii/S0169204615000286
- Brickman, P.; Coates, D.; Janoff-Bulman, R.: »Lottery winners and accident victims: Is happiness relative?«, *Journal of Personality and Social Psychology*, 36(8), 1978, S. 917–927, https://doi.org/10.1037/0022-3514.36.8.917
- Conner, Tamlin S.; DeYoung, Colin G.; Silvia, Paul J.: »Everyday creative activity as a path to flourishing«, *The Journal of Positive Psychology*, 13(2), 2018, S. 181–189, doi: 10.1080/17439760.2016.1257049
- Dada, Tanuj et al.: »Mindfulness Meditation Reduces Intraocular Pressure, Lowers Stress Biomarkers and Modulates Gene Expression in Glaucoma: a randomized controlled trial«, *Journal of Glaucoma* 27, S. 1061–1067, doi: 10.1097/IJG.0000000000010888, veröffentlicht von Wolters Kluwer Health, Inc.

- Draganski, B.; Gaser, C.; Busch, V. et al.: »Changes in grey matter induced by training«, *Nature 427*, S. 311–312 (2004), https://doi.org/10.1038/427311a
- Epel, E. S. et al.: »Meditation and vacation effects have an impact on disease-associated molecular phenotypes.« In: *Translational Psychiatry*. 30. August 2016, doi: 10.1038/tp.2016.164
- Fowler, James H.; Christakis, Nicholas A.: »Dynamic spread of happiness in a large social network: longitudinal analysis over 20 years in the Framingham Heart Study«, BMJ 2008; 337:a 2338, doi:10.1136/bmj.a2338, www.bmj.com/content/337/bmj.a2338
- Huang, Li et al.: »Powerful postures versus powerful roles: which is the proximate correlate of thought and behavior?« In: *Psychological Science*, 22. January 2011, Ausgabe 1, S. 95–102, Northwestern University, Evanston, doi: 10.1177/0956797610391912, https://journals.sagepub.com/doi/full/10.1177/0956797610391912
- Kuria, Mary W. et al.: »The Association between Alcohol Dependence and Depression before and after Treatment for Alcohol Dependence.«. In: *ISRN Psychiatry*, 26. Januar 2012, doi:10.5402/2012/482802, www.hindawi.com/journals/isrn/2012/482802/
- Levine, Emily: »How I made friends with reality«, TED-Talk, https://www.ted.com/talks/emily_levine_how_i_made_friends_with_reality (Man kann Untertitel einschalten und ein Transkript in verschiedenen Sprachen abrufen.)
- MacKerron, George; Mourato, Susana: »Happiness is greater in natural environments«, *Global Environmental Change*, S. 992-1000, ISSN 0959-3780, doi: 10.1016/j.gloenvcha.2013.03.010, 2013, www.sciencedirect.com/science/article/pii/S0959378013000575
- Österreichische Ärztezeitung: »Alkohol – Burnout – Depression: Schicksalhafte Wechselwirkungen«, Dossier, Nr. 20 /25.10.2018
- Park, S.; Kahnt, T.; Dogan, A. et al.: »A neural link between generosity and happiness«. Nat Commun 8, 15964 (2017), https://doi.org/10.1038/ncomms15964
- Paul, Carol Ann et al.: »Association of alcohol consumption with brain volume in the Framingham study«, In: *Archives of Neurology*, Oktober 2008; 65(10):1363-7, doi: 10.1001/archneur.65.10.1363, https://pubmed.ncbi.nlm.nih.gov/18852353/
- Psychologists for Future: Website über ihre Tätigkeit und Klimakommunikation: www.psychologistsforfuture.org, hier insbesondere Artikel über Resilienz: www.psychologistsforfuture.org/?s=Resilienz, Stand: 25.08.2021
- Ristig-Bresser, Stephanie: *Make. World. Wonder. Für die Welt, die wir uns wünschen*, oekom 2020
- Scheub, Ute; Küttner, Christian: *Abschied vom Größenwahn: Wie wir zu einem menschlichen Maß finden*, oekom 2020
- Seligman, M. E. P.; Steen, T. A.; Park, N.; Peterson C.: »Positive psychology in progress. Empirical validation of interventions«. In: *American Psychologist*, 60, S. 410–421, American Psychological Association 2005
- Taubert, Greta: *Im Club der Zeitmillionäre. Wie ich mich auf die Suche nach einem anderen Reichtum machte*, Eichborn 2017
- Van Oyen-Witvliet, Charlotte; Richie, Fallon J.; Root Luna, Lindsey M.; Van Tongeren, Daryl R.: »Gratitude Predicts Hope and Happiness: A Two-study Assessment of Traits and States« (2018). 1464. In: *The Journal of Positive Psychology*, 15. Januar 2018. Taylor & Francis, https://digitalcommons.hope.edu/faculty_publications/1464
- Zainaldeen, Manal Hasan et al.: »The influence of ball-juggling on emotional states, blood pressure and sleep-quality among medical students during end-of-year exam preparation«, *Complementary Therapies in Clinical Practice*, Volume 30, 2018, S. 64–67, ISSN 1744-3881, https://doi.org/10.1016/j.ctcp.2017.12.00

J wie Jenseits

- BUND: »Ökologische Nische Friedhof. Artenschutz durch naturnahe Pflege am Beispiel der Wildbienen«, www.bund-niedersachsen.de/ueber-uns/bund-projekte/aktuelle-projekte/oekologische-nische-friedhof/, Stand: 27.08.2021
- NABU: »Artenreiche letzte Ruhestätte. Friedhöfe als Lebensraum für Pflanzen und Tiere«, www.nabu.de/wir-ueber-uns/infothek/mitgliedermagazin/archiv/04865.html, Stand: 01.04.2021
- Stang, Michael: »Kompostieren als Bestattungsmethode«, Deutschlandfunk-Reportage, 26. Januar 2021, www.deutschlandfunk.de/oekologische-beerdigung-kompostieren-als-bestattungsmethode.676.de.html?dram:article_id=491499
- Wiigh-Mäsak, Susanne: Website zum Leichenkompostieren, www.promessa.se
- Wurche, Bettina, »Totholz-Thomas«, SZ 12.02.2021, www.sueddeutsche.de/wissen/insekten-entomologie-krefeld-hoerren-artenschutz-1.5201795

Weitere Tipps:

- Tag des guten Sterbens, https://tag-des-guten-sterbens.jimdosite.com/

K wie Kosmetik

- Deutsche Gesellschaft für Präventivzahnmedizin: »Auf die richtige Zahnpasta achten! – Die gesundheitliche Bedeutung von Zahnpasten«, Juni 2019. www.dgpzm.de/sites/default/files/meldung/dateien/dgpzm-pm_auf_die_richtige_zahnpasta_achten.pdf
- Döbereiner, Jörg: »Zahnpasta imTest. Schlechte Noten für bekannte Marken«, 25. März 2021, www.oekotest.de/kosmetik-wellness/Zahnpasta-Test-13-Zahncremes-mangelhaft-und-schlechter_11784_1.html
- Dohrmann, Annette; Throl, Christine: Ökotest: »Gesichtsmasken-Test. In vielen steckt lösliches Plastik«, 10. Dezember 2020, www.oekotest.de/kosmetik-wellness/Gesichtsmasken-Test-In-vielen-steckt-loesliches-Plastik_11039_1.html
- Fraunhofer-Institut für Umwelt-, Sicherheits und Energietechnik Umsicht: »Endbericht. Kunststoffe in der Umwelt. Mikro- und Makroplastik. Ursachen, Mengen, Umweltschicksale, Wirkungen, Lösungsansätze«, Juni2018. www.umsicht.fraunhofer.de/content/dam/umsicht/de/dokumente/publikationen/2018/kunststoffe-id-umwelt-konsortialstudie-mikroplastik.pdf
- Greenpeace: »Kunststoff verunreinigt die Meere. Plastik in Kosmetik«, www.greenpeace.de/themen/endlager-umwelt/plastik-kosmetik
- Greenpeace: »Zum Abschminken. Plastik in Kosmetik«, März 2021 www.greenpeace.de/publikationen/abschminken-plastik-kosmetik
- Kane, Jessica: »Here's How Much A Woman's Period Will Cost Her Over Lifetime«, Huffington Post.de, 6.12.2017, www.huffpost.com/entry/period-cost-lifetime_n_7258780
- RESET – Digital For Good: »Nachhaltige Monatshygiene: In der Regel kein Müll«, https://reset.org/nachhaltige-monatshygiene-der-regel-kein-muell/
- Rodemann, Julian: »Aluminium in Deos weniger schädlich als gedacht«, 21.07.2020, www.sueddeutsche.de/gesundheit/aluminium-deodorant-risikobewertung-1.4974252
- Stiftung Warentest: »Die Tage können kommen«, Mai 2021

Weitere Tipps:

- Original Unverpackt: shop.original-unverpackt.de
- Periodensystem: https://perioden-system.com/

L wie Lebensmittel

- Albert-Schweizer-Stiftung für unsere Mitwelt: »Zur Ökobilanz von Pflanzenmilch«, https://albert-schweitzer-stiftung.de/aktuell/oekobilanz-pflanzenmilch, Stand: 27.08.2021
- Albert-Schweizer-Stiftung für unsere Mitwelt: »Mastschweine«, https://albert-schweitzerstiftung.de/massentierhaltung/schweine/mastschweine, Stand: 27.08.2021
- Altenmüller, Irene: »Fischeinkauf: Wie gut ist das MSC-Siegel?«, NDR-Website, 29. September 2019, www.ndr.de/ratgeber/verbraucher/Wie-gut-ist-MSC-Siegel-fuer-Fisch,mscsiegel106.html
- Anybill.de: Kassenbon-Müll im deutschen Einzelhandel, www.anybill.de/post/kassenbon-mull-im-deutschen-einzelhandel
- Bioland: Homepage, www.bioland.de/bioland-geschichte, Stand: 04.01.2022
- BÖLW: »Historisches Bio-Plus: Kunden & Öko-Branche bauen um – Politik muss nachziehen«, Pressemitteilung vom 17.02.2021, www.boelw.de/themen/zahlen-fakten/lebensmittel/artikel/historisches-bio-plus-kunden-oeko-branche-bauen-um-politik-muss-nachziehen/
- Brotexperte.de: »Lebensmittelverschwendung und Nachhaltigkeit bei Brot und Backwaren«, www.brotexperte.de/brotmarkt/lebensmittelverschwendung-bei-brot/, Stand: 04.01.2022
- codecheck: »Palmöl in Lebensmitteln und Kosmetika«, www.codecheck.info/hintergrund/palmoel
- Deutscher Kaffeeverband e.V.: »Deutscher Kaffeemarkt 2020: 20 Tassen pro Kopf mehr konsumiert«, 03.04.2021, www.kaffeeverband.de/de/presse/deutscher-kaffeemarkt-2020-20-tassen-pro-kopf-mehr-konsumiert
- Deutsches Tierschutzbüro: »Bio ist keine Lösung«, www.tierschutzbuero.de/bio-ist-keine-loesung/, Stand: 20.07.2021
- EUROSTAT: »Food and non-alcoholic beverages, Member States, 2020, % of total expenditure«, https://ec.europa.eu/eurostat/statistics-explained/index.php?title=File:Food_and_non-alcoholic_beverages,_Member_States,_2020,_%25_of_total_expenditure.png, Stand: 04.01.2022
- Food and Agriculture Organization of the United Nations (FAO): »2021 COFI Declaration for Sustainable Fisheries and Aquaculture«, www.fao.org/3/cb3767en/cb3767en.pdf, Stand 04.01.2022
- Food and Agriculture Organization of the United Nations (FAO), IFAD, UNICEF, WFP und WHO: »The State of Food Security and Nutrition in the World 2021«, www.fao.org/3/cb4474en/online/cb4474en.html, Stand: 04.01.2022
- Foodwatch: »Kontrolle ist besser. Von Anspruch und Wirklichkeit der Lebensmittelkontrollen in Deutschland«, 2019, www.foodwatch.org/fileadmin/-DE/Themen/Lebensmittelkontrollen/2019-12_foodwatch_Kontrolle-ist-besser_final.pdf, Stand: 27.08.2021
- Forum Fairer Handel e.V.: »Kaffee: Eine Erfolgsgeschichte verdeckt die Krise«, www.fairtrade-deutschland.de/fileadmin/DE/01_was_ist_fairtrade/05_wirkung/studien/2019_Studie_Transfair_FFH_Kaffee_in_der_Krise.pdf, Stand: 04.01.2022
- Gerber, Pierre et al.: »Greenhouse Gas Emissions from the Dairy Sector. A Life Cycle Assessment.« Food and Agriculture Organization of the United Nations (FAO), Animal Production and Health Division 2010
- Gerber, P.J., Steinfeld, H., Henderson, B., Mottet, A., Opio, C., Dijkman, J., Falcucci, A. & Tempio, G.: »Tackling climate change through livestock – A global assessment of emissions and mitigation opportunities«, Food and Agriculture Organization of the United Nations (FAO), Rom 2013

- Gesellschaft für Konsumforschung (GfK) im Auftrag des Bundesministeriums für Ernährung und Landwirtschaft (BMEL): »Systematische Erfassung des Lebensmittelabfalls der privaten Haushalte in Deutschland«, 2020, www.bmel.de/SharedDocs/Downloads/DE/_Ernaehrung/Lebensmittelverschwendung/Studie_GfK.pdf?__blob=publicationFile&v=3
- Gode, Solveig: »Papierwut an der Kasse: Warum ab 2020 zwei Millionen Kilometer mehr Bons als bisher gedruckt werden«, Businessinsider.de, 14.11.2019, www.businessinsider.de/wirtschaft/ab-2020-zwei-millionen-kilometer-mehr-bons-2019-11
- Greenpeace: »Giftiger Obstsalat. Der EU-Mercosur-Deal droht den Pestizid-Handel anzukurbeln«, www.greenpeace.de/themen/umwelt-gesellschaft-wirtschaft/handelsabkommen/giftiger-obstsalat, Stand: 27.08.2021
- Heinrich-Böll-Stiftung, BUND, LeMonde Diplomatique: *Fleischatlas 2021*. Daten und Fakten über Tiere als Nahrungsmittel, www.bund.net/fileadmin/user_upload_bund/publikationen/massentierhaltung/massentierhaltung_fleischatlas_2021.pdf
- Maurin, Jost: »Coronamythen mit Demeter-Siegel«, *taz* vom 02.06.2020, https://taz.de/Biolaeden-und-Verschwoerungstheorien/!5689116/, Stand: 28.08.2021
- NABU: »Vorteile des Ökolandbau. Basisinfos zur ökologischen Bewirtschaftungsform«, Stand: 04.01.2022, www.nabu.de/natur-und-landschaft/landnutzung/landwirtschaft/anbaumethoden/oekolandbau/oekolandbau.html
- Nisbett, R. E.; Kanouse, D. E.: »Obesity, food deprivation, and supermarket shopping behavior«, *J Pers Soc Psychol.* 1969; 12(4):289-294
- Poore, J.; Nemecek, T.: »Reducing food's environmental impacts through producers and consumers«, *Science*, Jg. 360, Nr. 6392, S. 987–992, 01.06.2018, doi: 10.1126/science.aaq0216
- Quarks.de: »So viele Menschen könnten wir zusätzlich ernähren, wenn wir weniger Lebensmittel verschwenden«, WDR, Stand: 05.02.2019, www.quarks.de/gesundheit/ernaehrung/so-viele-menschen-koennten-wir-zusaetzlich-ernaehren-wenn-wir-weniger-lebensmittel-verschwenden/
- Reinhardt, Guido, Gärtner, Sven; Wagner, Tobias: »Ökologische Fußabdrücke von Lebensmitteln und Gerichten in Deutschland«, Heidelberg, 2020, www.ifeu.de/fileadmin/uploads/Reinhardt-Gaertner-Wagner-2020-Oekologische-Fu%c3%9fabdruecke-von-Lebensmitteln-und-Gerichten-in-Deutschland-ifeu-2020.pdf
- Royle, Elizabeth: »Lebensmittelverschwendung: So eine Schande!«, *National Geographic*, Heft 3 / 2016, S. 106–127, www.nationalgeographic.de/umwelt/lebensmittelverschwendung-so-eine-schande
- Schmid, Birgit: »Dünger als Philosophie – Wie eine Menschenlehre in der Pandemie unter Verdacht gerät«, *nzz*, 29.05.2021
- Sezgin, Hilal: *Artgerecht ist nur die Freiheit: Eine Ethik für Tiere oder Warum wir umdenken müssen*, C.H. Beck 2014
- Tal, A.; Wansink, B.: »Fattening Fasting: Hungry Grocery Shoppers Buy More Calories, Not More Food«, *JAMA Intern Med.* 2013; 173(12):1146–1148, doi:10.1001/jamainternmed.2013.650
- Umweltbundesamt: »Daten zur Umwelt 2015, Umwelt, Haushalte und Konsum«, www.umweltbundesamt.de/sites/default/files/medien/378/publikationen/daten_zur_umwelt_umwelt_haushalte_und_konsum_2.pdf
- Umweltbundesamt: »Kassenbons gehören nicht ins Altpapier«, 21. Januar 2020, www.umweltbundesamt.de/themen/kassenbons-gehoeren-nicht-ins-altpapier
- Vaidyanathan, Gayathri: »Die Ernährung, die die Welt retten soll«, *Spektrum* 16.12.2021, www.spektrum.de/news/klimawandel-die-ernaehrung-die-die-welt-retten-soll/1960078

- Watson.de: »Nachhaltig und gesund: Warum Hafermilch besser als Kuhmilch ist«, 28.09.2020, www.watson.de/nachhaltigkeit/im%20test/119712171-milch-hafer-top-mandel-und-kuhmilch-flop-warum-manche-milch-ein-klimakiller-ist
- Winans, K.S., Macadam-Somer, I., Kendall, A. et al. Life cycle assessment of California unsweetened almond milk. Int J Life Cycle Assess 25, 577–587 (2020). https://doi.org/10.1007/s11367-019-01716-5
- World Rainforest Project: »Meaningless certification«, 24.09.2020, https://wrm.org.uy/articles-from-the-wrm-bulletin/recommended/meaningless-certification/
- WWF: »Klimawandel auf dem Teller«, 13.11.2012, www.wwf.de/2012/november/klimawandel-auf-dem-teller/
- WWF: »Überfischung – eine Tatsache in Zahlen«, www.fishforward.eu/de/project/ueberfischung-eine-tatsache-in-zahlen/, Stand: 04.01.2022
- WWF-UK (2021): »Driven to waste: The Global Impact of Food Loss and Waste on Farms«, www.wwf.de/fileadmin/fm-wwf/Publikationen-PDF/Landwirtschaft/WWF-Report-Driven-to-Waste-The-Global-Impact-of-Food-Loss-and-Waste-on-Farms.pdf
- Zwerenz, Milena: »Warum Butter einer der größten Klimakiller ist«, 1.02.2020, ze.tt, https://www.zeit.de/zett/2020-02/warum-butter-einer-der-groessten-klimakiller-ist?
- Xu, Alison Jing; Schwarz, Norbert;Wyer Jr., Robert S.: »Hunger promotes acquisition of nonfood objects«, *PNAS*, 03.03.2015, 112 (9) 2688-2692; https://www.pnas.org/content/112/9/2688

Weitere Tipps:

- Informationen über Pestizidrückstände: www.pan-germany.org
- Wer für die Tierrechtsrecherchen der Soko Tierschutz spenden will, die immer wieder Zustände in Tierqualbetrieben aufdecken, kann dies hier tun: www.soko-tierschutz.org/spenden

M wie Mode

- Bijleveld, Marijn: »Natural mink fur and faux fur products, an environmental comparison Delft«, CE Delft, Juni 2013, Publication code: 13.22203.44
- Forschungsgruppe Retourenmanagement an der Uni Bamberg: »Deutsche schicken jedes sechste Paket zurück. Retouren im Onlinehandel – Ergebnisse von Bamberger Betriebswirtschaftlern«, 06.05.2019, www.uni-bamberg.de/news/artikel/retourenmanagement-2019/
- Forbrig, Sebastian; Fischer, Thomas; Heinz, Beate: »Konsum, Bedarf und Wiederverwendung von Bekleidung und Textilien in Deutschland«, Studie im Auftrag des bvse – Bundesverband Sekundärrohstoffe und Entsorgung e. V., 2020, www.bvse.de/dateien2020/1-Bilder/03-Themen_Ereignisse/06-Textil/2020/studie2020/bvse%20Alttextilstudie%202020.pdf
- Greenpeace: »Wegwerfware Kleidung. Repräsentative Greenpeace-Umfrage zu Kaufverhalten, Tragedauer und der Entsorgung von Mode«, 2015, www.greenpeace.de/sites/www.greenpeace.de/files/publications/20151123_greenpeace_modekonsum_flyer.pdf
- Klasmeier, J.; Wissing M.: »Waschmaschinenablauf als mögliche Eintragsquelle von Textilfasern, (Mikroplastik) in Gewässer«, Institut für Umweltsystemforschung, Universität Osnabrück, Studie erstellt im Auftrag des NLWKN, Januar 2017
- Lehmann, Dr. Annekatrin; Roffeis, Martin; Finkbeiner, Prof. Dr. Matthias: »Ökobilanzielle Bewertung des Lebensweges eines handelsüblichen weißen Baumwolle T-Shirts in

Deutschland«, TU Berlin im Auftrag des Industrieverband Körperpflege- und Waschmittel e. V. (IKW) 2019, www.ikw.org/fileadmin/ikw/downloads/Haushaltspflege/20190415_Oekobilanz_T-Shirt.pdf
- Peta: »Umweltsünde Pelz: So viel Chemie steckt in einem Pelzkragen«, www.peta.de/themen/pelz-umwelt
- Quarks.de: »So macht unsere Kleidung die Umwelt kaputt«, 6. Dezember 2019 www.quarks.de/umwelt/kleidung-so-macht-sie-unsere-umwelt-kaputt/
- Wicker, Alden; Schmall, Emily; Raj, Suhasini; Paton, Elizabeth: »That Organic Cotton T-Shirt May Not Be as Organic as You Think«, *New York Times* 13.2.2022, www.nytimes.com/2022/02/13/world/organic-cotton-fraud-india.html

Weitere Tipps:
- Mehr zu Blauer-Engel-Textilien: www.blauer-engel.de/de/produktwelt/alltag-wohnen/textilien
- Hier kannst du den Wasserverbrauch eines Produktes herausfinden: www.waterfootprint.org

N wie Nein

- Deutsche Umwelthilfe: »Müllflut durch Werbepost stoppen: Deutsche Umwelthilfe und Letzte Werbung starten Petition gegen unnötigen Müll in deutschen Briefkästen«, 25.09.2020, www.duh.de/presse/pressemitteilungen/pressemitteilung/muellflut-durch-werbepost-stoppen-deutsche-umwelthilfe-und-letzte-werbung-starten-petition-gegen-unn/
- Deutsche Umwelthilfe: »Ohne Ende Werbung – das Müllproblem gedruckter Werbepost«, 24.09.2020, www.duh.de/fileadmin/user_upload/download/Projektinformation/Kreislaufwirtschaft/200903_DUH_Hintergrundpapier_ungewollte_Werbepost_FINAL.pdf
- Kailitz, Susanne: »Richtig entscheiden!«, *Focus* 08/2021
- NABU: »NABU-Kreuzfahrtranking 2020. Branche nicht auf Kurs für Klimaschutz«, Beitrag auf der Website: https://www.nabu.de/umwelt-und-ressourcen/verkehr/schifffahrt/kreuzschifffahrt/28642.html

O wie Om

- Gannon, Sharon: *Mein magischer Morgen: 10 Übungen für mehr Achtsamkeit, Gesundheit und inneren Frieden*, irisiana, München 2019
- Trökes, Anna: *Das große Buch vom Yoga*, GU, München 2010

P wie Politik

- Bönte, Michael: »Warum ein Ehrenamt richtig glücklich macht. Glücksforscher Karlheinz Ruckriegel im Interview«, Interview mit Karlheinz Ruckriegel, Kirche+Leben, 14. März 2020, www.kirche-und-leben.de/artikel/warum-ein-ehrenamt-richtig-gluecklich-mach

Weitere Tipps:
- Bingenheimer Saatgut: www.bingenheimersaatgut.de/
- Bundestagswahl 2021: Informationen für Wahlhelfende, www.bundeswahlleiter.de/bundestagswahlen/2021/informationen-wahlhelfer.html
- Bundeswahlleiter: www.bundeswahlleiter.de

- Deutsches Ehrenamt: https://deutsches-ehrenamt.de
- Landesjugendring Brandenburg e.V. (LJR): Website zu Wahlen ab 16: Mach's ab 16!, www.machs-ab-16.de/wahlen-ab-16

Q wie Quickies

- Asdecker, Björn: »CO_2-Bilanz einer Retoure - Definition«, www.retourenforschung.de/definition_co2-bilanz-einer-retoure.html, Stand: 28.02.2022
- Blank, Oscar; Schäfer, Carlotta; Schily, David; von Schulz-Hausmann, Philipp: *Vergleichsweise klimafreundlich. Effektiver Klimaschutz im Alltag*, Online-Druck GmbH & Co KG 2020
- Blanke, Michael: »Der klimafreundliche Apfel von nebenan«, In: *Innofrutta* 04/07, S. 4-7, www.dlr-rheinpfalz.rlp.de/Internet/global/themen.nsf/f3b02579753cf01fc12574ea003ea950/57448A10F058B164C12579EA0023B28C/$FILE/PAS Innofrutta 04_07_IF_Titelstoy.pdf
- Carstens, Peter: »Reis, Kartoffeln und Co.: So relevant ist die Beilagen-Wahl beim Klimaschutz«, GEO, Stand: 03.01.2022, www.geo.de/natur/nachhaltigkeit/22638-rtkl-co2-bilanz-reis-kartoffeln-und-co-so-relevant-ist-die-beilagen-wahl
- Dallmus, Alexander: »Besser leben: Wann Onlineshopping wirklich nachhaltig ist«, 7.12.2020, Bayern 1, www.br.de/radio/bayern1/inhalt/experten-tipps/umweltkommissar/umwelt-einkaufen-online-laden-100.html
- Grünartig: »Warum wir aus ökologischer Sicht lieber einen Altbau sanieren, statt neu zu bauen«, 09.08.2017, www.gruenartig.de/oekologisch-altbau-sanieren/
- Hogeveen, Peter & Steinbuch, M. & Verbong, Geert & Hoekstra, Auke: »The Energy Consumption of Passenger Vehicles in a Transformed Mobility System with Autonomous, Shared and Fit-For-Purpose Electric Vehicles in the Netherlands«, *The Open Transportation Journal*. 15, S. 201–209. https://opentransportationjournal.com/VOLUME/15/PAGE/201/FULLTEXT/
- Hommer, Annika: »Ökologischer Fußabdruck: Besser online oder stationär kaufen?«, 17.08.2021, www.mimikama.at/aktuelles/oekologischer-fussabdruck/
- Lamontagne, J. R. ; Reed, P. M. ; Marangoni, G. et al. : »Robust abatement pathways to tolerable climate futures require immediate global action«, *Nat. Clim. Chang.* 9, S. 290–294 (2019), https://doi.org/10.1038/s41558-019-0426-8
- Merkur.de: »Eingeschweißt oder nicht? Sie werden nicht glauben, welche Gurke Sie kaufen sollten«, 24.02.2021, www.merkur.de/leben/genuss/gemuese-gurke-eingeschweisst-oder-nicht-werden-nicht-glauben-welche-kaufen-sollten-zr-11726402.html
- Mühlematter Armin: »Tablet versus Druckmaterialien im Unterricht – eine vergleichende Ökobilanz«, Bachelorarbeit, Institut für Umwelt und natürliche Ressourcen, Zürcher Hochschule für Angewandte Wissenschaften, Wädenswil 2014
- NABU: »Vorverpackungen bei Obst und Gemüse Zahlen und Fakten 2019«, aktualisierte Auflage 2020, www.nabu.de/imperia/md/content/nabude/konsumressourcenmuell/201027-nabu-studie-vorverpackungen.pdf
- Nguyen, Minh Duc: »CO2-Fußabdruck beim Heizen«, 5.01.2021, https://heizung.de/heizung/wissen/co2-fussabdruck-beim-heizen/
- Öko-Institut/Deutsches Tiefkühlinstitut: »Ergebnisbericht – Vergleich von Angebotsformen und Identifikation der Optimierungspotenziale für ausgewählte Tiefkühlprodukte«, Freiburg 2012
- Paál, Gábor: »Wie ist die Ökobilanz von Tee im Vergleich zu Kaffee?«, 21.10.2019, SWR, www.swr.de/wissen/1000-antworten/wie-ist-die-oekobilanz-von-tee-im-vergleich-zu-kaffee-100.html

- Quarks.de: »Sind Milchalternativen gesünder und umweltfreundlicher?«, 10.10.2021, www.quarks.de/gesundheit/ernaehrung/sind-milchalternativen-gesuender-und-umweltfreundlicher/
- Schwarzer, Christoph M: Besser noch ein Jahr weiterfahren«, *Die Zeit* 18.02.2011, www.zeit.de/auto/2011-02/altauto-umwelt
- Umweltbundesamt: »Emissionsdaten«, www.umweltbundesamt.de/themen/verkehr-laerm/emissionsdaten#hbefa, 07.02.2022
- Umweltbundesamt: »Heizen mit Holz«, 26.01.2021, www.umweltbundesamt.de/themen/heizen-holz

Weitere Tipps:

- Beim nachhaltigen Bauen unterstützen wissenstechnisch auch die Architects for Future: www.architects4future.de/datenbank

R wie Reisen

- Allekotte, Michel et al.: »Umweltfreundlich mobil! Ein ökologischer Verkehrsarten-vergleich für den Personen- und Güterverkehr in Deutschland«, Umweltbundesamt, www.umweltbundesamt.de/sites/default/files/medien/5750/publikationen/2021_fb_umweltfreundlich_mobil_bf.pdf
- Fraunhofer Institut: »Fraunhofer identifiziert Quellen von Mikroplastik«, 04.09.2018, www.forschung-und-lehre.de/forschung/fraunhofer-identifiziert-quellen-von-mikroplastik-983/
- Golfregional.de: »Deutsche geben immer mehr für Urlaub aus«, https://golfregional.de/deutsche-geben-immer-mehr-fuer-urlaub-aus/
- Graefe, Lena: Statistiken zum Reiseverhalten der Deutschen, https://de.statista.com/themen/1342/reiseverhalten-der-deutschen/
- Heininger, Nils: »Nachhaltigkeit und E-Bike: Passt das zusammen? «, Stand: 04.02.2022, https://ebike-news.de/nachhaltigkeit-und-e-bike-passt-das-zusammen/187768/
- IFEU: »Verlagerungs- und Klimaeffekte durch Pedelec-Nutzung im Individualverkehr«, 2015, www.ifeu.de/projekt/pedelection
- Lenzen, M.; Sun, Y. Y., Faturay, F. et al.: »The carbon footprint of global tourism«. *Nature Clim Change* 8, S. 522–528 (2018), https://doi.org/10.1038/s41558-018-0141-x
- Umweltbundesamt: »Emissionsdaten«, Stand: 04.01.2022, www.umweltbundesamt.de/themen/verkehr-laerm/emissionsdaten#verkehrsmittelvergleich_personenverkehr_grafik
- VCD Verkehrsclub Deutschland e.V.: »Nixnox – ein Aktionsbündnis geht auf die Straße« www.strasse-zurueckerobern.de/geschichten/ein-aktionsbuendnis-fuer-weniger-stickstoff-in-der-stadt-nixnox-demo/
- WWF: »Der touristische Klima-Fußabdruck, WWF-Bericht über die Umweltauswirkungen von Urlaub und Reisen«, WWF 2009, www.wwf.de/fileadmin/fm-wwf/Publikationen-PDF/Der_touristische_Klima-Fussabdruck.pdf

Weitere Tipps:

- Alle Studien zu Lastenrädern findest du hier: http://cyclelogistics.eu/sites/default/files/downloads/20%20Good%20Reasons%20A5%20German%20SCREEN%281%29.pdf
- Alles rund um die gelungene Verkehrswende: https://changing-cities.org/

S wie Sport

- Bausch, Thomas; Ludwigs, Raimund; Meier, Stephan: »Wintertourismus im Klimawandel. Auswirkungen und Anpassungsstrategien«, München 2016, https://reiseanalyse.de/wp-content/uploads/2019/01/Wintertourismus_Klimawandel_deutsch_v2.pdf
- Deutschlandfunk Nova: »Wintersport: Die Anreise mit dem Auto ist das größte Problem fürs Klima«, 05.12.2018, www.deutschlandfunknova.de/beitrag/wintersport-skifahren-mit-gutem-oder-mit-schlechtem-gewissen
- Deutsche Umwelthilfe: »Einweg-Plastikflaschen aus 100 % Rezyklat Umweltfreundlich oder Greenwashing?« 6. Juli 2021, https://www.duh.de/fileadmin/user_upload/download/Projektinformation/Mehrwegschutz/Mehrweg_ist_Klimaschutz/Kampagne_2021/210706_Faktenpapier_rPET_Einwegflaschen.pd
- Le Monde: »Livraison de neige par hélicoptère dans les Pyrénées: ›Ce n'est past une voie possible‹, critique Elisabeth Borne«, 14.02.2020, www.lemonde.fr/planete/article/2020/02/16/enneiger-des-stations-de-ski-par-helicoptere-n-est-pas-une-voie-possible-assure-elisabeth-borne_6029768_3244.html
- Riedel, Anke: »Tauchen und Naturschutz – ein Widerspruch?«, Planet Wissen
- Stiftung Warentest: »Energie- und Sportriegel. Eine Banane tut's auch«, April 2020
- Stiftung Warentest: »Eiweißpulver im Test. Für die meisten sind Protein-Shakes überflüssig«, 28.03.2020

T wie Tiere

- Deutscher Tierschutzbund e. V.: »Vegetarische und vegane Ernährung von Hunden und Katzen«, Mai 2019, www.tierschutzbund.de/information/hintergrund/heimtiere/katzen/katzen-richtig-ernaehren
- Ein Herz für Tiere: »So viel kosten Haustiere ein Leben lang«, 06.05.2021. https://herz-fuer-tiere.de/haustiere/so-viel-kosten-haustiere-ihr-leben-lang
- Gartenjournal: » Hundekot auf den Kompost – Ja oder Nein?«, www.gartenjournal.net/hundekot-kompost
- Hummel, Thomas: »Was ist schlimmer? Hundekot oder Hundekotbeutel?« *Süddeutsche Zeitung*, 11.05.2017, www.sueddeutsche.de/panorama/muell-was-ist-schlimmer-hundekot-oder-hundekotbeutel-1.3489244-0#seite-2
- Kika: »Anna und die Haustiere«, Folge 79 – Tierspielzeug selbstgemacht. Ausstrahlung: 29.03.2020
- Krämer, Arne: »Hundekotbeutel – Hintergrund & Problematik«, Hamburg, Frühjahr 2020, https://thesustainablepeople.com/wp-content/uploads/Hundekotbeutel-Hintergrund-und-Problematik-Fr%C3%BChjahr-2020.pdf
- Lingenhöhl, Daniel: »Wie stark verschmutzt Hundekot unser Wasser?«, Spektrum.de, 02.10.2014, www.spektrum.de/news/wie-stark-verschmutzt-hundekot-unser-wasser/1311346
- Statista: »Anzahl der Haustiere in deutschen Haushalten nach Tierarten in den Jahren 2000 bis 2020 (in Millionen)«, https://de.statista.com/statistik/daten/studie/30157/umfrage/anzahl-der-haustiere-in-deutschen-haushalten-seit-2008/
- VFR Verlag für Rechtsjournalismus GmbH: »Wenn Hundekot liegen gelassen wird«, www.bussgeldkatalog.org/umwelt-hundekot/#faq_hundekot_liegen_lassen
- Vier Pfoten: »Tierheime in Sorge. Viele Tiere derzeit ausgesetzt«, 07.07.2021, www.vier-pfoten.de/unseregeschichten/presse/juli-2021/tierheime-in-sorge-viele-tiere-derzeit-ausgesetzt

- Yavor, Kim Maya; Lehmann, Annekatrin; Finkbeiner, Matthias: »Environmental Impacts of a Pet Dog: An LCA Case Study«, Technische Universität Berlin, 22.04.2020, www.mdpi.com/2071-1050/12/8/3394/htm

U wie Unternehmungslust

- Deutscher Volkshochschul-Verband: »17 Ziele für nachhaltige Entwicklung an Volkshochschulen«, www.volkshochschule.de/verbandswelt/programmbereiche/gesellschaft/17ziele/index.php
- Freizeit-Monitor 2019: »Die beliebtesten Freizeitbeschäftigungen der Deutschen«, Stiftung für Zukunftsfragen, www.stiftungfuerzukunftsfragen.de/newsletter-forschung-aktuell/286

Weitere Tipps:

- Geocaching-info.de: »Die Welt der digitalen Schatzsuche«, https://geocaching-info.de/geocaching-info
- Plattform für Geocoaching: www.geocaching.com/play

V wie Verpackung

- Dornis, Valentin; Klaus, Julia; Timmler, Vivien; Widmann Esther: »Die größten Müll-Mythen des Alltags«, *Süddeutsche Zeitung* 11.05.2017, www.sueddeutsche.de/wirtschaft/recycling-die-groessten-muell-mythen-des-alltags-1.3490012
- Dunkelmann, Martin: »Nie wieder spülen! Geschirr zum Aufessen«, Galileo, ProSieben, 2018, auf YouTube: www.youtube.com/watch?v=CvliBU8E-QY
- Kauertz, Benedikt et al.: »Untersuchung der ökologischen Bedeutung von Einweggetränkebechern im Außer-Haus-Verzehr und mögliche Maßnahmen zur Verringerung des Verbrauchs«, Abschlussbericht, Umweltbundesamt 2019, www.umweltbundesamt.de/sites/default/files/medien/1410/publikationen/2019-02-20_texte_29-2019_einweggetraenkebechern_im_ausser-haus-verzehr_final.pdf
- Remann, Nicole: »Plastikfrei einkaufen im Supermarkt - Challenge«, BR24, Sendung vom 29.06.2019
- *Spiegel-Online*: »Deutsche verbrauchten 2019 rund 3,6 Milliarden dünne Plastikbeutel«, 8.5.2021, www.spiegel.de/wirtschaft/service/plastik-deutsche-verbrauchten-2019-gut-3-7-milliarden-duenne-plastikbeutel-a-089cd11f-b27c-46d3-a985-47348113c246
- Umweltbundesamt: »Untersuchung der ökologischen Bedeutung von Einweggetränkebechern im Außer-Haus-Verzehr und mögliche Maßnahmen zur Verringerung des Verbrauchs« Frühjahr 2020, www.umweltbundesamt.de/sites/default/files/medien/1410/publikationen/2019-02-20_texte_29-2019_einweggetraenkebechern_im_ausser-haus-verzehr_final.pdf

Weitere Tipps:

- Alle Unverpacktläden bundesweit findest du hier: www.nabu.de/umwelt-und-ressourcen/ressourcenschonung/einzelhandel-und-umwelt/nachhaltigkeit/19107.html
- Die Broschüre »Achtung Plastik« erklärt die verschiedenen Substanzen und zeigt noch mehr Wege, um Plastik zu vermeiden. Kostenloser Download unter: www.bund.net/achtung-plastik
- Mehr Informationen zur Initiative plastikfreie Städte der Deutschen Umwelthilfe: www.duh.de/plastikfreie-staedte/

- Seite der Klimaschutzagentur Mannheim für Mehrwegsysteme und umweltfreundliche einwegfreie Stadt: www.bleibdeinembechertreu.de/

W wie Wohnen

- Destatis: »Wohnungsbestand Ende 2019: 42,5 Millionen Wohnungen«, Pressemitteilung Nr. 281 vom 29.07.2020, www.destatis.de/DE/Presse/Pressemitteilungen/2020/07/PD20_281_31231.html
- Köhler, Manfred: *Fassaden- und Dachbegrünung*, Ulmer Fachbücher 1993
- Mai, Vanessa: *Wie wir leben könnten: Autark wohnen, Unabhängigkeit spüren, Gemeinschaft entdecken*, Edition Löwenzahn 2021
- Umweltbundesamt: *UBA-Umweltatlas »Bauen, Wohnen, Haushalte«*, www.umweltbundesamt.de/umweltatlas/bauen-wohnen/einfuehrung/bauen-wohnenhaushalte/bauen-wohnen-haushalte
- Wagner, Alexandra: *Der Weg zum eigenen Tiny House: Ihr Ratgeber zum autarken Traum (inklusive 14-Punkte-Checkliste)*, Selbstverlag 2021
- Weiss, Anne: *Mein Leben in drei Kisten. Wie ich den Krempel rauswarf und das Glück reinließ*, Droemer Knaur 2019

X wie Generation XYZ

- DAK Forschung: »WhatsApp, Instagram und Co – so süchtig machen Social Media. Befragung von Kinder und Jugendlichen zwischen 12 und 17 Jahren«, Hamburg 2018
- Oneplus: »Smartphone-Studie: ›Nimm meine Niere, aber lass mir bitte mein Handy‹«, 27.01.2021, https://schwartzpr.de/newsroom/oneplus/smartphone-studie-nimm-meine-niere-aber-lass-mir-bitte-mein-handy/
- Paar, Angelika; Herhoffer, Vanessa; Over, Margarete: »Ich, du, wir, sie – Was kann die/der Einzelne für den Klimaschutz tun?« Institut für Energie- und Umweltforschung Heidelberg im Auftrag des Umweltbundesamtes, Juli 2021
- Selenko, Eva: »Hilf anderen – das hilft dir selbst!«, Spektrum.de, 08.05.2014. www.spektrum.de/magazin/ehrenamt-warum-freiwillige-arbeit-gluecklich-macht/1281570

Y wie Yuppie

- Baden-Württemberg.de: »Cadmium und Blei in Modeschmuck«, 10.12.2018, www.baden-wuerttemberg.de/de/service/presse/pressemitteilung/pid/cadmium-und-blei-in-modeschmuck-1/
- Barth, Susan: »Hypegeist: Was für Menschen ziehen ins ›Tiny House‹?«, *Spiegel-Online*, 03.10.2019, www.spiegel.de/panorama/tiny-houses-der-minimalismus-trend-um-die-kleinen-haeuser-a-992424b4-d7ca-4964-a9ff-f1ca7afd52b9
- Fürst, Birgit: »Die Flussperlmuschel – Rettung in letzter Minute?«, Bayerischer Rundfunk Fernsehen, 19.04.2020 um 17:45 Uhr
- Hacon, S. d. S.; Oliveira-da-Costa, M.; Gama, C. d. S.; Ferreira, R.; Basta, P. C.; Schramm, A.; Yokota, D.: »Mercury Exposure through Fish Consumption in Traditional Communities in the Brazilian Northern Amazon«, *Int. J. Environ. Res. Public Health* 2020, 17, 5269. https://doi.org/10.3390/ijerph17155269
- Lesch, Harald; Geißler, Karl-Heinz A.; Geißler, Jonas: *Alles eine Frage der Zeit: Warum die »Zeit ist Geld«-Logik Mensch und Natur teuer zu stehen kommt*, oekom 2021

- Oishi, S.; Westgate, E. C.: »A psychologically rich life: Beyond happiness and meaning«. *Psychological Review*, Advance online publication 2021, https://doi.org/10.1037/rev0000317
- Omas for Future: Website der Initiative, www.omasforfuture.de
- WWF: »Gold – alles andere als glänzend für die Umwelt«, www.wwf.de/themen-projekte/waelder/mining/gold-mining, Stand: 29.09.2020
- Zinner, Carola: »Perlmutt und Perle – Schmuck der Muscheln«, 24.05.2018, 15.05 Uhr, radioWissen am Nachmittag

Weitere Tipps:
- *Wer wir waren*, Deutschland 2021, Dokumentarfilm

Z wie Zipperlein

- aus der Beek, Tim; Weber, Frank-Andreas; Bergmann, Axel: »Pharmaceuticals in the environment: Global occurrence and potential cooperative action under the Strategic Approach to International Chemicals Management (SAICM)«, IWW Rheinisch-Westfälisches Institut für Wasser, Beratungs- und Entwicklungsgesellschaft mbH, Mülheim an der Ruhr 2016
- FH Münster (Team »Wiederverwendung von FFP2-Masken« – bestehend aus Virologen, Mikrobiologen, Hygienikern, Chemikern, Physikern, Gesundheitsökonomen und Designern der FH Münster und WWU Münster): »Möglichkeiten und Grenzen der eigenverantwortlichen Wiederverwendung von FFP2-Masken für den Privatgebrauch im Rahmen einer epidemischen Lage«; Infobroschüre, Stand: Januar 2021, www.fh-muenster.de/gesundheit/images/forschung/ffp2/01_ffp2_info11012021_doppelseiten.pdf
- Grams, Nathalie: *Was wirklich wirkt: Kompass durch die Welt der sanften Medizin*, Aufbau Verlag 2020
- Hackl, Herbert: »Faszination Wissen: Homöopathie – Medizin oder Mogelpackung«, Bayerischer Rundfunk 2013
- Hoeber, Alexa: »Die Tricks mit unserem Wasser«, NDR-Doku, ausgestrahlt am 10.08.2020
- Umweltbundesamt: »Maßnahmen zur Verminderung des Eintrages von Mikroschadstoffen in die Gewässer«, Texte 85/2014
- Umweltbundesamt: »Schmerzmittel belasten deutsche Gewässer«, 08.12.2012, www.umweltbundesamt.de/presse/pressemitteilungen/schmerzmittel-belasten-deutsche-gewaesser
- Umweltbundesamt: »Arzneimittel und Umwelt«, 16.12.2021, www.umweltbundesamt.de/themen/chemikalien/arzneimittel/humanarzneimittel/arzneimittel-umwelt
- Viellechner, Sebastian: Kräuterwastl-Homepage, www.kraeuterwastl.de

Lesetipps

- Bregman, Rutger: *Im Grunde gut. Eine neue Geschichte der Menschheit*, Rowohlt, Hamburg 2020
  Gibt uns den Glauben an die Menschheit zurück
- Diehl, Katja: *Autokorrektur. Mobilität für eine lebenswerte Welt*, Fischer Verlag, Frankfurt am Main 202
  Mobilität ist einer der großen Treiber in der Klimakrise – so geht's besser

- Glimbovski, Milena: *Ohne Wenn und Abfall: Wie ich dem Verpackungswahn entkam*, Kiwi 2017
  Die Zero-Waste-Bibel! Geschrieben von der Gründerin des bekanntesten Supermarktes ohne Einwegverpackungen »Original Unverpackt«
- Hauwehde, Jennifer, Zwerenz, Milena: *Great Green Thinking. Vielfältige Perspektiven auf ein nachhaltiges Leben*, &töchter Verlag, München 2021
  Wichtige Perspektive auf Nachhaltigkeit & Leben in unserer Zeit
- I.L.A.-Kollektiv: *Auf Kosten anderer. Wie die imperiale Lebensweise ein gutes Leben für alle verhindert*, oekom, München 2017, Gratis-Download: https://aufkostenanderer.org/
  Wie ein gutes Leben für alle funktionieren kann, statt eines Luxuslebens für wenige
- Nakate, Vanessa: *Unser Haus steht längst in Flammen. Warum Afrikas Stimme in der Klimakrise gehört werden muss*, Rowohlt, Hamburg 2022
  Denn zu Klimaschutz gehört Gerechtigkeit
- Paech, Niko/Folkers, Manfred: *All you need is less. Eine Kultur des Genug aus ökonomischer und buddhistischer Sicht*, oekom, Stuttgart 202
  Buddhismus meets Ökonomie. Ein spannendes Buch, das sehr schön aufzeigt, wie wenig wir eigentlich brauchen, um ein gutes Leben führen zu können. Zu Postwachstum gibt es auch eine umfassende und sehr lesenswerte Website vom Konzeptwerk Neue Ökonomie: https://www.degrowth.info/de/
- Patanjali; Sriram, R.: *Das Yogasūtra. Von der Erkenntnis zur Befreiung*, Theseus Verlag 2013
  Unser Lesetipp für alle Lebenslagen
- Rackete, Carola: *Handeln statt hoffen. Aufruf an die letzte Generation*, aktualisierte Auflage mit neuem Vorwort, Droemer TB, München 202
  Die Naturschutzökologin und Seenotretterin schildert eindringlich die Chance, die wir jetzt noch haben. Kostenloser Download der englischen Ausgabe auf der Website der Rosa-Luxemburg-Stiftung
- Schuler, Bettina: *Think The Yogaway. Mit Yoga glücklich werden und nebenbei die Welt retten*, Ullstein 2020
  Bettina erklärt, was Yoga wirklich ist und wie es (nicht nur) dein Leben verändern kann!
- Thompson, Clara et al. (Hrsg.): *Aktionsbuch Verkehrswende, Acker, Wiese & Wald statt Asphalt*, oekom 2021
  Auch wenn das Verkehrsministerium hinterherhinkt: Die Wende muss kommen. Warum und wie? Liest du hier!

Film & Podcast

- *Black Fish*, Dokumentarfilm, USA 2013, www.blackfishmovie.com
  Spätestens nach diesem Film siehst du Sea-World mit anderen Augen – er macht klar, warum Tiere nicht zu unserem Vergnügen da sind
- *Chasing Coral*, Dokumentarfilm, USA 2017, www.chasingcoral.com
  Die Meere sind der größte CO2-Speicher und der Ursprung allen Lebens – gleichzeitig sind sie gefährdet wie nie
- *Chasing Ice*, Dokumentarfilm, USA 2012, https://chasingice.com
  Zeigt drastisch, wie unsere Welt sich verändert
- *Cowspiracy, Dokumentarfilm, USA 2014*, www.cowspiracy.co
  Wie die industrielle Tierhaltung unsere Welt zerstört

- *Der große Ausverkauf*, Dokumentarfilm, Deutschland 200
  Zeigt, welche gravierenden Folgen die wirtschaftliche Privatisierung für die Menschen hat
- *Don't look up!* Spielfilm, USA 202
  Unterhaltsam und schockierend gleichzeitig – eine Gesellschaftssatire, die zeigt, warum wir Menschen in existenziellen Krisen wie dem Klimawandel nicht aus dem Quark kommen
- »Ring frei«, Podcast der Initiative Volksentscheid Berlin autofrei: https://volksentscheid-berlin-autofrei.de/podcast.php
  Spannende Gäste zu den Themen Flächengerechtigkeit, Infrastruktur und Mobilitätswende
- *Seaspiracy*, Dokumentarfilm, USA 2021, www.seaspiracy.org
  Globale Profitmacherei zerstört unsere Meere
- *Speed*, Dokumentarfilm, Deutschland 2012
  Handy, Computer, Internet: Warum haben wir trotzdem immer weniger Zeit?
- *System Error*, Dokumentarfilm, Deutschland 2018
  Warum treiben wir das Wirtschaftswachstum immer weiter an, obwohl wir wissen, dass auf einem endlichen Planeten nichts unendlich wachsen kann?
- *The End of Meat*, Dokumentarfilm, Deutschland 2017, www.theendofmeat.com/
  Geht der Frage nach, wie wir in Zukunft ohne Fleisch leben werden

Organisationen:

Citizen2be ist eine gemeinnützige Unternehmergesellschaft, die es sich zum Ziel gesetzt hat, durch eine Yoga-Trauma-Therapie geflüchteten Frauen dabei zu helfen, sich gesund in Deutschland zu integrieren. Citizen2be wurde 2016 von Bettina Schuler gegründet und war 2017/18 Stipendiatin von startsocial, dem bundesweiten Wettbewerb zur Förderung des ehrenamtlichen Engagements, der unter der Schirmherrschaft von Bundeskanzlerin Angela Merkel steht. Zudem ist Citizen2be seit 2018 Partnerin des »HERE TO BE«-Social-Impact-Programms des kanadischen Unternehmens lululemon, das sich für die Verbreitung von Yoga als Tool gegen chronische Krankheiten, für Traumaheilung oder gegen sozialökonomische Nachteile einsetzt. 2018 gehört Citizen2be zu den Nominierten für den deutschen Integrationspreis. 2019 gehörte Citizen2be zu den zwölf gemeinnützigen Organisationen, die für das Social-Impact-Programm »She breaks Barriers« von adidas ausgewählt wurden. Zudem war Bettina Schuler 2019 für den Emotion-Award in der Kategorie »Soziale Werte« nominiert. 2020 wurde ihr der Pankower Ehrenamtspreis verliehen.

www.citizen2be.de

Extinction Rebellion ist eine Umweltbewegung, deren Ziel es ist, den für das Klima nötigen umfassenden und tief greifenden Wandel herbeizuführen, um das Risiko der Auslöschung der Menschheit und des Kollapses unserer Ökosysteme zu verkleinern. Mit gewaltfreiem zivilem Widerstand will XR die Regierungen dazu bewegen, den ökologischen Notstand zu erklären und den gesetzlichen Rahmen zur Umsetzung ihrer drei Forderungen zu schaffen. Diese drei Forderungen sind:

Sagt die Wahrheit!

Die Regierung muss die existenzielle Bedrohung der ökologischen Krise offenlegen und den Klimanotstand ausrufen. Alle politischen Entscheidungen, die der Bewältigung der Klimakrise entgegenstehen, werden revidiert. Die Regierung, die Medien und alle anderen gesellschaftlichen Institutionen müssen kommunizieren, wie dringend notwendig ein Umsteuern ist und was jeder Einzelne, jede Gemeinde und jedes Unternehmen dazu beitragen kan

Handelt jetzt!
Die Regierung muss jetzt handeln, um die vom Menschen verursachten Treibhausgasemissionen bis 2025 auf Netto-Null zu senken. Das Artensterben muss gestoppt werden und der ökologische Raubbau mit allen Mitteln eingedämmt und – wenn möglich – wieder rückgängig gemacht werden. Zentrales Ziel der Gesellschaft ist in Zukunft, das Klima und die Ökosysteme der Erde so zu stabilisieren, dass sie allen Menschen und allen Arten ein sicheres Zuhause biete

Politik neu leben!
Die Regierung muss eine Bürger:innenversammlung für die notwendigen Maßnahmen gegen die ökologische Katastrophe und für Klimagerechtigkeit einberufen. Die Regierung muss nach deren Beschlüssen handeln.

https://extinctionrebellion.de/

Writers For Future setzt sich für mehr Klimaschutz in der Buchbranche ein. Die Initiative wurde vor rund zwei Jahren vom Verband deutscher Schriftstellerinnen und Schriftsteller (VS) gegründet und ist für alle Menschen offen, die schreiben, redigieren, übersetzen, in Verlag oder Buchhandel arbeiten.

Writers for Future stellt sich hinter das Anliegen von Fridays for Future und unterstützt sie und ihr Netzwerk. Durch Publikationen wie durch Presse- und Öffentlichkeitsarbeit wird außerdem das Bewusstsein für den Schutz der Ökosysteme und für Klimagerechtigkeit gefördert. Eine zentrale Überlegung von Writers for Future ist, wie dieser Wandel mit Texten und Visionen unterstützt werden kann. Denn die ökosoziale Transformation erfordert nicht nur neue Technologien, sondern auch ein anderes Bewusstsein: eines, das nicht dem Leitbild folgt, dass alles jederzeit verfügbar und stetes Wachstum möglich ist.

Seit 2021 gibt es gleichzeitig mit der Leipziger Buchmesse und im Rahmen von »Leipzig liest« auch eine Klimabuchmesse, die Writers for Future gemeinsam mit den Parents for Future und Leipzig fürs Klima veranstaltet und bei der spannende Bücher zum Thema vorgestellt werden. Schau mal rein!

https://writers4future.de
www.klimabuchmesse.de

Register